U0145398

凝煉知識品味閱讀

風險心理學

The Psychology of Risk

人本風險管理

Human-Oriented Risk Management

宋明哲 著

英國格拉斯哥蘇格蘭大學

風險管理博士

五南圖書出版公司 印行

序

自一九八九年取得美國ARM專業證照開始，就沉迷在風險管理浩瀚的學術大海裡，無法自拔。這個大海太廣、太多元、太多臉面，活在當下風險社會中的我，總想窮一生之力，盡力探個究竟。許多行為經濟學（Behavioral Economics）與風險感知（Risk Perception）領域的重大研究成果，驅動了我寫本書的動機。心想風險管理也是社會科學，光了解傳統技術性的風險管理一定也嫌不足，也不會透澈，於是開始研讀心理學教材。赫然發現，「人」才是風險的最大來源。至此，乃興起動筆寫風險心理學的念頭，我又另稱其為人本風險管理。自己不是心理學系畢業，寫這本書戒慎恐懼，風格上也與過去不同，盡量有人性，別沒血性，歷經一年，終於完成。當然有欠妥處，敦請各方高人，不吝賜教。

宋明哲，PhD，ARM

謹識於台灣苗栗頭份

目　錄

楔子

Risk譯爲「風險」

中文「風險」與「危險」各有其中文的語源，傳統的「風險」概念代表機會，「危險」則代表不安全的情境概念。其次，德國社會學家盧曼（Luhmann, 1991）亦區分英文「Risk」與「Danger」的不同，前者與吾人的決策有關，後者無關決策。《面對風險社會》（*Risk and Society*）的原作者丹尼（Denney, 2005）在其書中的第一章〈風險的本質〉裡頭，也明確區分「Risk」與「Danger」的不同。相反的，國內對「Risk」的譯名偶有爭論，有譯成「危險」者；有譯成「風險」者。在堅守真善美三原則下，本書將Risk譯為風險。理由説明如下：

首先，翻譯上，應先求其真。換言之，應先考據英文 Risk的語源。之後，則考慮中文詞彙，何者為善為美，才作決定。十七世紀中期，英文的世界裡才出現「Risk」這個字（Flanagan and Norman, 1993）。它的字源是法文Risque，解釋為航行於危崖間。航行於危崖間的「危崖」是個不安全的情境。或許，這是主張應譯為「危險」的論者，所持的理由之一。然而，法文Risque的字源是義大利文Risicare，解釋為膽敢，再追溯源頭則從希臘文Risa而來。膽敢有動詞的意味且含機會的概念。膽敢實根植於人類固有的冒險性，如前所提，航行於危崖間，亦可視為冒險行為。冒險意謂有獲利的機會。這個固有的冒險性，造就了現代的Risk Management。故以求真原則而言，中文「風險」實較契合英文Risk的原意。其次，英文Risk譯成「危險」，那麼，英文Danger該如何翻譯成中文，易讓初學者困惑。最後，現代Risk Management的範圍與思維已脫離過去的傳統且中文「風險」實較「危險」為美，也已廣為兩岸學界所接受。因此，本書從善如流，採用「風險」當作「Risk」的譯名。

第一章

緒　論

學習目標

1.認識管理風險不僅要科技，也要心理人文的思考。

2.了解人們的實際決策行為是很複雜的。

3.了解人本風險管理與傳統風險管理的異同。

4. 認識風險心理學想解釋的現象。

/ 人是風險的最大來源 /

「未來」與大家的生活息息相關，而世間唯一不變的，就是「變」，且變化極快，正如馬雲[1]說的「未來已來」。明天會變更好？還是，變得像片名叫「明天過後」的災難電影？或是，管它怎麼變，活在當下，才是王道？過去、昨天已成定局，來者、明天仍可追。其次，台語俗諺「一粒米，養百樣人」，每個人不只對明天「未來」的看法、想法與作法不同，也對昨天與今天已做過的，看法與想法會不同。

現代人朗朗上口的「風險」（Risk）一詞，就跟「未來」這個時間概念有關。換言之，每個人對「風險」的看法、想法與作法，會有差別。例如，股市中，冒險賺錢，很開心。不敢冒險，是因風險太大。每人對投資風險看法各異，所以行爲就不同。再如，夫妻本是同林鳥，爲何災難風險來時，各自飛？爲何地震發生過後，人們會搶買地震保險？設置核能廠，大家會恐慌，但照X光，人們卻很放心？同樣是核電廠，法國人願意接受，台灣人似乎不太願意？諸如此類，人們如何看待風險的心理、行爲與文化問題，風險管理人員或公共政策制定者如果視而不見，那麼所有的風險管理（Risk Management）（參閱第1-3節），終將只是海市蜃樓，安隆[2]（Enron）風暴就是明證。

另一方面，吾人面對的生活環境，太過複雜、不可測。科技進展太快[3]，黑天鵝事件[4]屢見不鮮，科學已不再萬能，它已無法完全肯定回答風

---

1 出生於中國杭州的全球知名企業家。

2 舉安隆爲例，是因安隆是美國知名的創投公司，風險管理機制完善，但到頭來因老闆與高階主管人性的貪婪與職業道德淪喪，終於於2001年年底宣告破產。類似起因於人性與人爲疏失的風險災難事件何其多，例如，車諾比爾（Chernobyl）事件，霸菱銀行（Baring Bank）事件等。

3 過去稱IT時代，現在已是DT（Data Technogy）時代，就是大數據或雲端時代。而互聯網科技與人工智能將改變人類生活環境，馬雲說的新金融、新技術、新能源、新製造與新零售等五新的時代，已悄然來臨。參閱阿里巴巴集團（2017）《馬雲：未來已來》一書。

4 有本書稱《黑天鵝效應》（*The Black Swan*），書中指所謂黑天鵝事件，意

險的科學問題，人們只好靠自己決定，要選擇何種風險？與拒絕何種風險？過去，科學可百分百幫人們決定風險的科學問題。這種要靠人們自己決定與選擇風險的當代社會，就是德國著名社會學家貝克（Beck, U.）所稱「風險社會」（Risk Society）的特徵之一，這項特徵，外加風險全球化[5]與生態破壞嚴重，就構成風險社會的三大特徵。而現代科技帶動人類文明進展的過程中，存在許多科學上，有爭議的風險，貝克即稱現代文明，是種風險文明（Risk Civilization）。例如，人類選擇發展基因科技，而基因食品可能伴隨健康風險，人類文明也就隨著人類對科技與風險的選擇同步進展，這即是風險文明。顯然，面對風險文明與風險社會的來臨，管理風險更須重視人的因素（Human Factor）在管理過程中，所占的份量與其所扮演的角色。

1-1 管理風險不能漠視軟實力

人類爲了生存，未來難料，仍需料。常言道，未雨綢繆，無遠慮必有近憂，正是這個道理。風險管理就是人類爲了生存，針對未來，利用現代科學掌控未來不確定性[6]（Uncertainty）的一種管理過程。管理風險不只要科技的硬功夫，更需具備心理人文的軟實力。

即不太可能發生的事，卻發生了，同時，很可能發生的事，卻沒發生，這都稱爲黑天鵝事件。例如，有人稱川普（Trump）當選美國總統就是黑天鵝事件，因很多人不看好川普。

5 例如，過去在中國廣東發生的嚴重急性呼吸道症候群，俗稱「非典」，在全球已是地球村的效應下，迅即蔓延全球各地。

6 內容詳閱第二章。

1. 風險評估與風險感知

管理風險，事先要做**風險評估**（Risk Assessment）；簡單說，就是要知道風險有多大？風險評估包括兩個區塊，也就是**風險估計／衡量**（Risk Estimation/Risk Measurement）與**風險評價**（Risk Evaluation）。風險感知[7]或稱風險知覺（Risk Perception）是屬於風險的心理人文面向，尤其評價風險的重要性與優先排序時，是離不開人們對風險的感受程度。估計風險[8]則聚焦在風險實質面，估計時盡量採價值中立原則與科學技術，來評估風險事件可能發生的頻率與發生後的幅度／嚴重性。針對風險評估與風險感知間的關聯，參閱圖1-1。

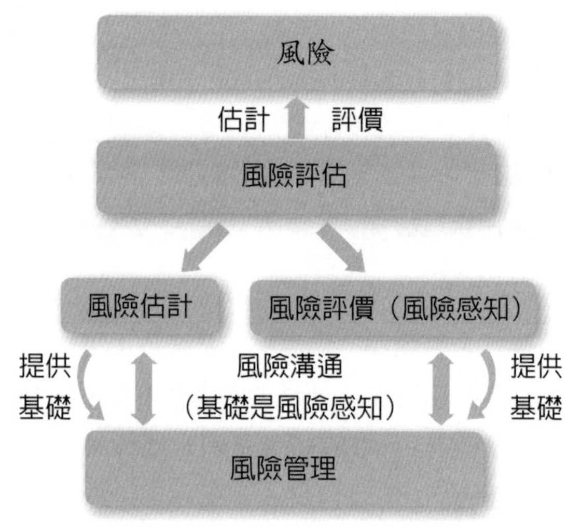

圖 1-1 風險評估與風險感知

---

7 內容詳閱第三章。

8 風險大小的估計或稱衡量，需要根據過去數據推估或用蒙地卡羅模擬方式估計或用半定量的風險點數公式來評定高低。風險點數公式提供參考如下：風險點數＝損失頻率點數×損失幅度點數。損失頻率點數可用機率高低，劃分三級或五級，分別是1點到3點或1點到5點；損失幅度點數可用損失金額占營收的百分比，劃分三級或五級。更詳細公式，可參閱宋明哲的《新風險管理精要》一書。

圖1-1簡單說明了，風險感知與風險評估間的關聯。風險感知也是風險溝通[9]（Risk Communication）的基礎，更是影響風險管理（Risk Management）整個過程與決策判斷的重要因素。風險評估結果提供給風險管理人員當決策依據。管理過程中，風險評估人員與風險管理人員要密切交流或溝通，尋求對風險訊息的共識，如此才能順利在組織團體內，推展風險管理。

2. 看待風險須理性與感性

就風險理論（詳閱下一章）的學術發展來看，包括保險精算等[10]數理模型的風險理論，因風險訂價需要，採價值中立觀點，將風險看成獨立客觀的事物，這種主張，過去一直獨霸風險學術領域。然而，自一九八〇年代開始，由於眾多涉及人爲疏失的科技災難發生，主張觀察風險，勢必連動政治社會文化條件的風險建構理論（The Construction Theory of Risk），於焉興起。這種將風險看成主觀的風險建構理論，已引起各方的重視與應用。例如，環保衝突過程中，採用風險的文化建構理論中之群格分析（GGA:Grid-Group Analysis）法，有助於提升風險溝通的成效（Smith, 2001）。換言之，吾人分析評估風險，固然須科學與科技當基礎，但也須將其擺在政治社會文化框架下，進一步觀察思考，如此對風險的判斷與決策將更爲精準。

其次，針對風險的本質，到底是客觀的[11]，還是主觀的？風險理論學

9 內容詳閱第八章。

10 風險理論涉及八種不同學科，其中，保險精算，經濟財務，安全工程與毒物流行病學等都是主張採用純數理模型的風險。除此之外的心理學與建構理論領域（包括文化人類學，社會學與哲學），主觀風險爲主，但心理學的風險哲學基礎是採實證論，建構理論的風險哲學基礎則採後實證論。參閱第二章。

11 其實客觀有四種含義，除絕對客觀外，其他三種客觀的含義，均有主觀成分。參閱第二章。

術上，有兩位極端型代表人物，一位是孫斯坦[12]（Sustein, C.R.），另一位是斯洛維克[13]（Slovic, P.）。前一位堅持，只有獨立客觀的風險（主張價值中立），後一位堅持，只有主觀的風險（主張涉及價值）。然而，畢竟風險管理是一種跨領域[14]整合型管理學科，其中固然要科學協助評估風險，但吾人分析風險、評估風險，最終是要告訴人們如何應對風險，如此才有意義。因此，在風險管理領域，觀察風險，如果了解主客觀事物間存在著對數關係[15]，採用客觀中有主觀（意即客觀科學的方法評估風險有其極限，也存在不少爭議，例如，藥物在動物實驗的結果，是否能應用到人體時，就須專家的主觀判斷），主觀中有客觀（意即人們的主觀也有認知的極限，存在眾多判斷的偏見，也須藉助客觀科學方法，盡可能減少偏見）的中性思維，或許對改善吾人如何應對周遭的風險，會更有實質效果。基於以上說明，看待風險既要理性計算，也要感性思考。

---

[12] Sustein, C.R.是美國芝加哥大學法學院教授，捍衛風險是獨立客觀的，參閱Kahneman（2011）。*Thinking,Fast and Slow*。第十三章，台灣翻成「快思慢想」。

[13] Slovic, P.是著名心理學家，國際風險感知權威，捍衛風險只是主觀的。參閱Kahneman（2011）。*Thinking, Fast and Slow*。第十三章，台灣翻成「快思慢想」。

[14] 參閱Tapiero, C.S.(2004). Risk management: an interdisplinary framework. In: Teugels, J.L. and Sundt, B.ed. *Encyclopedia of Actuarial Science*. Vol.3. pp.1483-1493.

[15] 根據德國心理學家費區納（Gustay Fechner）的研究，心智主觀數量與物質客觀數量間的關係，是對數關係，其採用的研究方法是心理物理學（Psychophysics）。

1-2 複雜的風險決策行為網絡

1. 風險決策行為的性質

風險決策行爲有何特性？是屬於不確定情況下的決策行爲，還是確定情況下的決策行爲？根據文獻（Luce and Raiffa, 1957）顯示，決策可分確定情況下的決策、風險情況下決策與不確定情況下的決策。確定情況下的決策是指事件發生機率與其後果均訊息充分且清楚下的決策。例如，買彩券，中不中的機率事先可得知，各有幾種獎項與金額，甚或各獎中獎機率事先可經由統計計算得知，何時知道中不中獎，也事先能知道開獎日，這些相關訊息都充分知道下的決策，就是確定情況下的決策，如以不確定層次區分（參閱第二章），它就是客觀不確定下的決策。反之，事件發生機率與其後果，有相關訊息但不充分且不那麼清楚下的決策，就是風險情況下決策，如以不確定層次區分（也參閱第二章），它就是主觀不確定下的決策。例如，是否購買保險的決策。如果事件發生機率與其後果，根本完全無從知道，那就是不確定情況下的決策。本書所言的風險決策行爲，只包括客觀與主觀不確定下的決策。

2. 風險決策行為的社會心理分析架構

風險決策行爲既是不確定情況下的決策行爲，就直接涉及決策者本人怎麼看待面對的不確定性；簡單說，就是怎麼看待面對的風險。除前面所提客觀與主觀風險的觀點外，風險也可從實質、財務或心理人文面向去思考與觀察。舉最簡單的例子，面對房屋可能的火災風險，決策者可從房屋結構建材（這屬於實質面向），也可從房屋可能的火災損失（這屬於財務面向），也可從可能被人縱火或不留意的行爲（這屬於心理人文面向）去考慮決定，如何管控火災風險。傳統風險管理聚焦在前兩個面向，本書只聚焦在心理人文面向，圖1-2就是對風險行爲分析的社會心理架構。

人們的決定，固然可用數學模型推導的結果，當作決策依據，但數學模型有其極限，其次，決策的決定權在於人，是故，人們的心理人文因素如何影響決策及其影響程度爲何，也是決策科學不能漠視的課題（例如，人的情緒在決策中扮演何種角色，而其引發的決策成本有多大？）。圖1-2是布萊威爾（Breakwell, G.M.）所提出的分析架構，該架構是從社會心理人文視角，觀察影響人們風險決策行爲的各類變項（Breakwell, 1994）。該架構在各變項間，只有連線但無方向箭頭，其意旨在保留彈性，這彈性代表風險決策可能還有其他不知的影響變項，以及已知變項間影響方向（這包括單向或雙向）如何的進一步探討。顯然，布萊威爾認爲風險行爲決策的探討，仍存在難解的神祕感。

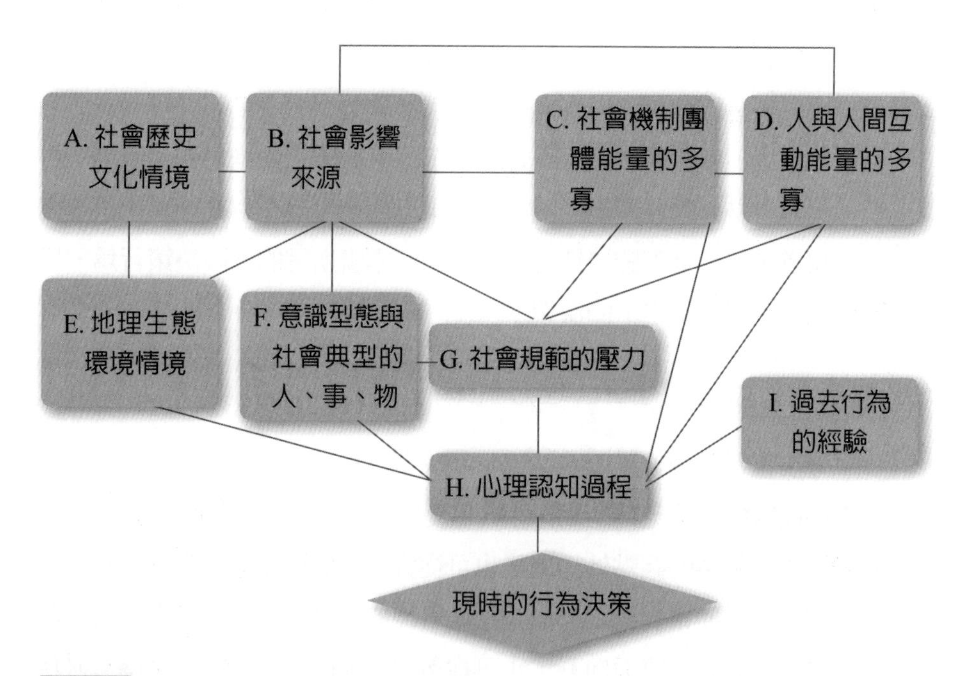

圖 1-2 風險行為分析的社會心理架構

針對圖1-2架構中，每一變項的含義，簡單說明如後：

A. 社會歷史文化情境：例如，就疾病風險來說，中西醫對疾病的治療，就差別很大，這跟中國的社會歷史文化背景很有關聯。

B. 社會影響來源：除非像魯賓遜生活在孤島，否則我們的行為都會受他人所影響，夫唱婦隨也好，有樣學樣也好，牛群或羊群效應也好，都屬社會影響的解釋，現代生活都用手機，社會影響更快更強。

C. 社會機制團體能量的多寡：愈發達國家，奇奇怪怪的社會團體一定很多，例如，美國很早就有同性戀團體，台灣人會很在意，但隨著台灣的經濟發達，各類社會團體也愈來愈多，同性戀團體現在台灣，已不稀奇。社會團體多，對個人風險行為影響愈強烈。

D. 人與人間互動能量的多寡：社會團體愈多，科技經濟愈發達，人與人間互動能量就愈大，例如，早期沒電腦與手機，人與人間的互動，就不如現在，現在只要手指一滑動「Line」或「We-Chat」，人與人間的互動是無遠弗屆的。

E. 地理生態環境情境：俗諺「一方水土，養一方人」，例如，台灣處於地震颱風帶，台灣民眾對這類風險，已習以為常，但部分大陸民眾來台旅遊，有機會時，總想體驗一下，這就跟地理生態環境很有關係。對飲食風險也是如此，例如，四川辣妹仔，不怕辣，也辣不怕。

F. 意識型態與社會典型的人事物：例如，恐攻風險的來源，就是極端恐怖主義的意識型態。台灣企業名人郭台銘、張忠謀，大陸企業名人馬雲等都是社會典型人物，他們個人如何避險，一定是很好的教材。

G. 社會規範的壓力：社會規範的具體表現就是法律，例如，法律禁止公共場所抽菸，自然影響人們的抽菸行為。

H. 心理認知過程：每人對同樣的人、事、物，其感知（Perception）

與認知（Cognition）自然不同，從而就影響其行為。例如，兩個女人同時相親一位男人，一位說「這男的，下巴強壯，控制慾強，不想交往」；另一位說「這才好，表示能力強」。人們面對風險時，亦復如此，每人對同樣的風險，風險感知與認知會不同，最明顯的例證，就是有人會買很多保險，有人就是壓根兒不買。

I. 過去行為的經驗：例如，劫後餘生的人，對未來與風險的看法，自然迥異於他人。俗諺「一朝被蛇咬，十年怕井繩」，也顯示，過去經驗對決策行為的影響。

人工智慧、大數據與風險心理

機器人將取代你我工作的時代已來臨，加上大數據，你我的隱私蕩然無存。這情景，世界可能失控？你我針對這可能的風險，心理如何感受？《失控》（*Out of Control*）一書（2014）的作者凱利（Kelly, K.）已預言，未來人類的世界，是生物機械化，機械生物化的世界。科技的神速發展，比你我想像得快，機器人的感知、記憶與處理，比人類敏感、快速與強大，這些都是風險文明與風險社會的明證。

1-3 人本風險管理副標題的意義

風險心理學所要說明的，其實就是以人為本體，從其心理與決策行為層面，來了解人們如何看待風險，如何透過行為的改變，達到管理風險的目的。也因此，風險心理學也可稱為**人本風險管理**（Human-Oriented Risk

Management/Behavioural Risk Management），這有別於傳統風險管理。在未說明表1-1前，在此先說明風險與風險管理在本書中的定義。

1. 風險與風險管理在本書中的定義

風險簡單說就是未來的不確定性，這未來的不確定性，可來自我們生活的地理環境生態、社會、政治、經濟、文化與認知（Cognition）環境，當它對我們的健康與財務安全有傷害可能時，我們就當風險來看。前面提過客觀風險與主觀風險，客觀風險主張價值中立，因此對風險的定義，習慣用統計上的變異數或標準差概念來表達，就是把風險定義成「未來結果可能的變異」。計算客觀風險時，機率（Probability）與平均結果（Average Outcome)（這裡的結果是指經濟金錢的）是核心。本書主要採用心理學與建構理論的觀點來定義風險。心理學以主觀風險爲主，主觀風險會涉及價值，風險可定義成「未來期望的可能落差」。換個說法，心理學的**風險**可看成未來框架（Frame)（參閱第四章）破壞的可能性。評估主觀風險時，期望結果（這裡的結果還包括非經濟的）的框架（Frame of Expectation）與可能性（Possibility）是核心。建構理論的觀點則採用群生概念（參閱下一章）定義風險，風險是未來可能偏離規範或價值的現象，建構理論觀點的風險，與風險大小的計算無關（參閱下一章）。

其次，風險管理簡單說，就是掌控未來不確定性的一種管理過程。以組織團體來看，具體的過程，就是根據目標，認清自我，連結所有管理階層，辨識分析風險，評估風險，回應／應對風險，管控過程，評估績效，並在合理風險胃納／風險接受度（Risk Appetite or Risk Acceptability）下，完成目標的一連串循環管理過程。從根據目標到完成目標所有過程的細節，均須風險溝通，這風險溝通過程裡，就涉及人們的心理與決策行爲層面。換個另類說法，本書所謂**風險管理**，指的是風險溝通的所有過程，這過程裡涉及人們的心理人文因素。基於以上說明，本書副書名才取爲「人本風險管理」。

2. 人本與傳統風險管理間的比較

心理學領域的風險管理，其實就是風險溝通交流的過程，前面提過，這過程涉及人們的心理人文因素。在此，進一步就幾個重要項目，比較人本風險管理與傳統風險管理（通常出現在金融、保險、經濟與安全管理等相關領域）間的異同，參閱表1-1。

表1-1　人本與傳統風險管理間的比較

比較項目	傳統風險管理	人本風險管理
風險面向	實質與財務	心理人文
損失的認定*	L=X（L損失；X結果）	L=Rf-X（L損失；X結果；Rf參考結果）
管理目標	提升價值	提升價值
達標的方式	透過安全控管與風險融資	透過風險認知與風險行為的改變
具體作為	安全工程、安全管理、衍生品與保險	風險溝通、框架、教育訓練
決策理論	效用理論	前景／展望理論
可靠度	重機械可靠度	重人因可靠度
風險哲學基礎*	實證論	實證與後實證論
相關學科	安全工程科學、毒物流行病學、經濟財務、衍生品與保險學	心理學、社會學、文化人類學、哲學
風險概念	客觀風險	主觀風險與風險的建構

上表中的「損失的認定」與「風險哲學基礎」兩個比較項目，打個「*」號，在此先簡單說明，其他比較項目，參閱後續各章節。傳統風險管理中，損失（L: Loss）的認定，就是以實際發生的經濟金錢損失結果（X）來認定，人本風險管理中，則是要將實際發生的結果（X）與參考的比較對象（也就是參考結果Rf: Reference Outcome）相互比較，如果是

不利的，就認定是損失；反之，如果是有利的，就是獲利。這主要是在心理學領域的說法，但在風險建構領域中，損失認定問題不是重點。其次，在人本風險管理中，風險哲學基礎是實證論[16]（Positivism）與後實證論[17]（Post-Positivism）並存。其中，心理學是以實證論爲基礎，風險建構領域則以後實證論爲基礎。

1-4 試圖解釋的風險心理與人文現象

(1) 人們對風險源或稱危險因素（Hazard）與風險的信念是什麼？
(2) 人們對於上述信念的差別爲何？何種個人與社會文化因子，可預測哪種差異？
(3) 何種個人心理與社會文化因子，影響個人或組織團體在面臨風險時的決策？
(4) 人們行爲的失誤風險如何產生？社會文化環境如何影響人們的失誤？
(5) 人們在風險決策行爲中，如何反射其信念、情緒或意圖？
(6) 情感（Affect）與情緒（Emotion）在人們面臨風險決策中，扮演何種角色？
(7) 文化與風險的建構，關聯如何？如何衡量文化？
(8) 風險訊息在複雜的社會網絡與社會影響下，如何交流溝通？

16 實證論是現實主義思維，強調風險的機會概念，除心理學領域外，風險採單一面向觀察，屬價值中立。

17 後實證論是相對主義思維，強調風險的群生概念，觀察風險的多元面向，屬價值取向。所謂群生是指人與人間的相互義務與預期。

(9) 組織團體如何應對風險？

(10) 風險訊息在複雜的社會網絡裡，如何擴散與稀釋？

(11) 危機情境下，人們的心理狀態如何？緊張心理下如何作決定？

1-5 內容簡介

本書總計十二章。從第二章開始，首先奠定風險的心理與建構理論基礎，這有別於傳統的風險理論。其次，分別介紹風險感知的概念與心理學的研究成果，何種因素影響風險感知？風險態度與行爲列第四章。人爲疏失與可靠度在第五章。情緒與情感在決策中扮演的角色在第六章說明。風險的文化建構理論內容爲何？在第七章。第八章說明風險溝通。第九章說明組織團體風險管理。風險訊息在複雜的社會網絡裡，如何擴散與稀釋，在第十章說明。第十一章說明危機情境下的心理與行爲。如何改變人們的風險行爲，達到管理風險的目的，列最後一章。

人是複雜的動物，面對風險時，也是如此。風險的形成，本就與人關係密切，以人爲本觀察風險的本質，才是管理風險正本清源之道。

關鍵重點搜查中

1. 風險評估包括兩個區塊，也就是風險估計與風險評價。風險感知是屬於風險的心理人文面向，尤其評價風險的重要性與優先排序時，是離不開人們對風險的感受程度。
2. 決策可分確定情況下的決策、風險情況下決策與不確定情況下的決策。
3. 心理學以主觀風險爲主，主觀風險會涉及價值，風險可定義成未來期望的可能落差；換個說法，心理學的風險可看成未來框架破壞的可能性。建構理論的觀點則採用群生概念定義風險。風險是未來可能偏離規範或價值的現象，建構理論觀點的風險，與風險大小的計算無關。
4. 風險管理簡單說，就是掌控未來不確定性的一種管理過程。所有過程的細節，均須風險溝通，這風險溝通過程裡，就涉及人們的心理與決策行爲層面。換個另類說法，風險管理可指風險溝通的所有過程。

腦力激盪大考驗

1. 爲何說「人」是最大的風險來源？如果是，九成風險都是人造的，對嗎？
2. 人工智慧也是人造的，那麼如果可能會搶你飯碗，你是否同意繼續研發機器人？
3. 很多事故都被說成意外，但爲何又很多人說不是意外？例如，台北八仙樂園事件。
4. 甲乙兩人今天所擁有的財富都是一百萬，請問誰最開心？
5. 雷射與開刀兩樣手術都可使患者的生存機率提升5%，請問你心理感受都一樣嗎？

參考文獻

1. 阿里巴巴集團（2017）。*馬雲：未來已來*。
2. 宋明哲（2014）。*新風險管理精要*。台北：五南圖書。
3. 凱利（Kelly, K.）（2014）。*失控*。東西文庫譯・北京：新星出版社。
4. Breakwell, G.M.(1994). The echo of power: a framework for social psychological research. *The psychologist*. 17. Pp.65-72.
5. Kahneman, D.(2011). *Thinking, Fast and Slow*. Brockman, Inc.
6. Smith, P.(2001). *Cultural theory: An introduction*. Blackwell Publishers Inc.
7. Tapiero, C.S.(2004). Risk management: an interdisplinary framework. In:Teugels, J.L. and Sundt, B.ed. *Encyclopedia of Actuarial Science*.Vol.3. Pp.1483-1493.

第二章

風險的心理與建構理論

學習目標

1.了解現代風險理論三大流派的基本差異。

2.認識風險的心理理論與心理損失。

3.認識風險的建構理論與風險的群生概念。

4.了解不同風險概念調和的重要性。

5.了解不同的風險特徵與風險理論間的關聯。

／狐狸與刺蝟，何者聰明？／

人類的未來會如何？無人能百分百知道，只能用猜的，是狐狸（代表街頭大家的集體智慧），還是刺蝟[1]（代表學院專家們的智慧）猜得準？而人類的好奇心，也造就了很多預言家。例如，猜股市漲跌，猜總統誰當選，猜世足賽哪隊贏等，誰猜得準，就成爲有名的預言家，甚至章魚「哥」[2]也可成爲有名的預言「家」。

面對未來的猜測，信還是不信，就涉及你我的感知與信念（Belief），同時，也影響我們的行爲反應。有句話說，「信者恆信，不信者恆不信」，可見破解信念不易。對未來的猜測，用什麼猜？截至目前爲止，著者認爲可分三大類：第一類，是用民俗與宗教信仰來猜。例如，華人的易經、五行風水，是華人猜測未來的民俗信仰。再如，基督教聖經中的啓示錄，描繪的世界末日，就是基督教對未來的猜測；第二類，是用科學的方法或者數理模型邏輯推理來猜。例如，利用蒙地卡羅模擬術（Monte Carlo Simulation Technique）推測未來。再如，利用市場調查、民調與未來事件交易所[3]等；第三類，是用直覺判斷（Intuition Judgement）方式來猜。最後，人們對未來會產生猜測，就是因爲存在太多的不確定性，這種不確定性，就是現代人們對風險會產生多元看法的根源，學術上就產生了多樣的風險理論（Risk Theory）。

---

1 這是英國哲學家伯林（Isaiah Berlin）在其「狐狸與刺蝟」論文中的隱喻。

2 據新聞台報導，舉世矚目的章魚「哥」保羅，自2010年連續準確預測世界足球賽事的結果，雖然章魚「哥」已逝，但也因而成爲著名的預言「家」。

3 台灣的未來事件交易所在2006年正式掛牌成立，這是一個預測平台，其運作機制類似期貨市場，透過該機制彙整各方訊息，預測未來事件的結果。

2-1 現代風險理論的三大流派

現代風險理論，可分三大流派[4]：一個是，客觀風險理論學派，這流派是過去的主流且獨霸風險學術領域；另一個是，主觀風險理論學派，也是風險心理理論學派，此流派過去較為人們所忽略。自前景理論或稱展望理論（Prospect Theory）與神經經濟學（Neuroeconomics）興起後，該學派已與前一學派並駕齊驅，分庭抗禮[5]；最後的學派是，風險建構理論（The Construction Theory of Risk）學派，這是一九八〇年代後，興起的新興學派。參閱下圖2-1。

圖2-1顯示，客觀風險理論與風險心理理論，是目前風險學術領域中，最主要的兩個流派，風險建構理論對風險問題的建構及哲學基礎，與其他兩個流派，大相逕庭，也就另自成一派，但透過人腦思考系統中的可得性捷思（Availability Heuristics）（詳閱第三章），風險建構理論中的文化建構理論（The Cultural Construction Theory of Risk）（詳閱第七章），對風險心理理論則有重要的影響。這三大流派間，對風險理論的三項核心

---

4 目前總計有八大學科領域探討風險的問題，且各有主張，僅僅是風險的定義就有十來種之多，著者依哲學基礎與是否涉入價值因素的不同，歸納為三大類：第一類包括保險精算、經濟財務、安全工程與毒物流行病學等學科領域，這些領域以實證論與價值中立為基礎；第二類心理學領域，這領域仍以實證論為基礎，但涉及主觀價值，風險是主觀的認定；第三類包括社會學、文化人類學與哲學，這些領域以後實證論與價值取向為基礎。

5 風險心理理論學派與傳統客觀風險理論學派呈分庭抗禮之勢，已是潮流，無法逆轉。畢竟經濟學等的社會科學，是以「人」為研究核心，研究方法上完全類比研究「物」 的自然科學，已無法獨霸學術領域，也無法完全解釋社會的真實現象，甚至誤導決策。2002年諾貝爾經濟學獎頒給心理學家Kahneman, D.，2017年諾貝爾經濟學獎頒給行為經濟學家Thaler, R.H.，就是最好的明證。

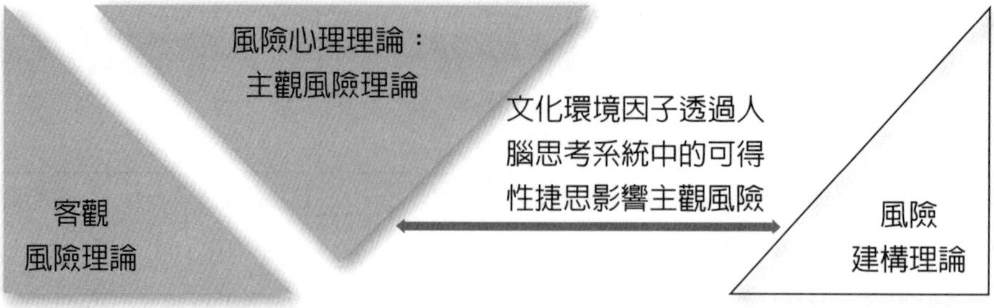

風險心理理論：
主觀風險理論

文化環境因子透過人
腦思考系統中的可得
性捷思影響主觀風險

客觀
風險理論

風險
建構理論

圖 2-1 現代風險理論的三大流派

議題，也就是如何衡量不確定，不確定的後果包括哪些，風險的眞實性（Reality）如何，各有不同看法。

1. 風險理論的核心議題

▶ 不確定

三大流派都同意風險最核心的要素，就是**不確定**（Uncertainty）。任誰也無法否認，人類永遠無法掌控未來，這就是不確定會存在的根源[6]（MaCrimmon and Wehrung, 1986; Rowe, 1994 ; Fichhoff, *et al*, 1984）。問題是，不確定有三個層次，不同學派間，所指的不確定，是指何種層次？

不確定的三個層次分別是：第一個層次，稱爲客觀的不確定，不確定成分最少，例如，買彩券就存在不確定，因能否中獎，事先無法知道，這是買彩券時的不確定，但買彩券事先可確定知道中獎機率，因可利用統計方法客觀計算出來，而且獎金金額也可事先知道，所以買彩券的不確定成分最少；第二個層次，稱爲主觀的不確定，不確定成分比第一層次的不確

[6] 不確定存在的理由與來源包括：(1)當吾人無法完全掌控未來的事物時；(2)當訊息不充分、有瑕疵，與吾人對訊息的含義不了解，或解讀錯誤，或誤判時；(3)來自測度單位的不確定；(4)來自測度模型的不確定；(5)來自時間與後果的不確定。

定多，例如，住屋在未來一年可能失火的機率與損失會多大？機率與損失事先都無從知道，只能依過去經驗，利用統計方法推估，這種不確定，保險領域最常見，而且主觀成分較多，不像第一層次的不確定，機率與中獎金額事先都能客觀取得；最後，第三個層次，稱爲渾沌未明的不確定，這是不確定成分最多的層次；換句話說，事情發生的機率與後果如何，根本沒有任何訊息可事先知道，也無法用統計方法推估，例如，人類剛對外太空探險時，或蘇聯帝國剛瓦解時，或非典剛發生時。

針對前面三個層次，客觀風險理論與風險心理理論都同意，風險中的不確定是包括前兩個層次，而不包括最後第三層。兩個流派間的差異，客觀風險理論重客觀機率對風險的衡量，風險心理理論重主觀機率對風險的衡量。風險建構理論則不存在風險如何衡量的問題，而是存在風險如何由社會文化條件形塑決定的問題。其次，值得留意的是，不確定會隨著時間變成確定，見圖2-2，但須留意的是，吾人知識有其極限，未可知事物永遠存在，因此，確定常是暫時的，有云「蓋棺論定唯一的麻煩，是其不確定」，也就是這個道理。例如，經濟學領域效用理論的盲點（沒有參考點，也就是說，效用主要附著於財富歷史，不是只附著於現在財富），歷經三百多年，才被心理學家發現，因而創建了前景理論（Prospect Theory）。再如，大家總認爲鐵達尼（Titanic）遊輪沉沒，主因是疏失撞冰山之故，但歷經多年後，發現主因是船艙曾有悶燒但被封嘴，嗣後才是疏失撞山沉沒；換言之，沒有悶燒，按鐵達尼的設計標準，即使那種情況的疏失撞山，也不會沉沒（2017/1/9台灣寰宇新聞台的報導）。

圖2-2顯示，以現在時點「0」來看，未來任何事物均含不確定成分，所以說，我們生活中都有風險，但隨著時間演變，從「0」往「1」流逝，同樣事物所面臨的不確定成分變少，確定成分變多。

▶ 不確定的後果

颱風可能來，這是不確定，登陸後，造成多大損失，這是不確定的後

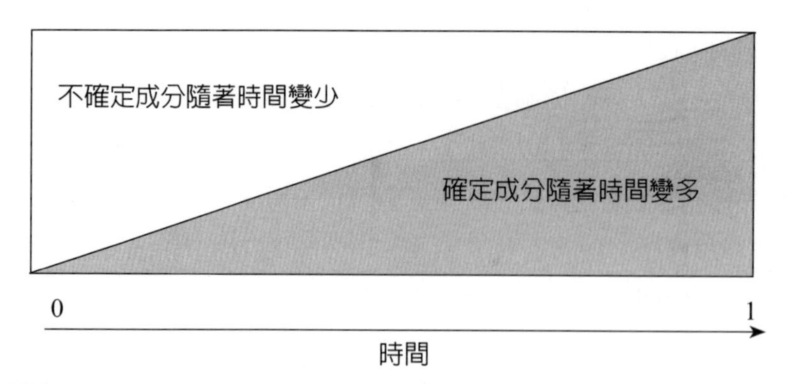

圖 2-2 風險或不確定與時間

果。對風險事件造成的損失有多大與其包括的範圍，三大學派間有不同的看法。風險事件的發生，如同丟塊石頭到池塘，會產生**漣漪效應**（Ripple Effect），也就是會產生一次直接損害（經濟金錢與人員傷亡），二次間接損害（生態破壞與心理衝擊），三次後續一連串的損害（社會、總體經濟、政治與文化等）。參閱圖2-3。

圖2-3的一連串後果，事實上是無法切割的，但客觀風險理論學派只同意，後果要能以金錢衡量或能換算等值金錢的損失才算數；也就是說，只承認A代表的一次直接損害，與B代表的二次部分損害（生態破壞可換算等值金錢，但心理衝擊不能列入後果中）。風險心理理論學派主張後果包括A與B所代表的全部（包括心理衝擊）以及C與D代表的部分損害。例如，保險學與心理學領域間的看法就不同，前者因損失補償原則[7]（Principle of Loss Indemnity）的關係，認定可能產生的後果只能包括經

7 損失補償原則是保險契約的基本原則之一，其目的是透過保險人對被保險人的財務損失補償，使被保險人的財務狀況回復至損失發生前的情況，以達成保險制度保障被保險人財務安全的目的。這項原則強調的是回復，意即依被保險人遭受的實際財務損失彌補，不能多也不能少。多的話，容易誘發道德危險因素；少的話，則失卻保險的目的。其次，損失的回復，也只限縮在財務金錢上的損失，其他通常不列計在內。

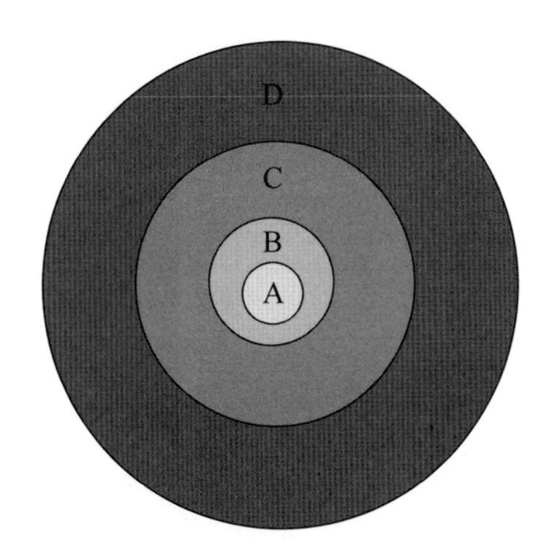

A：一次直接損害（經濟金錢與人員傷亡）
B：二次間接損害（生態破壞與心理衝擊）
C 與 D：三次後續一連串的損害（社會、總體經濟、政治與文化等）

圖 2-3 漣漪效應（不確定的後果）

濟金錢損失，後者則主張應外加心理的負面感受，例如，與期望（或稱預期[8]）（Expectation）有落差的失落感。風險建構理論則主張後果應包括A，B，C與D所代表的全部，但不是求算經濟損失或如何換算，而是社會文化條件如何形塑決定這後果。

▶ 風險的眞實性

「風險」是否眞實存在？，是個哲學思維問題。哲學家常質疑，什麼是「眞實」？人們是如何知道的？哲學家認爲每個人均生活在其認定的「眞實」世界中，並依其認定，來了解世界的種種特質（Berger and Luckmann, 1991）。三大學派間，對風險哲學採用的基礎不同，客觀風險理論

8 簡單說，期望／預期就是人們對未來期盼的猜測，以數學表達就是期望值。預期是財務經濟學、心理學、行爲財務學與經濟心理學中，極爲重要的概念。

學派與風險心理理論學派，採用的是實證論；風險建構理論學派採用的是後實證論。所以，客觀風險理論學派與風險心理理論學派認定，風險是主客觀上是存在的，但風險建構理論學派則依其理論的不同，有不同看法。風險社會理論（The Social Theory of Risk）承認其眞實性，並認爲風險是社會演化的產品。風險統治理論（The Theory of Risk and Governmentality）之主張，則很極端；換句話說，任何未來的事物，都可看成風險，也都可看成都不是風險。風險的文化建構理論（The Cultural Construction of Risk）則依文化類型來看待風險的眞實性。例如，對宿命論者（Fatalist）（參閱第七章）來說，「風險」是否眞實存在？對他（她）們而言，不重要。

2. 客觀風險理論的基本主張

風險心理理論與風險建構理論是本書重點，因此各獨立一節說明。客觀風險理論並非本書重點，在此僅擇要說明。客觀風險理論主要見諸於經濟財務、保險精算、安全工程、毒物流行病學等領域。現實主義、價值中立、理性假設與實證論是其基本主張與哲學基礎。對風險的計算，在此，採用這些領域間，較有共識的數學公式表達如下。

$$R = Var = \Sigma P_i(X_i - \mu)^2 \quad 而\mu = EV = \Sigma P_i X_i \quad i = 1......n$$

未來的預期值（EV: Expected Value）μ，是指損失期望值，它是測量風險的基本概念。此外，這學派以單一面向看待風險，風險（R: Risk）指的是損失的變異（Var: Variance），強調客觀機率或機會概念，而在實用上，當用途與情境不同時，則會衍生出不同的表達方式[9]。其次，客觀風

[9] 在商管領域與工業安全衛生領域，風險表現的方式，有所不同。商管領域中，風險表現的方式，共有九種（Mun, 2006）：(1)損失發生的機率；(2)標

險理論在管理風險上，著重探討三項基本問題（Lupton, 1999）：第一個基本問題是，有什麼風險存在？第二個基本問題是，風險有多大？第三個問題是，應如何管理風險？這學派過去是主流且獨霸風險學術領域。

2-2 風險的心理理論

極端主張風險是主觀的代表性人物，國際風險感知權威斯洛維克（Slovic, P.）說過這麼一段話：「風險並不能脫離我們的心智與文化獨立存在，等著我們去測量，人類發明『風險』概念，是為了幫助人們了解與應對生活中的危險和不確定。雖然這些危險是眞實存在的，但世上沒有所謂的『眞實風險』（Real/Actual Risk）或『客觀風險』這種東西。」（Kahneman, 2011）。反過來說，斯洛維克承認，世上有所謂的「感知風險」（Perceived Risk）或「主觀風險」這種東西。前列這段話表明了風險心理理論與客觀風險理論的主張間，有所不同，同時也表明，風險與危險（Danger）間的不同，危險是眞實客觀存在的情境概念，風險是主觀認定

準差與變異數；(3)半標準差或半變異數；(4)波動度（Volatility）；(5)貝他（Beta）係數；(6)變異係數；(7)風險值（VaR: Value-at-Risk）；(8)最壞情況下的損失與後悔值（Worst-case scenario and regret）；(9)風險調整後資本報酬（RAROC: Risk-adjusted return on capital）。這九種，每種均有其優缺點，每種有其實用的情境。其次，在工業安全衛生領域中，針對人體健康與生態的風險評估，其風險表現的方式不同。以人體健康風險的表現爲例，常見的表現方式有：(1)致死事故率（FAR: Fatal Accident Rate）；(2)生命預期損失（LLE: Loss of Life Expectancy）；(3)百萬分之一的致死風險（One-in-a-million risks of death）。整體而言，由於風險評估的標的，不同學科領域所關注的對象不同，風險表現的方式，也就不同。 然而，風險表現的方式，要同時考量損失發生的可能性與嚴重度兩種面向，是較有共識的看法。

的機會概念。

1. 風險心理理論的哲學與假設

風險心理理論與客觀風險理論都是採用實證論，研究上會採用眾多心理測試或實驗證明其觀點。風險心理理論採用有限理性[10]（Bounded Rationality）假設與客觀風險理論採用的理性假設有別。理性是指前後邏輯推理的一致性，偏好不逆轉，這種人是經濟人（Econs），反觀有限理性，雖然存在理性，但不完全，也就是說有感性的一面。其次，風險心理理論對風險的看法，採多元面向，也就是會包括心理對風險的感受層面，這有別於客觀風險理論的單一面向，也就是只重風險的科學計算問題，不涉及其他心理、政治、社會與文化問題。最後，風險心理理論與客觀風險理論的現實主義哲學不同，大部分風險心理理論雖也採現實主義哲學，但不太堅持價值中立，有時會採用涉及價值的觀點。另一方面，風險心理理論對風險管理的問題建構與客觀風險理論相同，同樣著重探討三項基本問題：有什麼風險存在、風險有多大，與應如何管理風險。不同的是，針對這些問題著重的是主觀風險與其測量，在如何管理風險上，著重風險行爲（Risk Behavior）改變的問題。

2. 風險心理理論的損失概念與風險的表達

前曾提及，心理學以主觀風險爲主，主觀風險會涉及價值，風險可定義成「未來期望的可能落差」。換個說法，心理學的風險可看成未來框架（Frame）破壞的可能性。評估主觀風險時，期望結果（這裡的結果還包括非經濟的）的框架（Frame of Expectation）與可能性（Possibility）是核心。

---

10 有限理性概念，首由Simon, H.A.提出。

▶ 心理損失的概念

損失的不確定是風險的核心概念，客觀風險理論的損失，是實際的金錢損失，但風險心理理論的**損失**（Loss），是多元的概念，它是指與某參考（References）點比較後，心理負面的感受，通常是失望或遺憾或鬱悶的心情。例如，你我今天財富都是一千元，但昨天，你的財富是一萬，我昨天口袋剩一塊，請問是我開心，還是你開心？顯然，你極爲不開心且鬱悶[11]。有比較，才有感受，跟什麼作比較，感受也不盡相同。「比較」就成爲心理學損失概念的核心。以符號表示：$L = Rf - X$，其中L = 損失，Rf = 參考點，X = 既定結果，參閱圖2-4。

圖2-4是說，某甲重新找到一份工作，現況是月薪資五萬元，在台北市上班，對工作滿意度還可以，新同事也很熱心，現從事餐飲業，當然

結果的類別

月薪資	上班地	工作滿意	同事	行業	?
3 萬	（台北市）	很不滿意	怪透	（餐飲業）	?
4 萬	新竹市	不滿意	還好	化學業	?
（5 萬）	新北市	不算滿意	（很熱心）	電子業	?
	桃園市	（還可以）		金融業	?

表參考點　表「獲利」　表「損失」

（　）表現狀

圖 2-4　風險心理的損失概念

---

11 根據德國心理學家費區納（Gustay Fechner）的研究結果，財富改變引起的心理反應與原有財富的多寡成反比。

還有其他現況。就圖2-4某甲面對的各種現實結果，配合下面參考點的類型，分別說明某甲的心理感受，是負面的，還是正面的，如果是負面的，就是心理「損失」，如果是正面的，就是心理「獲利」。

▶ 參考點的類型

參考點就是比較的對象，這對象包括任何有形或無形的人、事、物。例如，它可以是面貌，可以是財富，可以是能力，可以是名聲，可以是目標等等。參考點按性質分，各有不同的類型如下（Yates and Stone, 1992）：

(1) **固定型參考點**（Status Quo References）與**可變型參考點**（Non-Status Quo References）：固定型參考點意即很難改變的參考點。例如，圖2-4顯示的某甲現上班地在台北市，但甲住新竹市，這樣離家遠些，心情不佳，這就是風險心理的「損失」，如果上班地能在新北市或桃園市，那離家近些，心情好些，這就是風險心理的「獲利」，但參考點新竹市，不容易被改變，這就是固定型參考點。反過來說，另一種參考點是容易改變的，例如，圖2-4顯示的月薪資，某甲現領的薪資是五萬，參考點是四萬，所以某甲心裡感受多賺了些，如參考點改成五萬五，現領的薪資五萬，心裡感受就虧了，薪資這種參考點隨時都可改變，看跟誰比，跟哪個國家比，這種參考點就稱爲可變型參考點。

(2) **個人通常的參考點或適應型參考點**（Personal Average References or Adaptation Level References）：例如，圖2-4顯示的某甲對現在工作的滿意度還算可以，但過去經歷的工作通常都不算滿意，甚至更糟。現在工作跟過去經歷的工作，比起來滿意多了，這感受也就是「獲利」，但過去有更糟的，那感受就是「損失」。圖2-4「不算滿意」的參考點，是過去常經歷的感受，這種性質的參考點，就稱爲個人通常的參考點或稱適應型參考點。

(3) **一般通常情況的參考點**（Situational Average References）：這參考點與個人通常的參考點類似，但不同的是，這參考點是來自個人外在的訊息，個人通常的參考點則是來自特定個人感受的訊息。例如，圖2-4顯示的「同事」那一欄，某甲要上班報到那天，有人告訴他，那家公司同事間相處，都「還好」，但某甲上班後，發現新同事都很熱心，這讓某甲很開心，也就是說，某甲以別人告訴他的情況，當參考點，然後與現在的感受比較，讓他覺得很開心，這就是心理的「獲利」，但甲過去同事都怪透了，與參考點「還好」比起來，那是痛苦的回憶，也就是心理的「損失」。再如，一般財務投資人常聽到某投資標的的報酬率通常是4%，如以此爲投資參考點，那也是一般通常情況的參考點。

(4) **社會期待參考點**（Social Expectation References）：例如，社會一般認爲大學畢業生剛進入社會就業的理想待遇，每個月也要有三萬五千元，這就是社會期待參考點。這參考點雖然也是來自個人外在的訊息，但須留意，是社會期待，是種理想，是種期望。

(5) **目標參考點**（Target References）：例如，公司今年獲利率目標要達到5%，或如，今年打算考上大學，這都是目標參考點。

(6) **最佳可能參考點**（Best-Possible References）：這參考點是指某種情境下，最可能達成的結果，把這結果當參考點，就是最佳可能參考點。例如，某課程某甲最可能能拿到九十分，這就是最佳可能參考點，目標參考點則是要積極努力達到的參考點。

(7) **後悔參考點**（Regret References）：例如，圖2-4「行業」那一欄，朋友可接受且受人尊敬的行業是電子業，這當參考點。如甲當初沒選擇電子業，卻選擇現在的餐飲業，餐飲業與電子業相比，受人尊敬的地位不高，甲現在餐飲業工作，後悔當初沒選擇電子業，電子業是使甲往後會覺得後悔的參考點，所以稱作後悔參考點，打個比方，就像男怕選錯行，女怕嫁錯郎，後悔啦。圖2-4

「行業」那一欄，如當初的選擇是金融業，甲就不至於後悔，金融業受人尊敬的地位不輸電子業。

▶ 心理損失的類型

與參考點比較後，心理的正負面感受，就是風險心理理論對損失與獲利的概念。依不同的比較對象，心理損失就會有多元的類型。以消費者購買產品爲例，消費者對產品的感知風險愈高，購買的意願就會愈低（Bauer, 1960）。購買產品前，消費者心理也會因比較後，產生多元的損失類型，而影響其購買的意願，這些類型包括（Roselius, 1971）：

(1)財務損失（Financial Loss）：這是指消費者覺得可能浪費錢，這可能發現產品無法正常使用，要花大錢修理保養，或發現有更好更便宜的產品。

(2)績效損失（Performance Loss）：這是指消費者覺得產品可能無法正常使用的負面感受。

(3)實質損失（Physical Loss）：這是指消費者覺得產品可能不安全，會傷害身體。

(4)心理損失（Psychological Loss）：這是指消費者覺得產品與其身分地位不匹配的負面感受。

(5)社會損失（Social Loss）：這是指消費者覺得買了該產品後，會遭致別人笑話。

(6)時間損失（Time Loss）：這是指消費者覺得買了不佳的產品是在浪費時間，因可能要花時間修理、維護等。

▶ 風險的表達

基本上，風險心理理論對風險表達的方式與客觀風險理論中對風險的表達方式雷同，只是內涵上有些不同（Yates and Stone, 1992），前面說明的心理損失之內涵就是例證。風險概念可由損失發生的頻率或機率〔P(Loss)〕「乘」上損失的嚴重性〔S(Loss)〕來觀察，也就是：

R=P(Loss)⊗S(Loss)。風險心理理論中的「乘」（符號⊗），其含義不盡然完全是客觀風險理論中，數學「乘」的概念。其中機率是指主觀機率（Subjective Probability）。風險計算中的期望值與變異數的統計運算與客觀風險理論中的運算相同。

▶ 風險的分類

風險的分類主要便於研究與選擇應對風險的方式，心理學領域常見的風險分類有三（宋明哲，2012）：

第一類、就是把風險分爲**自願性風險**（Voluntary Risk）與**非自願性風險**（Involuntary Risk）。這是以人們行爲的觀點來劃分，也就是無外部制約，個人自發性行爲所引發的風險，最常見的就是抽菸可能引發的致癌風險，再如，長期酗酒引發的風險等。其次，如因某種原因或制約，並非個人自發性行爲所引發的風險，是爲非自願性風險。例如，常吸二手菸帶來的健康危害風險，或政府政策下，個人不得不面臨的風險，例如，空氣汙染風險。個人的非自願性風險，如以社會整體論，有可能變成社會願意接受的風險。

第二類、是把風險分爲直接能感知到的風險、須藉助科技才能辨識的風險、與科學及專家間無共識的**虛擬風險**（Virtual Risk）。直接能感知到的風險，例如，車禍。須藉助科技才能辨識的風險，例如，霍亂病。科學及專家間無共識的虛擬風險，最典型的就是SARS（Severe Acute Respiratory Syndrome）剛爆發時存在的健康危害風險，那時初期醫學上根本束手無策，這就是虛擬風險。

第三類、是把風險分爲**感知風險**（Perceived Risk）與**眞實**或稱**實際風險**（Real/ Actual Risk）。前者透過風險感知測量而得（參閱第三章），後者是絕對客觀的風險統計數據。

3. 風險心理理論的貢獻

風險心理理論認為風險的評估與機率，只有在融入個人感知中，才有意義。因此，主觀風險可以展現個人的經驗。風險心理理論認為，不確定的後果應涉及人們心理的感受，而風險真實性的認定，以個人感知為基礎。心理學領域的風險概念，可應用在政府監理政策、社會衝突的解決，與風險溝通（Risk Communication）的策略上。在這方面，心理學領域的風險理論提供了如下的貢獻（Renn, 1992）：第一、心理學領域的風險概念可顯示出，社會大眾心中的關懷與價值信念；第二、它也可顯示，社會大眾的風險偏好；第三、它亦可顯示，社會大眾想要的生活環境生態；第四、心理學領域的風險概念，有助於風險溝通策略的擬訂；最後，它展現了以客觀風險評估方法無法顯現的個人經驗。

為何愛比較？

人們之所以愛比較，主要是源自人們的感知（Perception）有相對性（參閱第三章），而且比較後人們才能作決定。廣告行銷人員常利用這點，進行行銷戰略的制定。例如，有項雜誌測試，網路版售價50元，雜誌版售價120元，網路版加雜誌版也是120元。結果：雜誌版沒人買，網路版加雜誌版買的人數比網路版多很多。如果換個方式測試，拿掉雜誌版訊息，結果：網路版比網路版加雜誌版買的人數多很多。顯然，雜誌版售價120元，只不過是廣告行銷的誘餌，行銷人員是想借此誘餌，促銷網路版加雜誌版。這種愛比較心理，日常生活中，極為普遍。例如，比較情人與情人，比較車子與車子，比較愛犬與愛犬等。如你初次要相親時，則可好好利用人們這種心理，帶朋友一道去，而且帶長相條件比你差的，成功率可能高些。愛比較或許是好的，但還是奉勸大家，別太愛比較，做好本份，與自己比就好，因人比人最終可能會氣死人。

2-3 風險的建構理論

1. 對客觀風險理論與風險心理理論的批判

客觀風險理論與風險心理理論都是以實證論爲哲學基礎，主張現實主義，但從科技災難頻傳的一九八〇年代開始，這些理論面臨重大挑戰，也受到人文學者（Douglas, 1985; Clarke, 1989）的不少批判：

第一、客觀風險中的「客觀」，就是個問題。菲雪爾等（Fischhoff, *et al.,* 1984）指出客觀本身就是引起爭議的原因之一。梅奇爾（Megill, 1994）認爲客觀的含義有四種：

(1)絕對的客觀：事物如其本身謂之客觀。此含義的客觀，放諸四海皆準。例如，瞎子摸大象，就不會客觀，明眼人看大象，可從任何角度看大象，其結果必然是絕對客觀

(2)學科上的客觀：此含義的客觀，不強調放諸四海皆準，只強調特定學科研究上，取得共識的客觀標準。例如，從事任何社會科學的問卷調查，問卷本身必須吻合信度[12]（Reliability）與效度[13]（Validitity）。

(3)辯證法上的客觀：此含義的客觀，指辯證過程中，討論者所言的客觀。此種客觀含有討論者主觀意識的空間。例如，德耳非[14]（Delphi）研究方法上的專家共識。

(4)程序上的客觀：此含義的客觀，指處理事務方法程序上的客觀。

---

12 信度係指測量結果是否具一致性的程度，也就是沒有誤差的程度。詳細可參閱吳萬益與林清河（2001）。*企業研究方法*。

13 效度係指使用的測量工具是否測到研究者想要的問題。同樣可參閱吳萬益與林清河（2001）。*企業研究方法*。

14 Delphi是質性研究方法的一種。

強調方法要吻合事務本身的性質，方法本身的採用，不容許人為的干預。例如，大學教師的聘用規定要符合三級（系級／院級／校級）三審的程序，三級三審就是程序上的客觀，如省略一級，程序上就不客觀。除了絕對的客觀，其他含義的客觀均是相對的概念，主觀價值成分甚難避免。

第二、價值觀與偏好，根本無法從風險評估中免除。計量風險評估需要考量權重或參數，而權重或參數的考量，即含有人們的價值觀與偏好。權重或參數的考量，一向具政治敏感性，或許有人認為只要權重或參數，來自研究方法所產生的必然結果，那麼該權重或參數應該不含人們的價值觀與偏好，這種看法應該對一半，原因是選擇任何研究方法的本身，就含有人們的價值觀與偏好。

第三、計量風險的評估，剔除環境與組織因子不合實際。人文學者通常將風險視為價值取向的群生概念，不是脫離環境的機會概念。因此，體制環境決定了那個體制環境下的風險。

第四、風險事件的發生及其後果與人為因子間的互動是極為複雜的，不是任何機率運算方式或預測模型，可以完全解釋的。從後，風險建構（Risk is a Construct）的思維，日益受到重視。

2. 風險的群生概念

客觀風險理論與風險心理理論採用的是實證論哲學基礎，認為風險是機會取向的個別概念。後實證論基礎的風險建構理論，認為風險是價值取向的群生（Communal）概念，而不是脫離社會文化環境的獨立個別概念。群生概念的風險代表價值而非機會，這種概念強調風險的本質來自群體社會。這種概念下，對風險的定義，自然與實證論基礎的風險理論對風險的定義，截然不同。自一九八〇年代開始，群生概念的風險定義已廣受重視，尤其在公共風險管理（Public Risk Management）領域（參閱第九章），也就是公部門與非營利組織團體的風險管理，蓋因公共風險的評估，不單是科學理性的問題，也是心理問題、社會問題、甚或是政治問題。

後實證論基礎的**風險建構理論**（The Construction Theory of Risk）不著重風險如何測量與如何模型化，它著重的是一個國家社會團體的社會文化規範與條件，如何決定那個國家社會團體裡的風險，著重的是那個決定與互動的過程。在這過程中，人們間有相互的預期與義務，此時社會文化價值就扮演著極爲重要的角色。因此，在風險建構理論的領域裡，所謂風險指的是未來可能偏離社會文化規範的現象或行爲。由於每個國家社會團體的社會文化規範與條件不盡相同，也因此風險建構理論中的風險概念是相對概念，是相對主義者（Relativist）的風險概念。

最後，風險的群生概念，可用來觀察類似下列的事件。例如，自台灣電力公司在1984年提出核四廠在新北市貢寮區鹽寮的建廠計畫開始，核四相關爭議，即持續至2008年國民黨再度執政。其爭議原因，固然多元複雜，其中之一可以說是，對風險概念解讀不同所致。在核四爭議中，涉及眾多利害關係人，一方是政府與台電，另一方是貢寮區民與環保聯盟等相關團體，介於其中的就是媒體。政府與台電是以機會取向的個別概念看待風險，相信數據，認爲核四可能引發的風險極低。然而，貢寮區民與環保聯盟等相關團體的風險概念中，含有群生的概念，也就是說，貢寮區民與環保聯盟等相關團體以其群體社會中，非核家園就是「美」的價值觀，看待核四可能引發的風險，也就是說核四的興建，有違他（她）們的價值觀，有違其團體規範，因而抗爭激烈。遺憾的是，政府與台電並未作好核四興建可能引發的風險溝通，未能與貢寮區民及環保聯盟等相關團體，取得共識。

3. 後實證論基礎下的風險議題建構

後實證論基礎的風險建構理論，採用群生概念，看待風險。其風險管理基本問題的建構與客觀風險理論及風險心理理論，完全不同。同時，依不同的風險建構理論而有不同（Lupton, 1999）。首先，說明風險的社會理論（The Social Theory of Risk），這項理論在風險建構的主張上，並不強烈。在此理論下，管理風險的基本問題有兩個：第一個是風險與晚近現代的結構及其過程的關係是什麼？（What is the relationship of risk to the structures and processess of late modernity?）；第二個問題是不同社會文化背景的人是如何了解風險的？（How is risk understood in different sociocultural contexts?）。針對第一個問題，其意涵會涉及風險社會特徵的討論，也會涉及風險在現代化過程中，扮演何種角色？發揮何種功能？第二個問題，是在探求不同的社會文化背景與人們的風險認知及感知間，關聯何在？

其次，說明風險建構主張強度，較為適中的風險的文化建構理論（The Cultural Construction Theory of Risk）。根據這項理論，管理風險時，有四個基本問題：第一個問題是，為何某些危險被人們當作風險，而某些危險不是？（Why are some dangers selected as risks and others not?）；第二個問題是，風險被視為踰越文化規範的符號時，它是如何運作的？（How does risk operate as a symbolic boundary measure ?）；第三個問題是，人們對風險反應的心理動態過程是什麼？（What are the psychodynamics of our responses?）；第四個問題是，風險所處的情境是什麼？（What is the situated context of risk?）。針對第一個問題，例如，為何非洲人們不介意汙染風險，而美國人這麼在意？針對第二個問題，例如，同樣是同性戀行為，為何台灣社會如今還是很難法制化，而當作風險看待？英美則否？針對第三個與第四個問題，一者是心理學上極深度的問題；另一個是何種社會，會存在何種風險的問題。

最後，說明風險建構主張強度，最極端的風險統治理論（The Theory of Risk and Governmentality）。這項理論下，管理風險上，基本的問題只有一個，那就是在主體性[15]的建構與社會生活的情境裡，有關風險的論述與實務是如何運作的？（How do the discourses and practices around risk operate in the construction of subjectivity and social life?）。風險的論述與實務只有在誰具備主體性與在實際社會生活的情境裡，才有意義。因此，根據風險統治理論，會形成兩個極端強烈的對比，那就是未來任何人、事、物，均可當作風險；反之，未來沒有任何人、事、物，可看成風險。蓋因，誰具備權力，就有主體性，就對風險有解釋權，其次的重點，就是該主體面對的實際社會生活的情境爲何。

4. 各風險建構理論的主要概念

簡單說，所謂風險的建構，指的是社會文化環境條件決定風險與其間的互動過程。這種風險理論是將風險附著於社會文化環境中，加以觀察的群生概念，完全不同於實證論基礎的風險理論。實證論基礎的風險理論，是將風險視爲自外於社會文化環境的獨立個別概念。人文學者認爲專家與一般民眾對風險的了解，同樣是社會文化歷史過程下的結果。換言之，風險是經由社會文化歷史進程建構而成，它是相對主義者的風險理論，有別於現實主義者的風險理論。

風險建構理論有三種：其一爲，英國文化人類學家道格拉斯（Douglas, M.）主張的**風險的文化建構理論**；其二爲，德國社會學家貝克（Beck, U.）主張的**風險社會理論**；其三爲，法國哲學家傅科（Foucault, M.）主張的**風險統治理論**。雖然風險在這三種理論中，均被認爲是群生的，是由社會文化所建構的，但它們之間，仍有程度上的差異。依照拉頓（Lupton, 1999）的區分，風險社會理論是程度較弱的風險建構理論，風險的文化建構理論居中，風險統治理論是程度最強的風險建構理論。

---

15 主體性指的是自我，外在世界即稱呼爲客體，主體與客體間的關係是哲學認識論的本質問題。主體如何看待外在的客體，則主客體間的關係就會不同。

道格拉斯（Douglas, M.）——風險的文化建構理論創建人

道格拉斯是涂爾幹學派人類學代表人物之一，她一直關心分類系統與危險、風險間的關係。道格拉斯在《純潔與危險》（*Purity and Danger*）一書中，反覆說明，純潔與汙染的觀念在社會生活中占有極重要地位。道格拉斯認為，不能符合正統分類系統的事物，以及違反或是跨越象徵邊界的事物，就會被認為是受汙染的。道格拉斯也認為，分類系統、宇宙觀、社會價值與社會形態間有密切關係。在其所著《文化偏見》（*Cultural Bias*）與《自然的象徵》（*Natural Symbols*）兩本著作中，提及的群格模型（Grid-Group Model）最能體現這觀點。嗣後，在1982年與美國政治學者合著《風險與文化》（*Risk and Culture*）一書，創建了風險的文化建構理論（The Cultural Construction Theory of Risk）。

貝克（Beck, U.）——風險社會理論代表性人物

貝克是德國著名社會學家，是風險社會概念的發展人。貝克認為，隨著生態問題的浮現，人們已意識到我們正生活在不可預測又危險的年代。其名著《風險社會》一書，是風險社會理論的代表性著作。

▶ 風險的文化建構理論

風險的文化建構理論（可簡稱風險文化理論）應該是風險建構理論的代表，蓋因它受到實證論學派中，心理學者的認同。風險文化理論將風險視爲違反規範的文化反應。所謂實證論下的科學理性（Rationality），在風險文化理論的支持者眼中，不過是文化的反應，不管理性或是感性，均是文化現象。這種理論的風險概念中，還包括責難[16]（Blame）的概念

---

16 風險文化理論中的風險之所以有責難的含義，主要是風險的決策與責任

（Douglas and Wildavsky, 1982），該理論在第七章將詳細說明。

▶ 風險社會理論

從社會建構理論的立場看，以貝克（Beck, U.）的風險社會理論（The Theory of Risk Society）最受矚目。貝克教授認爲風險不僅是現代化過程的產物，也是人們處理威脅與危險的方式。這項理論以**反省性現代**[17]（Reflexivity Modernity）、信任（Trust）與責任倫理（Responsibility and Ethics）爲風險概念的核心。

▶ 風險統治理論

傅科（Foucault, M.）主張風險統治理論，這項理論對風險建構的主張最強。根據該理論，任何人、事、物都可看成風險，也都可看成沒風險這回事。這種理論認爲風險與**權力**（Power）有關，權力是所有風險行爲中，重要的變異數（Bensman and Gerver, 1963）。蓋因，一般而言，握有權力的個人或團體對很多不確定的事物，擁有解釋權，從而就會影響他人的利益。對風險的科學證據如有爭議時，擁有解釋權的個人或團體，就可主張有沒有風險？因此，風險與權力有關。例如，英國剛發生狂牛症時，有權力的官員，就曾宣稱吃牛肉沒什麼風險。

（Responsibility）有關，該不該對決策者加以責難，則有不同的看法。

17 簡單說，反省性現代是貝克（Beck, U.），季登斯（Giddens, A.），與瑞旭（Lash, S.）所冠稱，此名詞不同於其他社會學者所稱的第二現代，反省性現代指的是現代化的工業社會，反而成爲被解體與被取代的對象。詳細內容，可參閱劉維公（2001）。第二現代理論：介紹貝克與季登斯的現代性分析。顧忠華主編《第二現代—風險社會的出路？》Pp.1-15。

傅科（Foucault, M.）（1926-1984）——風險統治理論創建人

傅科是法國外科醫生之子。他拒絕父親要他攻讀醫學的要求，改攻讀哲學與心理學。他年輕時曾加入共產黨，涉獵過馬克思主義與現象學，但閱讀尼采著作後，他放棄了馬克思主義與現象學。傅科曾任心理師的工作，後擔任教職，大量出版著作，終成為法國著名哲學家。除了學術工作外，他也是同志團體的支持者，在1984年因愛滋病併發症過世。

風險的建構案例

美國與奈及利亞社會民眾關注的風險會不同，因社會條件不同。例如，18世紀美國企業家William Love挖了名叫Love的運河，希望連結尼加拉瀑布的兩岸，後因美國在1892年經濟崩盤，開挖停工。在1920年賣給政府當垃圾掩埋場，期間Hooker化學公司廢料就曾埋在那裡。後來，尼加拉市政府將其填埋蓋房子建學校。1979年一場大雨，將地底下的毒物沖出來，穢氣衝天，那時居民的恐懼與憤怒可想而知。美國廣播公司更製作一個節目叫「殺人的土地」，再經由叫Lois Gibbs的居民推波助瀾，人們腦海中的可得性串聯（Availability Cascade）（這是接續的連鎖事件，可從馬路消息或媒體報導到形成大眾恐慌），導致居民的恐懼與憤怒無法停歇，毒物危害健康的風險隨之形成。事後，環保人士獲得勝利，美國政府通過毒物清除法律，並成立超級基金。然而，在科學上並無證據證明，該處毒物危害居民健康，這至今為止，仍可能是有爭議的假事件。媒體、環保人士與人們腦海中的可得性串聯在美國社會裡，扮演了風險建構過程中的重要角色。

2-4 兩種看法的調和——風險冰山原理

對風險，風險三大理論表現的是兩種截然不同的看法。客觀風險理論與風險心理理論主要將風險看成機會、機率與可能性的概念，風險建構理論則看成群生的概念，兩者大相逕庭。事實上，將這各異的概念調和，對了解、應對或管理風險，幫助極大。理由有兩點：

第一、採用客觀風險與風險心理理論的機會概念，了解與評估風險，顯然，無法掌握風險的全貌，也因而容易低估風險。傳統風險的評估，主要考慮風險事件發生的可能性與嚴重性，從風險理論核心議題中的第二項知，這兩種理論對可能的嚴重性，通常局限於金錢損失與心理損失，其他非財務損失，因評估技術難克服，並未納入評估範圍內。因此，以機會概念，了解與評估風險，因難於掌握風險的全貌，除會低估風險外，對風險的應對，也可能出現偏離現象。

第二、採用機會概念，無法認識風險眞正的本質，風險的眞正本質，來自群體社會，不同的群體社會，風險本質不盡相同，也因此，風險管理人員或政府機關需完全掌握該群體的風險本質，才可能有效推展風險管理與制定完整的機制。例如，風險管理人員要能了解員工群體對風險的看法，當面對外部化風險[18]（Externalized Risk）時，要能了解社會大眾對風險的看法，蓋因，這些類別不同的群體，對風險本質的認定，與風險管理人員的認定間，如有落差，風險管理是難有效推展的。再如，2008-2009金融海嘯告訴我們[19]，未來整體金融監控體系重建時，投資群眾如何看待風險，是不容忽視的一環。

---

18 例如，環境汙染風險就是典型的例子。

19 參閱段錦泉（2009）。*危機中的轉機—2008-2009金融海嘯的啓示*。書中第45頁提及，投資者的心理因素，是未來金融監管設計上，不容忽視的課題。

其次，機會取向的風險概念與價值取向的群生概念間，可打個比方，將風險全貌看作是塊冰山，如圖2-5。浮在水面上的就是風險的機會概念，利用這種概念，應用風險科技軟體，進行風險估計衡量，但冰山水面下的價值群生概念，就與人們的風險決策有關。必須留意的是，風險計量的結果，不能取代決策。換個話說，我們不能不用風險的機會概念，但作風險決策時，最好適當運用群生概念，深入了解風險的本質，這更有助決策。

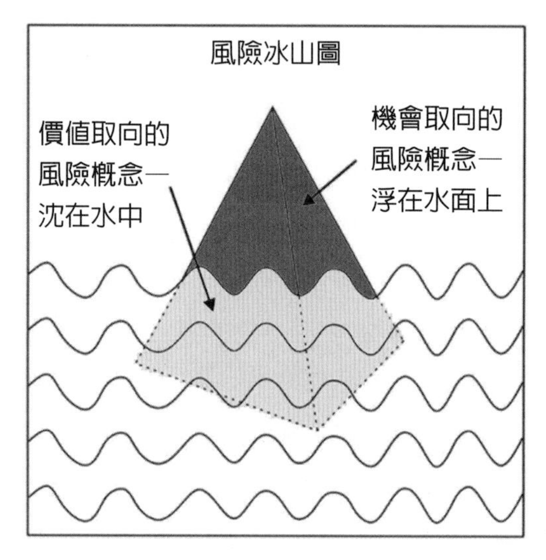

圖 2-5 風險冰山全貌 - 機會與價值概念的融合

2-5 風險本質與風險理論的對應

面對未來，人們現在所作的不同決定，就可能遭受不同風險的衝擊，就好像，男選錯行，娶錯老婆，各有不同後果。例如，政府對不同能源的選擇，就會產生不同的決策風險，如果選擇火力發電，汙染風險就高；選擇核能，就存在輻射風險。汙染風險與輻射風險相較，在台灣，對後者爭議大。類似的情況，不管個人在生活上的選擇，還是企業主的投資或其他決策，均會面臨可能不同的決策風險與風險的不確定，將決策風險與風險的不確定，分別顯示在Y軸與X軸，就可將風險特徵分成三種狀況，如圖2-6。羅莎（Rosa, E.A.）指出，依決策風險與風險本質的不確定程度，看待風險應採用不同的科學知識或不同的風險理論（Rosa, 1998）。對於決策風險與風險本質不確定性均低的狀況（參閱圖2-6，狀況A），採用自然科學等常態科學（Normal Science）是適當的，也就是適合用客觀風險理論，例如：爆炸火災或利率等風險；對於決策風險與風險本質不確定性均有所提高的狀況（參閱圖2-6，狀況B），則需專業諮詢，此時完全採用自然科學等常態科學評估或看待風險是不適當的，例如，醫病關係產生

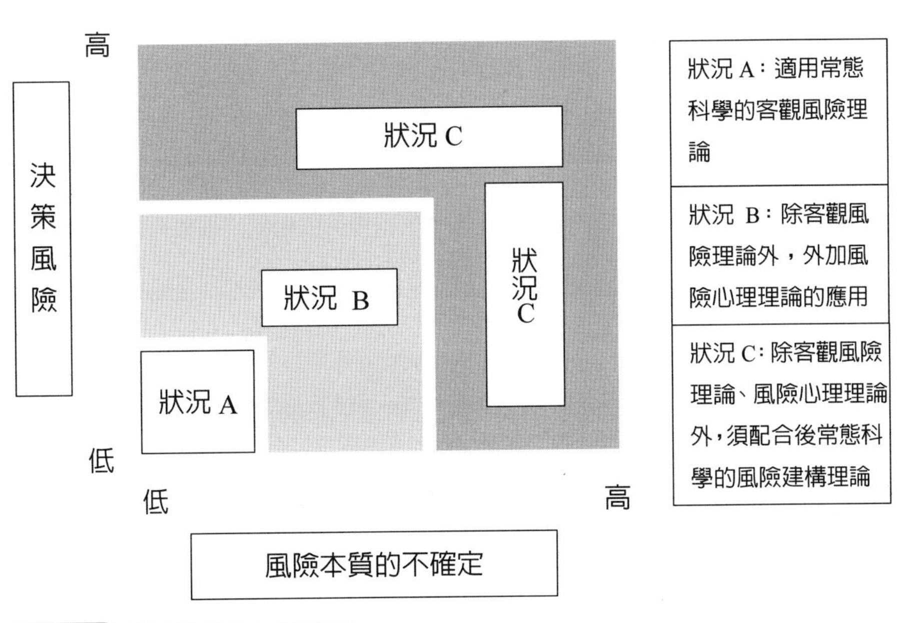

圖 2-6 風險特徵的三種情況

的風險，此時須配合採用風險心理理論；對於決策風險與風險本質不確定性均特別高的狀況（參閱圖2-6，狀況C），則須配合後常態科學（Post-Normal Science)（例如：社會學、文化人類學等知識），也就是須外加採用風險建構理論的觀點來了解風險，例如：基因食品風險與氣候變遷的風險等（Rosa, 1998）。

2-6 風險三大理論對比

風險心理理論、風險建構理論與客觀風險理論間，對風險各有各的看法，應對風險與管理風險上，各有各的長處，能整合進而融合，對人類了解風險，面對風險，必有幫助。這三大理論對風險的定義與其理論重點，對比如表2-1與表2-2。

表2-1　三大理論對風險的定義

風險理論	風險的定義
客觀風險理論（保險、經濟財務、安全工程等）	未來預期損失的變異或未來預期報酬的變異
風險心理理論	未來期望的可能落差
風險建構理論	未來可能偏離社會文化規範的現象或行為

表2-2　三大風險理論的內容要點

風險理論	基本尺規	理論假設	作用
客觀風險理論（保險、經濟財務、安全工程等）	預期值，預期效用	損失均勻分配，偏好可累積	講求風險分攤，講求資源分配
風險心理理論	主觀預期效用	偏好可累積	講求個人風險行為
風險建構理論中的風險文化理論	價值分享	社會文化相對主義	講求風險的文化認同

附注：表列風險理論更詳細的類別與內容，可參閱Renn, O. (1992). Concepts of Risk: a classification. In: Krimsky, S. and Golding, D. ed. *Social theories of risk.* Westport: Praeger. Pp.53-83. 以及Lupton, D. (1999). *Risk*. London: Routledge. Pp.84-103.

突破盲點大聲公

簡單說，理論就是一套嚴謹有邏輯、能自圓其說的說詞。大家怎麼看風險，每人心裡想法與感受不同，這就是風險心理。至於什麼因素條件造成人們把「它」當風險看，這就是風險建構概念。

關鍵重點搜查中

1. 現代風險理論，可分三大流派：客觀風險理論學派、風險心理理論（主觀風險理論）學派、風險建構理論。
2. 風險理論的三項核心議題，就是如何衡量不確定、不確定的後果包括哪些，風險的眞實性如何。
3. 不確定的三個層次分別是：客觀的不確定、主觀的不確定、渾沌未明的不確定。

4. 風險心理理論的損失是指與某參考點比較後，心理負面的感受，通常是失望或遺憾或鬱悶的心情。

5. 參考點按性質分成：固定型參考點與可變型參考點、個人通常的參考點或適應型參考點、一般通常情況的參考點、社會期待參考點、目標參考點、最佳可能參考點、後悔參考點。

6. 風險心理理論的損失類型：財務損失、績效損失、實質損失、心理損失、社會損失、時間損失。

7. 心理學對風險的分類，常見的分類有三：第一，把風險分爲自願性風險與非自願性風險；第二，把風險分爲直接能感知到的風險、須藉助科技才能辨識的風險與科學及專家間無共識的虛擬風險；第三，把風險分爲感知風險與眞實風險。

8. 心理學的風險理論提供了如下的貢獻：
   (1)心理學領域的風險概念可顯示出，社會大眾心中的關懷與價值信念。
   (2)它也可顯示，社會大眾的風險偏好。
   (3)它亦可顯示，社會大眾想要的生活環境生態。
   (4)心理學領域的風險概念，有助於風險溝通策略的擬訂。
   (5)它展現了，以客觀風險評估方法無法顯現的個人經驗。

9. 群生概念的風險代表價值而非機會，這種概念強調風險的本質來自群體社會。

10. 風險建構理論不著重風險如何測量與如何模型化，它著重的是一個國家社會團體的社會文化規範與條件，如何決定那個國家社會團體裡的風險，著重的是那個決定與互動的過程。

11. 風險文化理論將風險視爲違反規範的文化反應。科學理性在風險文化理論的支持者眼中，不過是文化的反應，不管理性或是感性，均是文化現象。這種理論的風險概念中，還包括責難的概念。

腦力激盪大考驗

1. 有句話「眼見爲憑」，是眞的嗎？

2. 美國芝加哥大學法學教授孫斯坦（Sunstein, C.R.）發明一個詞，叫機率忽略（Probability Neglect）（Kahneman, 2011），該詞指的是，其實不會有事發生，但過慮的現象，乃因忽略考慮事情發生的機率。就像父母總擔心漂亮女兒出門，深夜十二點後未回到家的情景。父母因機率忽略建構了他們面對的風險。請你再舉類似兩個例子。
3. 以買房練習說明心理損失的類型。
4. 如何利用人們愛比較的心理？
5. 請舉兩個虛擬風險的例子。

參考文獻

1. 宋明哲（2012）。*風險管理新論：全方位與整合*・台北：五南圖書。
2. 吳萬益與林清河（2000）。*企業研究方法*。台北：華泰文化事業公司。
3. 段錦泉（2009）。*危機中的轉機—2008-2009金融海嘯的啓示*。新加坡：八方文化創作室。
4. 劉維公（2001）。第二現代理論：介紹貝克與季登斯的現代性分析。*第二現代—風險社會的出路？*顧忠華主編。台北：巨流出版社。Pp.1-17。
5. Bauer, R.A. (1960). Consumer behavior as risk taking. In:R.S.Hancock ed. *Dynamic marketing for a changing world*. Pp.389-398. Chicago:American Marketing Association.
6. Bensman and Gerver (1963). Crime and punishment in the factory: the function of deviancy in maintaining the social system. *American Sociological Review.* 28(4). Pp.588-598.
7. Berger, P.L. and Luckmann, T. (1991). *The social construction of reality: a treatise in the sociology of knowledge.*
8. Clarke, L.(1989). *Acceptable risk? Making choice in a toxic environment.* Berkeley: University of California Press.
9. Douglas, M.(1985). *Risk acceptability according to the social sciences.* New

York: Russell Sage Foundation.

10. Douglas, M. and Wildavsky, A.(1982). *Risk and culture: an essay on the selection of technological and environmental dangers.* Losangeles: University of California Press.

11. Fischhoff, B. *et al.* (1984). Defining risk. *Policy sciences*. 17. Pp.123-139.

12. Kahneman, D.(2011).Thinking, Fast and Slow. Brockman, Inc.

13. Lupton, D. (1999). *Risk.* London: Routledge.

14. MacCrimmon, K.R. and Wehrung, D.A. (1986). *Taking risks: the management of uncertainty*. New York: The Free Press.

15. Megill, A.(1994). Introduction: four senses of objectivity. In:Megill,A.ed. *Rethinking objectivity*. Durham and London: Duke University Press. Pp.1-15.

16. Mun, J.(2006). *Modeling risk-applying Monte Carlo simulation, real options analysis, forecasting, and optimization techniques*. New Jersey: John Wiley &Sons.

17. Renn, O.(1992). Concepts of risk: a classification. In: Krimsky,S.and Golding,D. ed. *Social theories of risk.* Westport: Praeger. Pp.53-83.

18. Rosa, E.A.(1998). Meta-Theoretical Foundations for Post Normal Risk. *Journal of Risk Research*. 1. Pp.15-44.

19. Roselius, T.(1971). Consumer rankings of risk reduction methods. *Journal of Marketing*. 35. Pp.56-61.

20. Rowe, W.D.(1994). Understanding uncertainty. *Risk analysis*. Vol.14. No.5. Pp.743-750.

21. Yates, J.F. and Stone, E.R. (1992). The risk construct. In: Yates,J.F. ed. *Risk-taking behavior*. Pp.1-25 Chichester: John Wiley & Sons.

第三章

風險感知

學習目標

1.了解風險感知的意義與特性。

2.了解風險判斷與風險感知的測量。

3.認識風險感知在個人間與團體間的差異。

4.了解感知風險與感知效益的關係。

5.認識風險感知與文化的關聯。

6.了解影響風險感知的因素。

/ 心不等於腦，還是心等於腦 /

地震的大小，依芮氏震級而定，這是科學客觀數據，但每人對有感地震感受的驚嚇度不同，這就屬於主觀的心理感覺。其次，媒體如報導說，你的職業風險是其他職業風險的兩倍[1]，你會感覺很憂慮，但如報導說，你的職業風險從百萬分之一增至百萬分之二[2]，這又可能讓你不那麼擔心了。這些心理感覺就是感知（Perception），或稱知覺[3]，有眾多心理因素會影響感知。地震是災害風險，對地震風險的感知，自然屬於**風險感知**（Risk Perception）之一，其他財務風險、作業疏失風險也都會有風險感知的心理歷程。隨著心理物理學（Psycophysics），以及神經經濟學（Neuroeconomics）的發展，進一步強化了心理學的科學性。面對風險感知或快樂的情緒[4]，也均有可客觀測量與可預測的層面。心理學領域對風險感知的研究，與前景或稱展望理論（Prospect Theory）的誕生，改變了吾人對風險決策行爲的觀察。

另一方面，科學證據顯示，吸菸又嚼檳榔的風險，遠高於焚化爐汙染對健康的危害，爲何在台灣，民眾不抗議政府進口檳榔，反而強烈抗議設置焚化爐？這種對客觀風險訊息的不理性反應，該作何解釋？文化人類學的風險建構理論可透過人們腦海的**可得性捷思**（Availability Heuristics）或**可得性串聯**（Availability Cascade），給出另類答案。也就是說，文化因子會透過人們「湧上心頭」或「浮現腦海」的途徑，影響人們對風險的感知與決策行爲。本章說明，風險感知的測量、風險高低的判斷，影響風險

---

1 這種報導風險的方式，是相對風險（Relative Risk）的表達方式，也就是風險比（Risk Ratio）。留意這個概念與前一章所提風險心理理論的風險是相對主義的主觀風險概念不同。

2 這種報導風險的方式，是絕對風險（Absolute Risk）的表達方式，這跟機率有關，也就是0-1之間。

3 拙著《公共風險管理》、《新風險管理精要》、與《風險管理新論》等對英文Perception均譯成「知覺」，本書則一律改譯成「感知」。

4 快樂經濟學已有可測量快樂程度的方法。

感知的各種因素、個人間與團體間風險感知的差異、感知風險與感知效益間的關係，以及風險感知與文化的關聯。

3-1 風險感知研究簡史

心理學感知的研究甚早，但對風險感知的研究晚些，「風險感知」一詞最早則由美國哈佛大學教授包爾（Bauer, R.）提出（Bauer, 1960）。根據國際風險感知研究權威斯洛維克（Slovic, P., 2000）指出，風險感知的研究，最早可追溯至1959年康伯（Coombs, C.）對人們賭博風險偏好（Risk Preference）的研究。之後，史達（Starr, C., 1969）對多安全才算安全（How safe is safe enough?）的風險可接受度之研究，奠定了風險感知研究的基礎。此後，斯洛維克等（Slovic, P., *et al.*）與後續研究學者相繼改變了史達的研究方法（也就是將史達的Revealed Preference方法改採Expressed Preference方法，此法是心理測量法）或採用新的研究方法（例如，字意連結法、情境分析法、焦點團體法等其他研究方法）研究風險感知。針對研究的風險類別也相繼有所改變，初期以天然災害、科技災害風險感知的研究爲主，之後，漸漸擴張（例如，對生物基因風險等）或深入（例如，對各類汽車風險等）。這些陸續出現的研究成果，也被應用在各類風險溝通或稱風險交流（Risk Communication)（參閱第八章）機制的設計中。此外，風險感知雖屬於心理學課題，但文化人類學、社會學與哲學等人文科學領域也對風險感知的研究，提供了極有價值的解釋與貢獻。

3-2 風險感知的意義與特性

1. 風險感知的意義

風險感知就是風險知覺，它與風險認知（Risk Cognition）有層次的不同，前者是以感覺爲基礎的心理歷程；後者則完全屬於心理與思考的概念。前者也可視爲較淺層的心理感受活動，後者則屬深層思考的心理活動。所謂風險感知指的是人們對風險相關事物訊息的留意、詮釋與記憶的心理歷程。風險的相關訊息主要包括損失災變的記錄數據、媒體對風險的報導內容、風險的特徵、專家對風險的估計訊息等。人們感知的心理過程以生理的感覺爲基礎，對風險訊息而言，感覺中的視覺與聽覺最重要。其次，生理與心理是相關的，例如，身體虛弱，必影響感知；不開心，必影響健康。

2. 風險感知的特性

感知有對物的與對人的，風險感知自然屬於對物感知。心理感知有五種特性，那就是選擇性、相對性（見圖3-1）、恆常性、整體性與組織性（張春興，1995）。對風險感知而言，選擇性、相對性與恆常性相對重要，也就是人們常會選擇（選擇性）注意到的風險訊息進行解讀、比較（相對性）後，形成持久（恆常性）一致的風險感知。人們對風險的感知，要能影響人們的風險態度（Risk Attitude）與風險行爲（Risk Behavior），因此，風險感知是風險溝通的基礎。

對表3-1的平均壽命減少的天數，也就是預期生命損失的風險訊息（該表風險訊息呈現的方式，有助於風險溝通，參閱第八章），你如何感知？每人接觸到這個風險訊息時，可能感知不同，例如：

風險感知1：不抽菸改抽雪茄吧。

圖 3-1 感知的相對性（圖中顯示的是花瓶，還是兩人對看？）（資料來源：張春興，1995）

表3-1　預期生命損失的風險訊息（資料來源：Cohen and Lee, 1979）

原因	預期生命損失
單身未婚（男性）	3,500天
抽菸（男性）	2,250天
單身未婚（女性）	1,600天
抽菸（女性）	800天
抽雪茄	330天

風險感知2：快結婚吧。

風險感知3：哪有這麼嚴重，有人抽菸還不是很長壽。

3-3 風險判斷與風險特徵

1. 人腦的思考系統與直覺判斷

風險感知既是涉及人們留意、詮釋與記憶的心理歷程，顯然，與人腦的思考系統有關，對人腦簡單的認識，參閱圖3-3。心理學中的思考系統有系統一與系統二，也就是人有兩個自我，行為經濟學家將系統一捷思思考（Heuristics Thinking）時的自我，稱做**社會普通人**（Humans），而將系統二理性思考（Rational Thinking）時的自我，稱為**理性經濟人**（Econs）。看下圖3-2（Kahneman, 2011），就立刻知道系統一與系統二的差異。

系統一，也就是捷思思考，憑直覺判斷事物與下決定（參閱第四章），既快、狠，有時精準但有時偏差大。系統二，也就是憑理性思考事物與下決定，很冷靜但常慢半拍。平常很多時候，人們就是憑直覺做事過活，懶得細想事情，對風險訊息可能更常這樣。

哪個薄且長？
一看便知（系統一）
小方塊哪個多？
這要算一算（系統二）

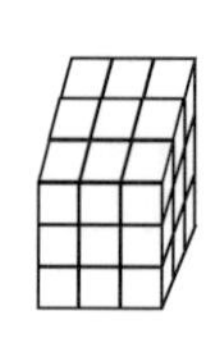

圖 3-2 比較一下

新神經元誕生之地

在成人腦中，與學習和記憶有關的海馬會持續產生新的神經元。神經元新生的現象最早是在齧齒動物身上發現的，但之後科學家證實成人也有新的腦細胞生成，就在海馬中的齒狀回。

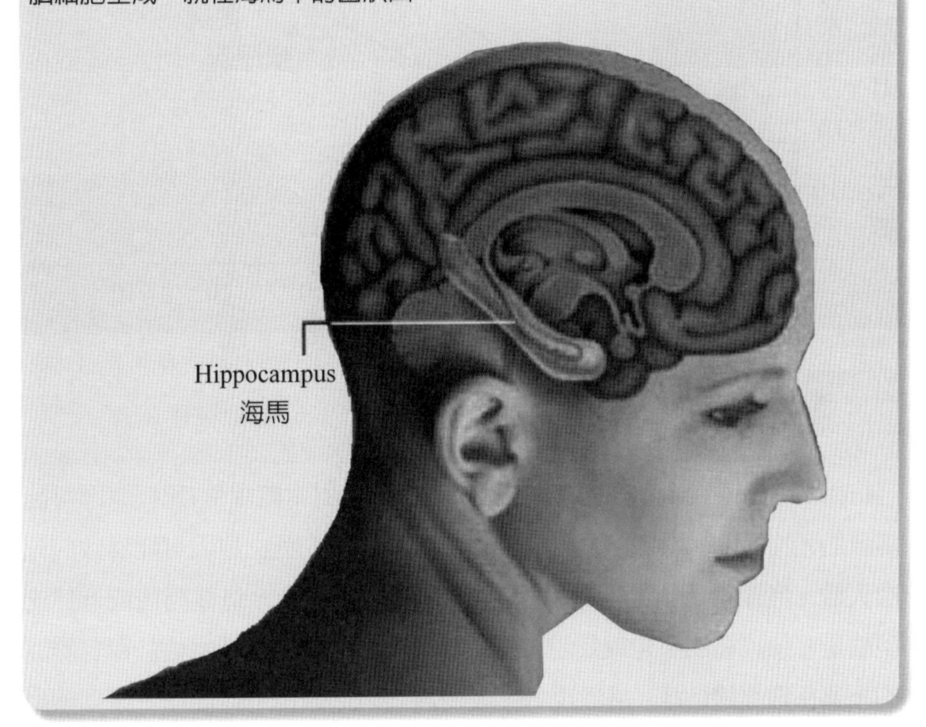

圖 3-3 人腦簡圖

2. 風險判斷

國際風險感知研究權威斯洛維克（Slovic, P.）早些時候，從人們對風險高低的判斷，探討風險感知。在他與其他研究者就人們估計各種死亡原因導致人們致死人數與實際死亡人數的判斷上，得出如圖3-4的結果。專家的統計數據與一般人們對風險主觀判斷的數據間，常存在一定的差異

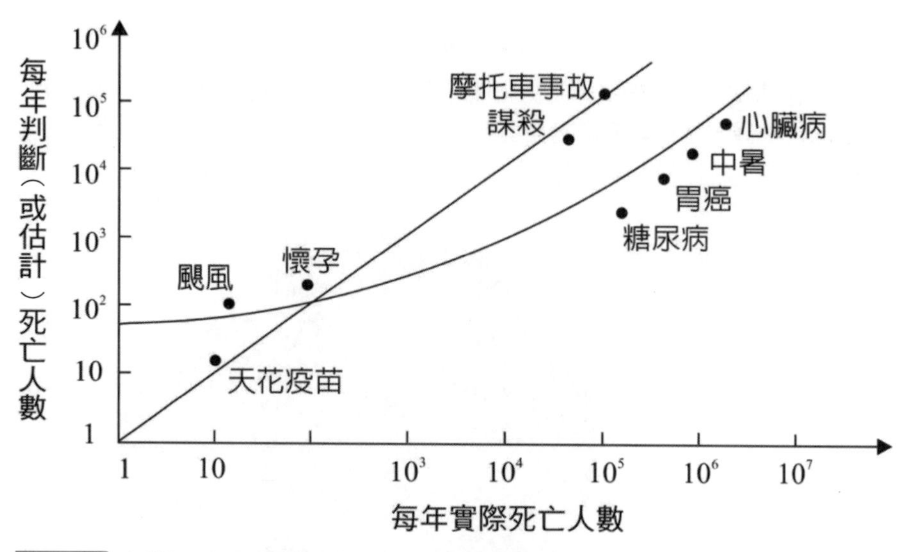

圖 3-4 判斷死亡人數與實際死亡人數的關聯

（Lichtenstein *et al.*, 1978），也就是，一般人對常聽說[5]的死亡原因可能導致的死亡人數，判斷上傾向高估。對較少聽說的死亡原因可能導致的死亡人數，判斷上則會傾向低估，也參閱表3-2。同時，這種高估或低估的型態是有跡可循的。也就是說，有其一致性且可預測，圖中估計與實際間的相關係數高達0.74。這種現象主要受趨均數迴歸與可得性捷思原則所影響。

其次，不同人們團體對各類風險活動風險大小的判斷排序也各有不同（Slovic, 1980），參閱表3-3。

---

5 筆者之前所著風險管理各書，採用「死亡原因較多」一詞，本書則改採「常聽說」一詞，是因一般人認爲死亡原因較多，可能來自常聽說或容易想起。

表3-2　判斷死亡人數被高估與低估的各類死亡原因

常被高估死亡人數的死亡原因	常被低估死亡人數的死亡原因
例如： 汽車意外 懷孕、生產、墮胎 颶風 水災 癌症 謀殺等	例如： 天花疫苗注射 糖尿病 胃癌 閃電 中暑 氣喘病等

表3-3　不同團體對各類風險活動風險大小的排序（1=最高，30=最低）

風險性活動或科技	某婦女組織成員	大學生	某社會團體成員	專家
核能發電	1	1	8	20
汽車事故	2	5	3	1
手槍	3	2	1	4
抽菸	4	3	4	2
摩托車	5	6	2	6
酒類飲料	6	7	5	3
航空飛行	7	15	11	12
警察值勤	8	8	7	17
殺蟲劑	9	4	15	8
外科手術	10	11	9	5
救火工作	11	10	6	18
大型建築物工作	12	14	13	13
打獵	13	18	10	23
噴霧劑	14	13	23	26
爬山	15	22	12	29
自行車	16	24	14	15
商務飛行	17	16	18	16
電力（非核能）	18	19	19	9

表3-3　（續）

風險性活動或科技	某婦女組織成員	大學生	某社會團體成員	專家
游泳	19	30	17	10
避孕劑	20	9	22	11
滑雪	21	25	16	30
X光照射	22	17	24	7
中、大學的足球賽	23	26	21	27
火車事故	24	23	20	19
食物防腐劑	25	12	28	14
食物色素	26	20	30	21
電動割草機	27	28	25	28
抗生素的使用	28	21	26	24
家庭器具	29	27	27	21
疫苗接種	30	29	29	25

從上表中可發現，專家群與非專家群間，對核能發電風險的排序大不同。其他風險也因風險感知的差異，出現不同的排序。

最後，人們作風險判斷時，常會低估發生機會不高，但損失可能慘重的風險（Krimsky, 1992）。前述各種人們作風險高低判斷上會有偏見的原因，除了人們認知有極限與有**以偏概全**（英文就是「WYSIATI」是「What You See Is All There Is」的縮寫，意即你所看到的就是全貌）毛病外，就是人們做判斷時總有天生的蛀蟲，可參閱第四章。

另一方面，人們對**複合式風險**（Synergistic Risk）的估計與判斷也值得留意。複合式風險是什麼概念？舉個例說，抽菸又喝酒得癌的風險，就比只抽菸沒喝酒或會酗酒，但不抽菸得癌的風險大。這種抽菸又喝酒混合得癌的風險就稱爲複合式風險。簡單來說，就是好幾個危害因子混合導致的風險，就是複合式風險。過去這類風險不多，但隨著經濟社會科技發達後，人們面臨的危害因子間相互影響、相互糾結的情況愈來愈複雜，導致複合式風險類型增加。判斷估計這類風險的高低，難度高。漢普森等人研究（Hampson *et al.*, 1998）人們對抽菸與氡氣（Radon）（是一種在室內由地底冒出的空氣汙染物）混合形成的肝癌複合式風險感知發現，人們很清楚一天抽一包菸的風險，感知明顯，但幾乎32%的人對氡氣根本不清楚，即使人們閱讀相關的介紹後。同時，研究也發現人們對抽菸與氡氣混合形成的複合式肝癌風險的感知不明顯。

3. 風險特徵與危害風險感知的測量

前提及風險大小的判斷，是斯洛維克（Slovic, P.）與其他研究者利用心理測試方法，針對科技或危害風險，探討風險感知的一部分。之後，他們藉助心理學的性格理論，將風險呈現的特質，視同人們的各樣性格，擴大對風險感知的探討。初期，他們把風險特徵（Risk Characteristics）分成九個構面，採用七點尺規，請人們評估判斷十二種風險在九個構面感知的程度（Slovic *et al.*, 1980）。這九個構面分別如下：

(1) 風險的自願程度：例如，抽菸有害健康，那你自願抽菸的程度有多高？

1　2　3　4　5　6　7

自願　　　　　　　　非自願

(2) 風險產生立即後果的程度：例如，吸入殺蟲劑藥粉立即致死的程度？

1　2　3　4　5　6　7

立即　　　　　　　　慢性

(3) 對風險了解的程度：例如，人們對抽菸有可能致癌的知識了解多少？

1　2　3　4　5　6　7

很了解　　　　　　　完全不了解

(4) 科學對風險的確認程度：例如，你認為抽菸與致癌間的科學證據如何？

1　　2　　3　　4　　5　　6　　7

很明確　　　　　　　　　　未有明確證據

(5) 風險的控制程度：例如，對騎單車的風險，可控制的程度如何？

1　　2　　3　　4　　5　　6　　7

無法控制　　　　　　　　　完全可控制

(6) 風險的新舊或熟悉程度：例如，對H7N9[6]病毒熟悉程度如何？

1　　2　　3　　4　　5　　6　　7

新（不熟悉）　　　　　　　舊（熟悉）

(7) 風險瞬間致死人數的多寡：例如，車禍瞬間致死人數不會比地震多。

1　　2　　3　　4　　5　　6　　7

致命數很少　　　　　　　　致命數極大

(8) 對風險是司空見慣，還是不常見且感受衝擊很大：例如，車禍已司空見慣，H7N9病毒則怕怕，心理感受的衝擊會很大。

1　　2　　3　　4　　5　　6　　7

常見不怕　　　　　　　　　極害怕

(9) 風險後果的嚴重程度：例如，地震後果的嚴重程度？

1　　2　　3　　4　　5　　6　　7

不慘重　　　　　　　　　　慘重

事隔兩年後，他們又將九個構面，另外增加九個構面，共十八個構面，同時原包括十二種的風險改成九十個風險，尺規仍保持七點，擴大對人們風險感知的探討。結果顯示，人們對風險了解的構面（參閱圖3-5中的風險知曉構面）與心理感受的衝擊是否最大，也就是害怕構面（參閱圖3-5中的巨大風險構面），最能解釋人們風險感知差異的百分之八十。

---

6 H7N9是A型流感變種之一，易造成大眾恐慌。

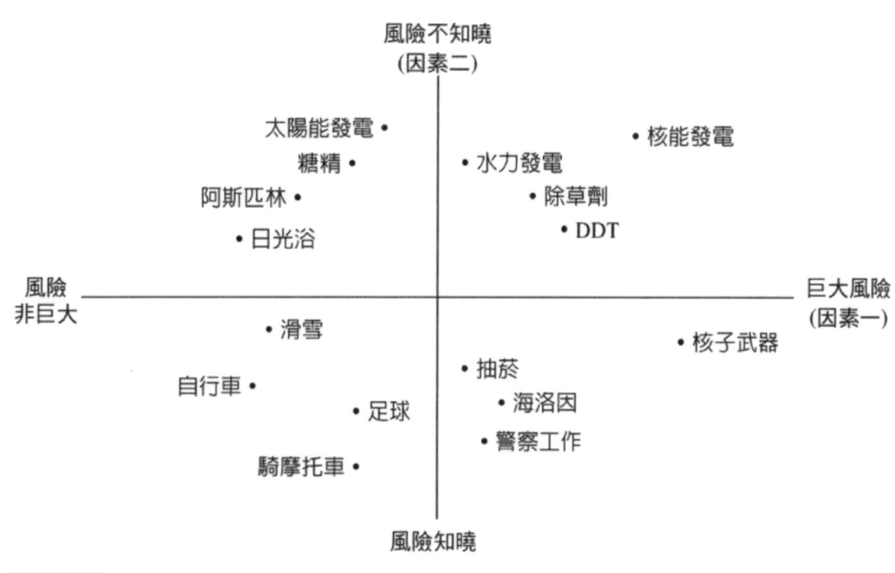

圖 3-5 風險感知圖（圖中只顯示部分風險）

圖3-5的X軸與Y軸分別代表巨大風險構面與風險知曉構面。各類風險分落入四個象限。例如，核能發電風險落入第一象限最右方，代表核能發電風險，一般人不是那麼了解，且對核能發電風險心理感受極驚恐害怕。再如，騎自行車可能遭受的風險，人們對該風險的感知與核能發電風險相較，則大異其趣。它落入第三象限，代表人們認爲騎自行車所造成的風險，感覺沒什麼，且人們有深入的理解。以上所提的研究，通稱爲心理測試模型或稱Slovic模型（用來推崇Slovic, P.先生）。

販賣恐懼

極端伊斯蘭國的恐攻，大家很害怕，但致死比率低於自殺與車禍。搭飛機與開車哪個安全？聽到飛機失事那段期間，會有不少人不敢搭飛機。住在地震帶的台灣人，對地震習以為常，對地震驚恐程度可能不像大陸武漢人

（武漢沒地震，因此武漢人旅遊外地，首次碰到地震時，其驚恐程度會比台灣人高）。活在風險社會的當下，人們對風險的想法與反應，不是每個人都那麼理性而符合邏輯，也就會有脫軌的風險判斷現象。因此，販賣安全產品的行業，容易利用人們對風險的主觀恐懼心理，達到行銷產品的目的，可稱為販賣恐懼的行業。不只商人如此，政客、政府官員、媒體亦復如此。

4. 財務風險感知與判斷

探討賭博樂透彩的財務風險感知與判斷比心理測試模型或稱 Slovic模型來得早，也約與風險感知的心理測試同時，出現解釋力強大的財務風險感知與判斷的數理模型[7]，這比Slovic模型的解釋力還佳，那就是路斯與韋伯（Luce, R.D. and Weber, E.U.）的**聯合預期風險模型**（CER: The Conjoint Expected Risk Model）（Luce and Weber, 1981）。

▶ CER模型

這項模型主要針對財務風險，推導的企圖主要來自馬可維茲（Markowitz, H.）的組合理論。CER模型主要可呈現人們對財務風險判斷的共同性，也就是各類財務冒險活動的機率與結果判斷的共同性。同時，CER模型也可呈現人們間的個別差異，這項差異由數學公式中的機率與結果的不同權重表示。因此，依據路斯與韋伯（Luce, R.D. and Weber, E.U.）的數理推導，人們對各類財務冒險活動方案（例如，將儲蓄的20% 投資股

---

7 感知風險的數理模型，除了CER模型外，還有三個模型值得留意，那就是雙歸因模型（Two-Attribute Model）、Coombs與Lehner模型，以及Pollatsek與Tversky模型。參閱Jia, J.*et al.* (2008). Axiomatic models of perceived risk. In: Melnick, E.L. and Everitt, B.S. ed. *Encyclopedia of quantitative risk analysis and assessment*. Vol, I. Pp.94-103.

票）的評價，可用公式[8]表示如後：

$$R(X) = A^0 Pr(X = 0) + A^+ Pr(X > 0) + A^- Pr(X < 0)$$
$$+B^+ E[X^{k(+)}|X > 0]Pr(X > 0)$$
$$+B^- E[|X|^{k(-)}|X < 0]Pr(X < 0)$$

上式中，財務風險選擇方案，不外有三種結果： 一是狀況不變，以$Pr(X = 0)$表示；二是增加財富，以$Pr(X > 0)$表示；三是減少財富，以$Pr(X < 0)$表示。A^0，A^+，A^-分別代表這三種狀況的機率權重。B^+與B^-分別代表條件期望（Conditional Expectation）的權重，k(+)與k(−)分別代表條件期望下，對財富變動的影響力，它是財富變動的「乘方」概念，k(+)表財富增加時的「乘方」，k(−)表財富減少時的「乘方」。經實證研究發現，參數k(+)與k(−)的值，時常趨近「1」。

▶ CER模型與Slovic模型的比較

斯洛維克（Slovic, P.）的心理測試模型，發現影響人們風險感知最重要的兩個構面是人們對該風險的了解程度（Known）與對該風險的恐懼害怕（Dread）程度。賀葛萊維與韋伯（Holtgrave, D.R. and Weber, E.U.）為了比較Slovic模型與CER模型，何者對風險感知間差異的解釋力強，而在研究設計上，為了與Slovic模型的線性假設比較，將CER模型中的參數k(+)與k(−)的值，假設為「1」，這就是**簡化聯合預期風險模型**（SCER: The Simplified Conjoint Expected Risk Model）。經過驗證，結果發現CER模型不管對健康危害風險與財務風險感知差異的解釋力，均比Slovic模型為佳。最後，賀葛萊維與韋伯（Holtgrave, D.R. and Weber, E.U.）也提出

---

8 拙著《風險管理新論》、《新風險管理精要》、《公共風險管理》各書中，同樣的公式出現校對疏失，在此致歉與修訂。各書再次印製時，一併更正。

更能解釋風險感知差異的混合模型（Hybrid Model），那就是將SCER模型混合Slovic模型中的風險恐懼害怕構面，最能解釋財務與健康危害風險感知間的差異。

3-4 風險感知在個人間的差異

前述Slovic的心理測試模型主要探討，爲何一般人對風險的判斷與感知會不同，嗣後，噶納與哥爾（Gardner, G.T. and Gould, L.C.）探討的是，爲何不同的人們對同一風險的感知與判斷會不同（Gardner and Gould, 1989）。希格里斯特等（Siegrist, M. *et al.*）後來重新驗證前兩者研究的差異，發現兩者在資料分析方式上有別（Siegrist *et al.*, 2005）。Slovic的心理測試模型採用二維度主成分分析，噶納與哥爾（Gardner, G.T. and Gould, L.C.）採用三維度主成分分析，得出人們對風險感知的差異。風險感知在個人間的差異，大部分研究集中在個人對自願性風險感知的差異上。例如，針對健康風險（Nagy and Nix, 1989; Wong and Reading, 1989）、喝酒風險（Cherpitel, 1993; Zuckerman, 1987）、邊喝飲料邊開車風險與酒駕（Stacy *et al.*, 1991）、抽菸風險（Breakwell *et al.*, 1994; Zuckerman *et al.*, 1990）、做愛風險（Breakwell *et al.*, 1994; Cliff *et al.*, 1993; Hendrick and Hendrick, 1987; Zuckerman *et al.*, 1976）、非法用藥風險（Zuckerman, 1987）、駕駛行爲風險（Dorn and Matthews, 1995）、青少年冒險活動（Lavery *et al.*, 1993）等。少部分研究則著重非自願性風險感知個人間差異的研究。例如，針對核廢料風險（Sjoberg, 1995）、一般性非自願風險（Wiegman and Gutteling, 1995）、核災風險（Mehta and Simpson-Housley, 1994）等。

1. 解釋風險感知的一般理論

解釋風險感知的理論（Dake and Wildavsky, 1991）共有五種：第一、知識理論（Knowledge Theory）。這個理論認爲人們的科技知識水準，是解釋風險感知差異的最佳途徑；第二、個性或稱性格理論（Personality Theory）。每個人個性的差異與風險感知差異間是相關的，因此，以個性差異解釋風險感知差異是最佳途徑；第三、經濟理論（Economic Theory）。這個理論認爲人們的風險感知與經濟生活水準以及科技產生的效益有關；第四、政治理論（Political Theory）。個人所參與的政黨與社會運動團體，對科技政策的看法，與人們的風險感知有關；第五、文化理論（Cultural Theory）。人類社會的生活方式，亦即文化型態，是影響風險感知的最重要要素。爲了維繫自我固有的文化與生活方式，人們對風險的感知會存在差異。

2. 性格、風險感知與風險行為

人的性格就是個性，每個人都是獨一無二的。性格是心理學人格概念之一（人格還包括人品與法人資格）。有云「個性決定命運」，這可看出性格對個人的影響力，這影響力促使個人面對風險時，其風險感知與風險行爲，會與眾不同。許多研究成果表現出，人們性格與風險行爲間關聯性強，而性格其他面向與風險感知間也有關聯（Breakwell, 2007）。

▶ 性格

不同的性格，對人事物的感覺、思考與表現方式會有不同，正所謂「一方水土，養一方人」或台語諺語「一粒米，養百樣人」。個性或性格是多種心理特徵的綜合體，有統合性、持久性與適應性等三種特性。依佛洛伊德（Freud, S.）精神分析論的人格結構論，人的性格有三層次，那就是本我（id）、自我（ego）與超我（superego）（張春興，1995），這可比方成人有獸性、人性與神性。而影響個性或性格的因素，主要來自遺傳與環境。心理學領域對性格分五大面向觀察，也就是BIG FIVE[9]，性格的五大類：外向或內向；情緒化或穩重；心胸開放或謹慎保守；明理或衝動；隨意或自律。這五大類面向間會交叉，例如，性格外向者可能較情緒化或心胸較開放。除了前提的BIG FIVE，性格理論學者左克曼（Zuckerman, M.）針對性格與冒險間關聯的研究，提出另類BIG FIVE（Zuckerman, *et al.*,1991; Zuckerman, 1992, 2002, 2004, 2005a, 2005b），那就是衝動與憑感覺；神經質與焦慮；激進與敵意；社會與外向；積極活躍等五種性格。左克曼另編製了**感覺取向量表**（SSS: Sensation Seeking Scale）用以測量愛好刺激感受的程度，從而辨別個人性格上是否憑感覺行動的人。

其次，I_7衝動程度問卷（I_7 Impulsiveness questionnaire）可用來測量性格的五大面向，尤其該問卷在測量性格是否容易衝動，冒險與著迷入神方面特別有效與可靠（Eysenck *et al.*, 1985）。另有云，相由心生，從人的面相，亦可八九不離十的判斷出該人性格，例如，有人以三庭[10]比例判斷性格。

另外，美國著名心臟病學家福利德曼與羅森曼（Friedman, M. and Rosenman, R.H.）將一般人性格分成兩大類，那就是A型性格與B型性格（Friedman and Rosenman, 1974）。A型性格的人，個性急躁，求成心

---

9 這人格的五大構面，英文有不同的用語，但含義都差不多。例如，有分成Extraversion-Introversion; Agreeableness-Disagreeableness; Conscientiousness-Undependability; Emotional stability-Neuroticism; Openness to experience（Goldberg, 1993）。再如，分成Extroverted-Introverted; Tough Minded-Tender Minded; Conforming-Creative; High Structure-Low Structure; Confident-Emotional (Parkinson, 1997)。

10 三庭指的是上庭、中庭與下庭。上庭是指人頭部額頭的部分；中庭是眉毛到鼻子下緣間；下庭是食祿（鼻與嘴之間部位）嘴巴、下巴部位。三庭的長短比例，決定了每人的基本性格。依此分人們的性格可分三類，三庭比例爲2:1:1者，性格開放大膽；三庭比例爲1:2:1者，性格果決自信；三庭比例爲1:1:2者，性格親切有耐力。

切，善進取，喜爭勝。這類性格的人在現代忙碌的社會中，容易感受極大壓力，引發心臟病機會高。相反的，B型性格的人，個性隨和，生活悠閒，對自我要求寬鬆，看淡名利與成敗，因而工作壓力感低，引發心臟病的機會也低。根據表3-4的測試，如果答案「是」占半數以上，那性格偏向A 型。除A型性格特徵測試表外，心理學上有眾多人格測驗方式[11]可測出你我性格的類型。

表3-4　A型性格特徵測試表（節錄自張春興著，現代心理學，1995。Pp.568-569）

A型性格的特徵

美國心臟醫學會，在1981年將A型性格（type A personality），列為是罹患心臟病的危險因素之一。以下25個問題，是用以診斷A型性格的一份問卷，讀者只須按各題所問事項，在是或否處填答。如果有半數以上題目你填答是，希望你改變習慣，放慢一點生活的步調。

問　　題	是	否
1. 你說話時會刻意加重關鍵字的語氣嗎？	—	—
2. 你吃飯和走路時，都很急促嗎？	—	—
3. 你認為孩子自幼就該養成與人競爭的習慣嗎？	—	—
4. 當別人慢條斯理做事時，你會感到不耐嗎？	—	—
5. 當別人向你解說事情時，你會催他趕快說完嗎？	—	—
6. 在路上擠車或餐館排隊時，你會感到激怒嗎？	—	—
7. 聆聽別人談話時，你會一直想你自己的問題嗎？	—	—
8. 你會一邊吃飯一邊寫筆記或一邊開車一邊刮鬍子嗎？	—	—
9. 你會在休假之前先趕完預定的一切工作嗎？	—	—
10. 與別人閒談時，你總是提到自己關心的事嗎？	—	—
11. 讓你停下工作休息一會時你會覺得浪費了時間嗎？	—	—

[11] 人格測驗方式有自陳量表式人格測驗與投射技術式人格測驗（張春興，1995）。1970-1995年間，台灣就有三十種之多。

表3-4　（續）

問　　題	是	否
12. 你是否覺得全心投入工作而無暇欣賞周圍的美景？	—	—
13. 你是否覺得寧可務實而不願從事創新或改革的事？	—	—
14. 你是否嘗試在時間限制內做出更多的事？	—	—
15. 與別人有約時，你是否絕對遵守時間？	—	—
16. 表達意見時，你是否握緊拳頭以加強語氣？	—	—
17. 你是否有信心再提升你的工作績效？	—	—
18. 你是否覺得有些事等著你立刻去完成？	—	—
19. 你是否覺得對自己的工作效率一直不滿意？	—	—
20. 你是否覺得與人競爭時，非贏不可？	—	—
21. 你是否經常打斷別人的話？	—	—
22. 看見別人遲到時，你是否會生氣？	—	—
23. 用餐時，你是否一吃完就立刻離席？	—	—
24. 你是否經常有匆匆忙忙的感覺？	—	—
25. 你是否對自己近來的表現不滿意？	—	—

另一方面，對性格外的人品，有個有趣的研究（Ariely, 2009）表明，人一旦有機會，不少人就會欺騙；誠實利己時，才會誠實；透過對誠實的獎勵與道德教條的提醒，可遏阻不誠實。這項研究的起因背景是據2004年統計，美國搶劫案耗損社會成本五億多美金，同年美國人因不誠實所犯貪小便宜、偷竊與詐欺所耗損的社會成本卻高達六千多億美金。

▶ 性格與風險行為

如果將人的性格分成四類，那就是外向沉穩、外向毛躁、內向沉穩、內向毛躁。個人行為的差異，約5%-10%來自性格的差異（Mischel, 1968），而其中以外向又毛躁性格的人最容易發生意外事故（Glendon and McKenna, 1995），因外向又毛躁的人容易表現出易怒、好動、激進、易興奮、易變、易衝動、太樂觀、過於主動的情緒與行爲。顯然，人的性格與人們面對風險時的冒險程度有關（Miller *et al.*, 2004），也就是下一章會詳述的風險態度（Risk Attitude）與風險行爲（Risk behavior）。

性格上憑感覺行動的人與風險行爲有正向關聯，是預測冒險行爲的重要指標，而與風險感知間相關性少，例如，汽車駕駛人冒險開快車，主要與駕駛人自認開車技術很好以及與開快車的刺激感有關，而與駕駛人感知會發生意外的可能，較無關聯（Mckenna and Horswill, 2006）。因風險感知須要做風險評估與判斷風險大小，憑感覺就決定行動的人，很少針對風險訊息做出詮釋與評估，只憑生理的感覺就馬上行動（Zuckerman *et al.*, 1990）。再如，嗜酒、抽菸、高頻次性行爲等風險行爲，就與此種個性高度相關。布萊威爾（Breakwell, G.M.）指出在性行爲上，性格在風險行爲的作用是不受認知機制的調節與制約，尤其是憑生理的感覺就馬上行動的性格，意思就是說，如果受認知機制的調節與制約，那麼就可降低失去理智的風險行爲（Breakwell, 1996）。羅森布隆（Rosenbloom, T.）也發現人們在開車的情境下，愈是憑感覺走的性格，愈是冒險（Rosenbloom, 2003）。艾瑞利（Ariely, D.）在性興奮有趣的研究中，也表明這觀點（Ariely, 2009）。

其次，性格的冒險面向也是冒險意願的重要表徵。特維格-羅斯與布萊威爾（Twigger-Ross, C.L. and Breakwell, G.M.）針對性格的冒險面向與風險感知相關性的研究發現，性格的冒險面向與自願風險的感知無關，但與很熟悉及效應緩慢的非自願風險的感知呈現正相關（Twigger-Ross and Breakwell, 1999）。綜合來說，人們的性格主要表現在風險行爲上，較少表現在感知風險中所需要的風險大小的評級上。

▶ 性格與風險感知

風險感知與性格間較少關聯，主要是一直以來較缺少大量研究，但心理學領域，也一直對其關聯性作持續的探討，有些因分析數據的方法，出現一些相互矛盾的結果，例如，因某些性格關係易出現的焦慮感與風險感知的相關性，一直未有定論。然而，有少數研究，例如，蘇博與瓦博（Sjoberg, L. and Wahlberg, A.）發現神經質且焦慮、衝動、憑感覺與冒險性格的人與風險感知間有一致性且呈正相關（Sjoberg and Wahlberg, 2002）。另外，個人性格與能力及與環境間，交互的影響會形成每個人對事物不同的認知類型（Cognitive Style）（參閱後述），進而影響其風險感知與風險行爲。

3. 自我效能、制控信念與風險感知及風險行為

心理學上，所謂**自我效能**（Self-Efficacy）與動機（參閱第四章）有關，其意指根據以往自我的經驗，對某一特殊事務或工作，經過無數歷練後，確認自己對該事務或工作，具備了高度效能。概念上，類似自信，但不同，自信是種信念與積極態度而已。其次，所謂**制控信念**（Locus of Control）是指個人在日常生活中，對自己與環境關係的看法，可分內控型（Internal Control）與外控型（External Control）。內控型看法的人，萬事操之在我，勇於擔責，成敗只怪自己。外控型的人看法相反，成功歸命好，失敗怪別人，怨天也怨地，就是不自我檢討、不擔責任。自我效能的高低與制控信念均會影響風險感知與風險行爲。

卡爾曼（Kallmen, H.）研究發現，焦慮感低但屬內控型且自我效能高的人，對一般風險與個人風險感知程度，低於高焦慮感但屬外控型且自我效能低的人（Kallmen, 2000）。自我效能與風險行爲的關聯則依是冒自願風險，還是冒非自願風險，而有不同。對冒自願風險方面，自我效能的高低與對冒險結果想要的程度有關，也就是說，冒險結果可滿足需要慾望的話，高自我效能的人更可能冒險。例如，高空彈跳高風險運動，高自我效能的人更可能冒險（Schumacher and Roth, 2004）。然而，冒險結果如果不是想要的，高自我效能的人可能更不願冒險，例如，高自我效能的人更能戒菸成功，高自我效能的人更願意戴保險套，如果性愛可能會感染愛滋

病的話。

另一方面，對冒非自願風險，自我效能會激勵人們防護風險。其次，自我效能與風險感知有關。一般來說，自我效能低的人對風險的感知程度較高，因爲自我效能低，代表較無能力保護自己；反之，自我效能高的人對風險的感知程度較低。例如，研究表明，自我效能高，性行爲時戴保險套的男性，感知感染愛滋病的風險低。自我效能低的電腦玩家更可感知千年病毒的風險。自我效能雖與風險感知有關，但如何影響風險感知尚未有滿意解答。特藍博（Trumbo, C.W.）認爲自我效能影響人們尋求與使用風險訊息的方式（Trumbo, 1999），因此影響風險感知。這或許說明自我效能與人們的某種認知類型有關，但尚未獲證實。

關於制控信念方面，內控型的人面對極危險的情境時，冒險程度低，也較能採取自保行爲（Miller and Mulligan, 2002）。然而，某些情況下，內控型的人較勇於承擔風險，例如，在健康檢測時，可能發現其健康大有問題，內控型的人較會遵照醫療指示，承擔可能的健康風險（Franco *et al.*, 2000）。研究顯示，外控型的人面對日光浴可能導致皮膚癌的風險，採取預防措施的可能性低（McMath and Prentice-Dunn, 2005）。制控信念也與風險感知有關。理查與皮得森（Richard, D.E. and Peterson, S.J.）發現，內控程度愈高，對環境風險評比愈高，風險感知也愈高（Richard and Peterson, 1998）。綜合來說，自我效能與風險感知均高的人，愈會自我保護（Rimal and Real, 2003），這也是風險溝通制定者特別在意處。

4. 認知類型與風險感知

認知類型（Cognitive Style）是指人們在認知活動中表現的行爲特徵。例如，認知繁化型與認知簡化型，寬容型與偏執型，分析考量型與囫圇吞棗型等。認知類型涉及認知結構（Cognitive Structure）的差異，認知結構是人們對事物的基本看法，這顯然與態度及觀念有關。前提的性格，與冒險行爲有關，而這其間，態度是重要的調節變項，顯然，認知類型與冒險行爲及風險感知間的關聯，值得進一步探究。性格與自我效能及制控信念間的直接關聯，尙無證據，因此，透過自我效能及制控信念，間接連結性格與風險感知間的證據也不明顯。然而，人們的認知類型與其解讀風險的心智模式（Mental Models）有關（Breakwell, 2007）。

5. 風險經歷與風險感知

歷經滄桑的人與初入社會就業的新鮮人對未來，看法會不同。在風險情境下，也是如此。經歷決定對未來的敏感度（Richardson *et al.*, 1987），除了性行爲的風險感知不受風險經歷影響外（Breakwell, 1996），通常愈有風險經歷的人，比沒經歷過的人，其風險敏感性低，因前者已習以爲常，後者驚慌，前者感知風險度會低於後者（Zuckerman, 1979; Benthin *et al.*, 1993）。愈歷經滄桑，愈經歷過風險，愈會依自我經驗評估風險，而不太在意專家們對風險的評估，斯格里斯與嘎企爾（Siegrist, M.and Gutscher, H.）對水災風險經歷的研究結果表明這點（Siegrist and Gutscher, 2006）。

其次，特維格-羅斯與布萊威爾（Twigger-Ross, C.L. and Breakwell, G.M.）藉助斯洛維克（Slovic, P.）風險感知測試方法，研究風險經歷與風險感知的關聯發現，整體來說，風險經歷與風險是否可控制構面，呈負相關，但主要在與非自願風險是否可控制構面上，呈負相關，而與自願風險的相關，則是在科學對風險的確認程度與是否自願兩個構面上（Twigger-Ross and Breakwell, 1999）。由於風險經歷易產生敏感性凍結（Desensitisation）效應，但對自願風險與非自願風險感知層面的效應，會有所不同（Richardson *et al.*, 1987）。風險經歷愈多的人，對自願風險會有更了解的感知，因經歷多了，自認很清楚風險；換言之，對風險的敏感度會降低，就易產生敏感性凍結效應。但對非自願風險言，經歷愈多的人，反而對非自願風險會看成不了解、不熟悉與不可控制的傾向愈高，也就是風險敏感度提高，不易產生敏感性凍結效應。

一般來說，經常活在危險情境中的人們，反而對風險不敏感，因太有風險的經驗而習以爲常。有研究表明，科技愈普及的社會，人們對科技風險的感知，也愈薄弱（稱**社會常態效應**，Societal Normalization Effect）。而人們的科技風險感知則與科技成長率呈正相關（稱**社會敏感效應**，Societal Sensitivity Effect）（Lima, *et al.*, 2005），意即最近科技突有重大進展的社會，人們對科技風險感知就會提高，因新科技過去在社會中並不普及的緣故。

6. 信念與風險感知

信念對個人看待人、事、物的影響力如果愈大，並進而形成態度，那就更加接近行動決定的那一刻，極端組織伊斯蘭國的成員就是很典型的例子。佛教教徒與基督教教徒信念不同，行爲、想法自然很不同。同樣，在風險情境中，信念對風險感知、風險態度與風險行爲都會有影響。就一般信念來說，在一項信念與風險感知關聯的研究中，科格勒夫（Cotgrove, S.）發現，不同世界觀信念的人對科技創新的風險感知不同（Cotgrove, 1982）。例如，人工智能的發展，有些人認爲會毀滅世界，須立法管制，有些人的看法則相反，這是不同世界觀的強烈對比。對專家與政府官僚是否信賴的信念，也影響風險感知（Williams and Hammitt, 2001）。對科技風險態度與信念的不同，也與風險感知相關（Van der Pligt, 1992）。具有傳統宗教信念與新時代信念的人對科技風險的感知，會高於不具傳統宗教信念與新時代信念的人（Sjoberg and Wahlberg, 2002）。

斯洛維克（Slovic, P.）——國際風險感知權威

斯洛維克．保羅是奧瑞岡大學（University of Oregon）心理學教授，主持決策研究中心。他與其他研究者改變了傳統風險感知的研究方法，從而將風險感知研究成果納入政府公共政策的制定中。有本暢銷書《販賣恐懼》，內容上很多來自其研究成果。

3-5 風險感知在團體間的差異

1. 國家別

對斯洛維克（Slovic, P.）風險感知的研究方法與結果，後續研究者持續藉助，應用在不同群體間風險感知的研究。不同國家群體間受到個別文化的影響，群體對風險的感知會不同（Cvetkovich and Earle, 1991; Slovic *et al.*, 1991, 1996; Bronfman and Cifuentes, 2003）。針對不同國家人們風險感知的研究有許多値得留意的現象，例如，美國群眾對風險是否自願與是否可控，其風險感知受到對風險不了解的面向較受到巨大面向的影響大，但匈牙利民眾則相反，那就是受到風險巨大面向的影響比受到不了解面向的影響高（Englander *et al.*, 1986）。再者匈牙利民眾對大部分風險感知程度低於美國民眾，這除受文化影響外，似乎也受到愈有財富，愈怕失去的心理影響所致。

其次，每個國家民眾對風險關注的先後順序也不同。例如，匈牙利民眾認爲來自一般風險的風險程度高過來自科技風險的風險程度，美國民眾則相反。對核能與AIDS風險，日本民眾自認比美國人更了解（Kleinhesselink and Rosa, 1991）。

最後，針對風險感知國家別間的跨文化研究結果，魯赫曼（Rohrmann, B.）不認爲國家別間風險感知的不同是完全受到文化的影響（Rohrmann, 1991）。蘇博（Sjoberg, L.）也指出風險感知國家別間的跨文化研究，許多是以不同國家的學生爲樣本，因此使用其研究結果務必謹愼（Sjoberg, 1995）。

2. 性別群與社會人口統計變項

▶ 性別群

性別因素是團體間風險感知差異的重要因素。一般而言，女性群體對風險感知到的威脅程度高過男性群體（Schmidt and Gifford, 1989; Pillisuk *et al.*, 1987）。黑人年輕女性且教育程度較低者，更害怕空難、住家失火、車禍與胃癌（Savage, 1993）。女性群體對犯罪風險感知程度高（Gustafson, 1998）。女性群體評級核廢料、核能與食品安全風險較高（Davidson and Frendenburg, 1996; Dosman *et al.*, 2001）。即使女性科學家們對核能科技風險評級也高（Barke and Jenkins-Smith, 1993）。女性群體對危險廢棄物與氣候變遷關注度也高（Bord and O'Connor, 1997）。以上這些因性別因素導致風險感知的差異，在孩童時期更爲顯著（Hillier and Morrongiello, 1998）。

其次，斯洛維克（Slovic, P.）認爲性別與人們的風險判斷以及風險態度間存在強烈的相關性。通常，男性群體對風險會判斷的較低；反之，女性群會判斷的較高（Brody, 1984; Carney, 1971; Dejoy, 1992; Gutteling and Wiegman, 1993; Gwartney-Gibbs and Lach, 1991; Pillisuk and Acredolo, 1988; Sjoberg and Drottz-Sjoberg, 1993; Slovic *et al.*, 1993; Spigner *et al.*, 1993; Steger and Witte. 1989; Stern *et al.*, 1993）。福林（Flynn, J.）等指出對風險會判斷較低的男性群體，通常是白種男性，屬於高收入、教育程度高與政治傾向較爲保守的一群，非白種男女性群體間沒有此種差異（Flynn *et al.*, 1994）。

▶ 社會人口統計變項

社會人口統計變項除了性別群獨列外，其他變項在此說明。哈克與維斯卡斯（Hakes, J.K. and Viscusi, W.K.）以493個美國成人樣本探討人們對死亡風險高估或低估現象在各社會人口變項間的差異（Hakes and Viscusi, 2004）。

人們對死亡風險高估或低估有一致性的現象，也就是會高估死亡人數較低的風險，例如：消防工作，以及低估死亡人較高的風險，例如：糖尿病。同時他們用迴歸分析出教育程度、種族與性別，在死亡風險感知上有個別的影響。他們指出受過大專教育者在死亡風險感知上，沒有因種族與性別而有差別，但未曾受過大專教育者在死亡風險感知上，非白種女性較不精準。

年齡與死亡風險的估計有正相關，女性會特別關注死亡原因特別頻繁的風險，非白種男性較白種男性估計死亡風險較不精準，但女性間則不因種族的關係而有差別。薩托費爾（Satterfield, T.A.）等檢視白種男性是否通常比非白種男性與大部分女性對風險的感知程度較低，結果發現白種男性由於自認對風險有強的控制力，較不易受傷害，所以感知風險較低，也不太認為風險在社會的分配有何不公平，此種現象是為**白種男性效應**（White Male Effect）（Satterfield *et al.*, 2004）。

薩托費爾（Satterfield, T.A.）等也進一步檢視白種男性效應，發現易受傷害的程度與環境風險有正相關，也發現風險估計與環境不公不義（也就是風險分配不符合社會公平正義）的感知間有正相關，易受傷害的程度與環境不公不義的感知是風險估計很好的預測指標（Satterfield *et al.*, 2004）；換言之，易受傷害的程度與環境不公不義的感知高，風險估計就會高，且上述這些現象也存在著白種男性效應，但薩托費爾等並不認為易受傷害的程度與環境不公不義的感知兩項因素完全可以解釋風險感知的差異完全來自性別與種族的不同（Satterfield *et al.*, 2004）。

性別與種族引發的風險感知的差異，強森（Johnson, B.B.）發現在空氣汙染風險的感知上，因性別與種族造成的差異雖並不多見，但還是發現非白種，尤其女性對空氣汙染風險更敏感（Johnson, 2002）。杜斯曼

（Dosman, D.M.）等研究表明，感覺易受傷害的程度也許是解釋風險感知的重要變項，女性族群感覺易受傷害的程度高，所以感知風險程度高，更年輕的族群與低收入族群，亦復如此（Dosman *et al.*, 2001）。

福鹿耳（Frewer, L.）檢視英國成年人社會人口變項（包括：性別、種族、對下一代責任、年齡、收入、職業、宗教）與風險感知的關係，同樣發現女性族群感知風險程度高過男性族群（Frewer, 1999）。與亞洲人，歐洲人與加勒比海人樣本相較，加勒比海人樣本同樣出現上列結果。

不同的職業團體間風險感知也有差異，對下一代的責任與風險感知及風險減緩的手段間較無關聯，老年人對人身風險感知強於一般其他風險。其次，針對中國都會區的研究（Xie *et al.*, 2003）結果，發現中國人對國家與經濟不穩定的風險感知高於科技風險，同樣女性高於男性，但教育程度高與從事具影響力職業的男女間差異較少，失業工人與難就業者更關心日常風險，獲利高的公司員工更關心巨災風險，中國人比西方人更感覺可控制周遭的風險（Schmidt and Wei, 2006）。

3. 專家（刺蝟群）與大家（狐狸群）

團體性質也會造成團體間對風險感知的差異，在有爭議性的風險議題上就可看出這類差異，台灣核四議題就是典型的例證。對核四可能引發的核輻射風險，台電與原能會科學家們採用的是科學理性看核輻射風險，行政院政府官僚們則採用政治理性看核輻射風險，新北市貢寮區民與社會大眾採用社會理性看核輻射風險，因此在台灣核四爭議不斷，社會衝突抗議不斷。嘎文（Garvin, T.）對來自危害風險的社會爭議之觀察，就是主張各方會有爭議衝突，是來自不同的理性假設，那就是科學理性、政治理性與社會理性（Garvin, 2001）。

針對專家群與民眾間，風險感知與風險估計的差異，已獲得眾多研究證實，例如，專家群對化學品與藥品感知風險大約相同，但民眾對化學品感知風險高過藥品（Krause *et al.*, 1992; Slovic *et al.*, 1985, 1995; Flynn *et al.*, 1993; Barke and Jenkins-Smith, 1993; McDaniels *et al.*, 1997; Lazo *et al.*, 2000; Gutteling and Kuttschreuter, 1999, 2002; Wright *et al.*, 2000）。同時，研究也發現，專家群對風險的判斷估計更接近實際數據。然而，也有研究發現專家群與民眾間風險感知的差異並不明顯（Rowe and Wright, 2001）。雖然如此，了解專家群與民眾間風險感知的差異，無疑還是很重要的。如果民眾的風險感知能夠解釋民眾的行為，那麼對政府部門的風險管理就很有實用價值。

東西方差異的個人觀

東方人尤其華人，崇尚天人合一論，西方則主張天人二元論，從此開始，東西方不管政治、社會、經濟、文化各方面都不同，人們看人、事、物的角度也不同。舉個例，早年筆者因緣際會，得以至美國德州Navarro學院交流為期半年，一生首次到美國生活。有次前往超商購物，發現店員找零錢特慢，是一張一張鈔票慢慢算給你看，不像台灣店員一次極快算完給你，心想美國店員好「笨」，心算都不會，比台灣店員差多了。後來有機會問美國教授，為什麼會這樣？美國教授說：「不是你想的那樣，店員會這麼做，是要取信客戶兼做內部控制，這樣做，出錯機率低的緣故」。見微知著，東西方間不只世界觀不同，日常生活細節也不同。

3-6 感知風險與感知效益

人類的直覺也常受月暈效應（Halo Effect）與情感捷思（Affect Heuristics）（詳閱第六章）所影響，例如，俊男美女經過各種心理測試驗證，對老師來說，通常會判斷他們應該成績不錯；對評估求職者的考官來說，俊男美女被錄用機會高，即使測試前，事先告訴老師與考官，別受月暈效應影響，別以貌取人，但還是沒用。對俊男美女，直覺上大家都有好感，不會想到蛇蠍美女或陳世美，好壞的情感就會影響其感知，這就是情感捷思。這在風險感知領域，也有類似效應，例如，討厭抽菸，有害健康，沒好感，那麼人們對抽菸的**感知風險**（Perceived Risk）程度一定大過**感知效益**（Perceived Benefit）的程度，如果是這樣，人們通常就會拒絕抽菸或抽二手菸。再如，手機太方便，太好用了，製作精美的手機，一看就想買，月暈效應加上情感捷思，人們直覺上就會對手機產生感知效益程度大過感知風險的程度，接受手機就成當然的事。

1. 風險可接受度的性質

風險可接受度或稱**容忍度**（Risk Acceptability / Risk Tolerance）不論是對個人生活，組織團體或國家社會，都是風險管理上重要的決策議題（如何決定，參閱第四章）。風險容忍度（Risk Tolerance）、風險可接受度（Risk Acceptable Level）、風險胃納（Risk Appetite）與風險承擔（Risk Retention）間，寬鬆的說，這些名詞，含義雷同，可交換使用，但名詞的使用，不同領域間會有常用的用語。例如，風險胃納與風險承擔，就常見於公司組織團體風險管理領域，但也會用其他詞彙表達，而風險容忍度與風險可接受度，則常見於國家社會風險管理領域，很少用其他詞彙。然而，這些名詞雖有不同的定義（例如，來自英國IRM組織的定義[12]，來自國際ISO組織的定義[13]等），但它們都涉及人們的意願與對風

[12] IRM是英國Institute of Risk Management的縮寫，其定義是：The amount of risk that an organization is willing to seek or accept in the pursuit of long-term objectives.

[13] ISO是國際組織International Standard Organization的縮寫，其定義是：The amount and type of risk that an organization is willing to pursue or retain.

險承受的能力。影響風險是否能容忍或可容忍或可接受的因素很多，人們的感知風險與感知效益是其中重要的影響因素。在一九六九年，史達（Starr, C.）採用顯示性偏好法（Revealed Preference Method），發表一篇「多安全才算安全」（How Safe is Safe Enough？）的重要論文，其最重要的三個結論指出風險與效益間的關聯，這被稱爲國家社會可接受風險的法則（Laws of Acceptable Risk），這三個重要結論如下：

第一、社會對風險可接受的程度，大約是與效益的三次方成比例（就是 $R \sim B^3$；

第二、在同一效益水準下，社會對自願性風險可接受的程度，大約是非自願風險的一千倍以上；

第三、社會對風險可接受的程度是隨著人口曝露數的增加而減少。

另一次要的結論是，社會對來自危害風險（這危害風險要屬於社會同意自願接受的，如果不是，就沒這個結論）的可接受程度，大約與來自疾病風險的接受度相同。自史達之後，風險接受度的研究，在心理學界，陸續採用不同研究方法，研究出不同結論。

2. 感知風險與感知效益的關聯

人們一定常聽到一句話，高風險高報酬，尤其在投資理財時。但人們心理上不是如此想，像前面所提手機與抽菸的例子，人們是依好惡，決定風險與效益間的關聯。根據心理學者對瑞典民眾調查的結果（Kraus and Slovic, 1988）顯示，感知風險與感知效益間，呈負相關。同樣的結果也發生在對加拿大民眾的調查上。換言之，感知風險程度低，感知效益程度就高；反之，感知效益程度就低，這就是好壞原則，就像蹺蹺板原理一樣。同樣的結果也發生在對加拿大民眾的調查上（參閱圖3-6 A）。換言之，高風險高報酬（高效益）的正相關現象，在人們心中，並不這麼想，人們是以好或壞，以及喜不喜歡，也就是以**情感捷思**（Affect Heuristics）（參閱第六章）來作判定。如果心中認爲從事某項活動，有好處或

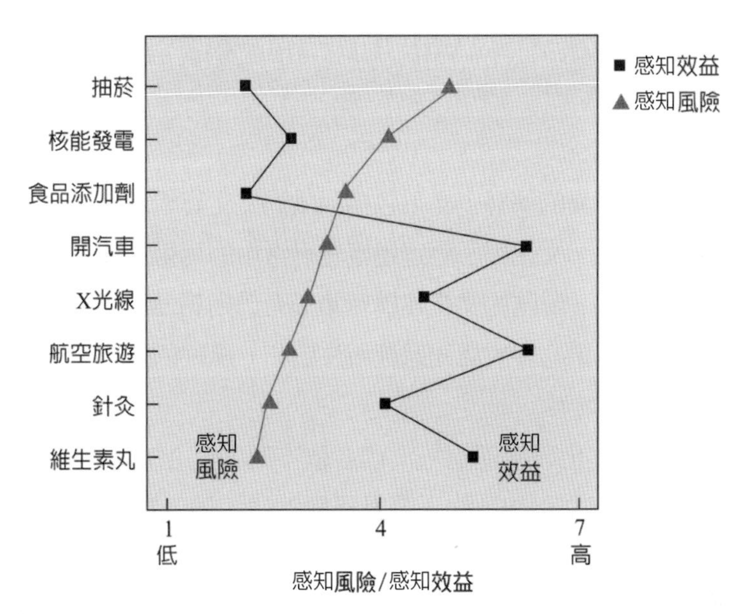

圖 3-6-A 感知風險與感知效益的關聯

喜歡該活動，就會判定，該活動，感知效益高，感知風險低；反之，心中會出現相反的結果。其次，根據費雪耳夫（Fischhoff, B.）等所做的相關研究，感知風險與感知效益間，也出現類似現象（Fischhoff *et al.*, 1978）（參閱圖3-6B）。

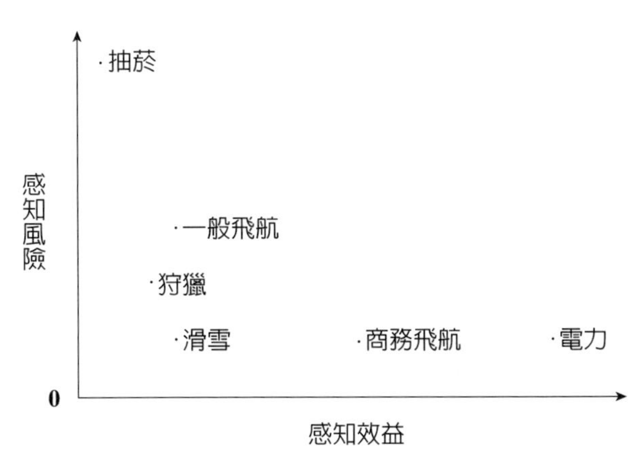

圖 3-6-B 感知風險與感知效益的關聯

3-7 風險感知與風險的文化建構

風險感知間差異的解釋，必須包括風險的文化建構理論。在第二章與本章第一節中提及，文化因子會透過直覺思考中的可得性捷思，影響人們的風險判斷與感知（風險的文化建構理論學者們則認為風險感知是由社會文化所決定，不是由心理的認知過程所決定）。風險的文化建構理論在第七章會詳細說明。

根據風險的文化建構理論，人們各依不同的文化類型接受或拒絕某種風險，蓋因不同文化類型的人們對風險看法不同。**市場型文化**的人們（Individualist）將風險看成是機會，樂觀面對風險；**官僚型文化**的人們（Hierarchist）認為風險是可控制的；**平等型文化**的人們（Egalitarian）認為風險是危險的；**宿命論文化**的人們（Fatalist）則不在乎風險。這種對風險的看法，影響人們對風險會有不同的感知。達克與韋達斯基（Dake, K. and Wildavsky, A.）研究發現，平等型文化的人們較恐懼科技風險，但對社會失序的風險較不擔心；官僚型文化的人們認為科技風險不可怕，社會失序風險才可怕；市場型文化的人們認為科技風險是獲利機會，社會失序風險只要不傷害自己就無所謂，但恐懼戰爭風險，因會破壞經濟（Dake and Wildavsky, 1991）。

道格拉斯與卡維茲（Douglas, M. and Calvez, M.）也利用不同的文化類型檢視了人們對感染AIDS/HIV病毒的態度與信念的差異，但針對這項研究，他們對不同的文化類型改以社區概念來區分文化型態，那就是隔離文化、個人主義文化、集中社區文化與異議團體文化（Douglas and Calvez, 1990）。

另一方面，風險的文化建構理論對風險感知的見解也遭受批評。舉其要者：第一、很少量化實證證明不同的文化類型是風險感知的重要預測指標，文化是風險感知的因子，但不是最重要的，不同的文化類型對風險感知差異的解釋貢獻極少（Sjoberg, 1997）；第二、只有四種文化類型不足以包括所有的文化類型，不同文化類型與社會關係間的互動性質爲何？定義不太清楚（Boholm, 1996）。針對上述批評也有人持不同看法（Breakwell, 2007）。

3-8 影響風險感知因素彙總

表3-5　影響風險感知的因素

影響風險感知的因素	第一類：風險的特徵，包括自願程度，新舊，可控，科學證據，立即後果，了解程度，害怕，致命人數，嚴重程度與感知效益
	第二類：感知者的特質，包括感知者的性格，認知類型，自我效能，制控信念，風險經歷，個人信念
	第三類：國家別，團體特性，社會、政治、經濟、文化條件與人口統計變項
	第四類：其他，包括信賴／信任，媒體報導（參閱第八章），風險分配的公平正義與時機點（時間會改變一切，感知的時點不同，想法可能不同，風險也可能改變，文中雖未提及，但不言自明）

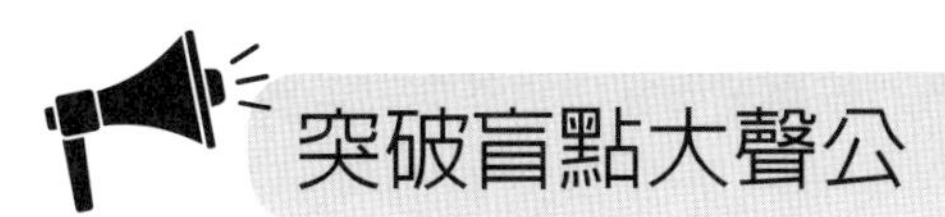

有意識到存在風險，才會產生風險感知，之後，才會有態度與行爲。在風險社會狀況的當下，無論是個人、組織團體與國家社會對風險的感知，不但重要也是生存之道。

關鍵重點搜查中

1. 所謂風險感知指的是人們對風險相關事物訊息的留意、詮釋與記憶的心理歷程。
2. 心理感知有五種特性，那就是選擇性、相對性、恆常性、整體性與組織性。對風險感知而言，選擇性、相對性與恆常性相對重要。
3. 系統一捷思思考時的自我，稱做社會普通人；系統二理性思考時的自我，稱爲理性經濟人。
4. 一般人對常聽說的死亡原因可能導致的死亡人數，判斷上傾向高估。對較少聽說的死亡原因可能導致的死亡人數，判斷上則會傾向低估。不同人們團體對各類風險活動風險大小的判斷排序也各有不同。
5. 人們作風險判斷時，常會低估發生機會不高，但損失可能慘重的風險。
6. 複合式風險，簡單來說就是好幾個危害因子混合導致的風險。
7. 人們對風險了解的構面與害怕構面，最能解釋人們風險感知的差異。
8. 解釋風險感知的理論共有五種：知識理論、個性／性格理論、經濟理論、政治理論、文化理論。
9. 性格的五大類：外向或內向；情緒化或穩重；心胸開放或謹慎保守；明理或衝動；隨意或自律。
10. 感覺取向量表用以測量愛好刺激感受的程度，從而辨別個人性格上是否憑感覺行動的人。
11. A型性格的人，個性急躁，求成心切，善盡取，喜爭勝。這類性格的人在現代忙碌的社會中，容易感受極大壓力，引發心臟病機會高。
12. 個人行爲的差異，約5-10%來自性格的差異，而其中以外向又毛躁性格的人最容易發生意外事故。
13. 性格上憑感覺行動的人與風險行爲有正向關聯，是預測冒險行爲的重要指標。
14. 焦慮感低但屬內控型且自我效能高的人，對一般風險與個人風險感知程度，低於高焦慮感但屬外控型且自我效能低的人。
15. 通常愈有風險經歷的人，比沒經歷過的人，其風險敏感性低，因前者已習以爲常，後者驚慌，前者感知風險度會低於後者。

16. 科技愈普及的社會，人們對科技風險的感知，也愈薄弱，稱社會常態效應。而人們的科技風險感知則與科技成長率呈正相關，稱社會敏感效應，意即最近科技突有重大進展的社會，人們對科技風險感知就會提高，因新科技過去在社會中並不普及的緣故。

17. 在風險情境中，信念對風險感知、風險態度與風險行爲都會有影響。不同國家群體間受到個別文化的影響，群體對風險的感知會不同。一般而言，女性群體對風險感知到的威脅程度高過男性群體。

18. 白種男性由於自認對風險有強的控制力，較不易受傷害，所以感知風險較低，也不太認爲風險在社會的分配有何不公平，此種現象是爲白種男性效應。

19. 國家社會可接受風險的法則：(1)社會對風險可接受的程度，大約是與效益的三次方成比例；(2)在同一效益水準下，社會對自願性風險可接受的程度，大約是非自願風險的一千倍以上；(3)社會對風險可接受的程度是隨著人口曝露數的增加而減少。

20. 感知風險程度低，感知效益程度就高；反之，感知效益程度就低，這就是好壞原則。

21. 風險接受度涉及人們的意願與對風險承受的能力。

22. 根據風險的文化建構理論，人們各依不同的文化類型接受或拒絕某種風險，蓋因不同的文化類型的人們對風險看法不同。

腦力激盪大考驗

1. 日常生活中，風險太多。有人說手機掛胸前，會「傷心」；擺腰邊，會「傷腰」，你（妳）如何感知手機風險？以本章所提的七點尺規與風險構面，自行測量。

2. 用文字呈現抽菸危害的風險訊息或用眞實圖片（像很多香菸包裝上的圖片）或兩者兼具，哪種方式更令你（妳）震撼？

3. 有人吃飯總是自己帶筷子，用風險感知的觀點，說明爲何？

4. 有云「見怪不怪，其怪自敗」。用風險感知的觀點，說明其含義。
5. 長期吃含有食物添加物的食品會危害健康嗎？上網查查，核對你（妳）的風險感知是否得當？

參考文獻

1. 張春興（1995）。*現代心理學*。台北：東華書局。
2. Ariely, D. (2009). *Predictably irrational: the hidden forces that shape our decisions.*
3. Barke, R. and Jenkins-Smith, H.(1993). Politics and scientific expertise: scientists, risk perception, and nuclear waste policy. *Risk analysis*. 13. Pp.425-439.
4. Bauer, R.(1960). *Consumer behavior as risk taking*. 43rd. ChicagoAmerican marketing association. Pp.389-398.
5. Benthin, A. *et al*.(1993). A psychometric study of adolescent risk perception. *Journal of adolescence*. 16. Pp.153-168.
6. Bord, R. J. and O'Connor, R. E. (1997). The gender gap in environmental attitudes. *Social science quarterly*. 78.4. Pp.830-840.
7. Breakwell, G.M. *et al.* (1994). Commitment to "safer" sex as a predictor of condom use amongst 16-20 year olds. *Journal of applied social psychology*. 24. Pp.189-217.
8. Breakwell, G.M. (1996). Risk estimation and sexual behavior: a longitudinal study of 16-21 year olds. *Journal of health psychology*. 1. Pp.79-91.
9. Breakwell, G.M. (2007). *The psychology of risk.* Cambridge:Cambridge University Press.
10. Boholm, A. (1996). Risk perception and social anthropology: critique of cultural theory. *Ethnos*. 61. Pp.64-84.
11. Brody, C. J. (1984). Differences by sex in support for nuclear power. *Social issues*. 63. Pp.209-228.

12. Bronfman, N.C. and Cifuentes, L.A.(2003). Risk perception in a developing country: the case of Chile. *Risk analysis*. 23. Pp.1271-1285.

13. Carney, R. E. (1971). Attitudes towards risk. In: R.E. Carney ed. *Risk taking behavior: concepts, methods, and applications to smoking and drug abuse*. Pp.1-27. Springfield, IL: Charles C. Thomas.

14. Cherpitel, C.J.(1993). Alcohol, injury and risk taking behavior: data from a national sample. *Alcoholism clinical and experimental research*. 17. Pp.762-766.

15. Cliff, S.M. *et al.*(1993). Implusiveness, ventures-someness and sexual risk-taking among heterosexual GUM clinic attenders. *Personality and individual differences*. 15. Pp.403-410.

16. Cohen, B.L. and Lee, I.(1979). A catalog of risks. *Health physics*. 36. Pp.707-722.

17. Cotgrove, S.(1982). *Catastrophe or Cornucopia: The environment, politics and the future*. Chichester: Wiley.

18. Cvetkovich, G. and Earle, T.C. ed.(1991). *Journal of cross-cultural psychology. Special issue: risk and culture*. 22. Pp.11-149.

19. Dake, K.and Wildavsky, A.(1991). Individual differences in risk perception and risk-taking preferences. In: Garrick, B.J.and Gekler, W.C.ed. *The analysis, communication, and perception of risk.* New York:Plenum Press. Pp.15-24.

20. Davidson, D.J. and Frendenburg, W. R. (1996). Gender and environment risk concerns a review and analysis of available research. *Environment and behavior.* 28. 3. Pp.302-339.

21. Dejoy, D. M. (1992). An examination of gender differences in traffic accident risk perception. *Accident analysis and prevention*. 24. Pp. 237-246.

22. Dorn, L. and Matthews, G.(1995). Prediction of mood and risk appraisals from trait measures two studies of simulated driving. *European journal of personality*. 9. Pp.25-42.

23. Dosman, D. M. *et al.* (2001). Socioeconomic determinants of health-and food safety-related risk perceptions. *Risk analysis*. 21. Pp.307-317.

24. Douglas,M. and Calvez, M. (1990). The self as risk taker: a cultural theory of contagion in relation to AIDS. *Sociological review*. 38. Pp.445-464.

25. Englander, T. *et al.* (1986). Comparative analysis of risk perception in Hungary

and the United States. *Social behavior*. 1. Pp.55-66.

26. Eysenck S.B.G. *et al.* (1985). Age norms for impulsiveness, venturesomeness and empathy in adults. *Personality and individual differences*. 6. Pp.613-619.

27. Fischhoff, B. *et al.* (1978). A psychometric study of attitudes towards technological risks and benefits. *Policy science*. 9. Pp.127-152.

28. Flynn, J. *et al.* (1994). Gender, race, and perception of environmental health risks. *Risk analysis*. 14. Pp. 1101-1108.

29. Flynn, J. *et al.* (1993). The Nevada initiative: a risk communication fiasco. *Risk in file*. 138. Pp.497-502.

30. Franco, K. *et al.* (2000). Adjustment to perceived ovarian cancer risk. *Psychooncology*. 9. Pp.411-417.

31. Frewer, L.(1999). *Demoraphic differences in risk perception and public priorities for risk mitigation*. Ministry of agriculture fisheries and food, UK government.

32. Friedman, M. and Rosenman, R.H.(1974). *Type A behavior and your heart*. New York: Knopf.

33. Gardner, G.T. and Gould, L.C. (1989). Public perceptions of the risks and benefits of technology. *Risk analysis*. 9. Pp.225-242.

34. Garvin, T. (2001). The epistemological distances between scientists, policy maker and the public. *Risk analysis*. 21. Pp.443-455.

35. Glendon, A.I. and McKenna, E.F. (1995). *Human safety and risk management*. London: Chapman&Hall.

36. Goldberg, L.R.(1993). The structure of phenotypic personality traits. *American psychologist*. 48. 1. Pp.26-34.

37. Gustafson, P.E.(1998). Gender differences in risk perception. *Risk analysis*. 18. 6. Pp.805-812.

38. Gutteling, J. M. and Wiegman, O.(1993). Gender specific reactions to environmental hazards in the Netherlands. *Sex roles*. 28. Pp.433-477.

39. Gutteling, J. M. and Kuttschreuter, M.(1999). The millennium bug controversy in the Netherlands. Expert views versus public perception. In: L.H.J. Goossens ed. *Proceedings of the Ninth annual conference on risk analysis: facing the New*

Millennium. Delft University Press.

40. Gutteling, J. M. and Kuttschreuter, M.(2002). The role of expertise in risk communication: lay people's and experts' perception of the millennium bug risk in the Netherlands. *Journal of risk research*. 5. Pp.35-47.

41. Gwartney-Gibbs, P.A. and Lach, D.H.(1991). Sex differences in attitudes toward nuclear war. *Journal of peace research*. 28. Pp.161-174.

42. Hakes, J.K. and Viscusi, .K.(2004). Dead reckoning: demographic determinants of the accuracy of mortality risk perceptions. *Risk analysis*.24. Pp.651-664.

43. Hampson, S.E. *et al.* (1998). Lay understanding of synergistic risk: the case of radon and cigarette smoking. *Risk analysis*. 18. Pp.343-350.

44. Hendrick, S. and Hendrick, C.(1987). Love and sex attitudes, self-disclosure and sensation-seeking. *Journal of social and personal relationships*. 4. Pp.281-297.

45. Hillier, L.M. and Morrongiello, B. A. (1998). Age and gender differences in school-age children's appraisals of injury risk. *Journal of pediatric psychology*. 23. 4. Pp.229-238.

46. Jia, J. *et al.* (2008). Axiomatic models of perceived risk. In:Melnick,E.L. and Everitt, B.S. ed. *Encyclopedia of quantitative risk analysis and assessment.* Vol, i. Pp.94-103.

47. Johnson, B. B.(2002). Gender and race in beliefs about outdoor air pollution. *Risk analysis*. 22. Pp.725-738.

48. Kahneman, D.(2011). *Thinking, Fast and Slow*. Brockman, Inc.

49. Kallmen, H.(2000). Manifest anxiety, general self-efficacy and locus of control as determinants of personal and general risk perception. *Journal of risk research*. 3. Pp.111-120.

50. Kleinhesselink, R.R. and Rosa, E.A.(1991). Cognitive representation of risk perceptions-a comparison of Japan and the United States. *Journal of cross-cultural psychology*. 222. Pp.11-28.

51. Kraus, N.N. and Slovic, P.(1988). Taxonomic analysis of perceived risk:modeling individual and group perceptions within homogeneous hazard domains. *Risk analysis*. Vol.8. No.3. Pp.435-455.

52. Krause, N. *et al.* (1992). Intuitive toxicology: expert and lay judgments of

chemical risks. Risk analysis. 12. Pp.215-222.

53. Krimsky, S.(1992). The role of theory in risk studies. In:Krimsky, S. and Golding, D.ed. *Social theories of risk.* Westport:Praeger. Pp.3-22.

54. Lavery, B. *et al.* (1993). Adolescent risk-taking: an analysis of problem behaviours in problem children. *Journal of experimental child psychology*. 55. Pp.277-294.

55. Lazo, J.K. *et al.* (2000). Expert and layperson perceptions of ecosystem risk. *Risk analysis*. 20. Pp.179-193.

56. Lichtenstein, S. *et al.* (Nov.1978). Judged frequency of lethal events. *Journal of experimental psychology:human learning and memory.* Vol.4.No.6. Pp.551-578.

57. Lima, M. L. *et al.* (2005). Risk perception and technological development at a societal level. *Risk analysis*. 25. 5. Pp.1229-1239.

58. Luce, R.D. and Weber, E.O.(1986). An axiomatic theory of conjoint, expected risk. *Journal of mathematical psychology.* 30. Pp.188-205.

59. McDaniels, T.L. *et al.* (1997). Perception of ecological risk to water environments. *Risk analysis*. 17. Pp.341-352.

60. McKenna, F.P. and Horswill, M.S. (2006). Risk taking from the participant's perspective: the case of driving and accident risk. *Health psychology*. 25. Pp.163-170.

61. McMath, B.F. and Prentice-Dunn, S.(2005). Protection motivation theory and skin cancer risk: the role of individual differences in responses to persuasive appeals. *Journal of applied social psychology*. 35. Pp.631-643.

62. Mehta, M.D. and Simpson-Housley, P.(1994). Perception of potential nuclear disaster: the relation of likelihood and consequence estimates of risk. *Perception and motor skills*. 79. Pp.1119-1122.

63. Miller, J.D. *et al.* (2004). The utility of the Five Factor Model in understanding risky sexual behavior. *Personality and individual differences*. 36. Pp.1611-1626.

64. Miller, R.L. and Mulligan, R.D. (2002). Terror management: the effects of mortality salience and locus of control on risk-taking behaviours. *Personality and individual differences*. 3. Pp.1203-1214.

65. Mischel, W.(1968). *Personality and assessment*. New York: Wiley.

66. Nagy, S. and Nix, C.L.(1989). Relations between preventative health behavior and hardiness. *Psychological reports*. 65. Pp.339-345.

67. Parkinson, M.(1997). *How to master personality questionnaires*. London: Kogan page limited.

68. Pillisuk, M. *et al.* (1987). Public perception of technological risk. *Social science journal*. 14. 4. P. 403.

69. Pillisuk, M. and Acredolo, C. (1988). Fear of technological hazards: one concern or many? *Social behavior*. 3. Pp. 17-24.

70. Richard, D.E. and Peterson, S.J.(1998). Perception of environmental risk related to gender, community socioeconomic setting, age and locus of control. *Journal of environmental education*. 30. 1. Pp.11-16.

71. Richardson, B. *et al.* (1987). Explaining the social and psychological impacts of a nuclear poer plant accident. *Journal of applied social psychology*. 17. Pp.16-36.

72. Rimal, R.N. and Real, K.(2003). Perceived risk and efficacy beliefs as motivators of change. *Human communication research*. 29. 3. Pp.370-399.

73. Rohrmann, B.(1991). A survey of socio-scientific research on risk perception. Studies on risk communication. 26. Pp.1-56.

74. Rosenbloom, T.(2003). Sensation seeking and risk taking in mortality salience. *Personality and individual differences*. 35. Pp.1809-1819.

75. Rowe, G. and Wright, G.(2001). Differences in expert and lay judgments of risk : myth or reality? *Risk analysis*. 21. Pp.341-356.

76. Satterfield, T. A. *et al.*(2004). Discrimination, vulnerability, and justice in the face of risk. *Risk analysis*. 24. Pp.115-129.

77. Savage, I. (1993). Demographic influences on risk perceptions. *Risk analysis*. 13. 4. P.413.

78. Schmidt, F.N. and Gifford, R.(1989). A dispositional approach to hazard perception: preliminary development of the environmental appraisal inventory. *Journal of environmental psychology*. 9. 1. P. 57.

79. Schmidt, M. R. and Wei, W.(2006). Loss of agro-biodiversity: uncertainty, and perceived control : a comparative risk perception study in Austria and China. *Risk analysis*. 26. 2. Pp.455-470.

80. Schumacher, J. and Roth, M.(2004). Sensation seeking, health-related cognitions and participation in high-risk sports. *Zeitschrift fur gesund-heitspsychologie*. 12. Pp.148-158.

81. Siegrist, M. *et al.* (2005). A new look at the psychometric paradigm of perception of hazards. *Risk analysis*. 25. Pp.209-220.

82. Siegrist, M. and Gutscher, H.(2006). Flooding risks: a comparison of lay people's perceptions and expert's assessment in Switzerland. *Risk analysis*. 26. Pp.971-979.

83. Sjoberg, L.(1995). Explaining risk perception:an empirical and quantitative evaluation of cultural theory. *RHIZIKON: Risk research report 22*.

84. Sjoberg, L.(1997). Explaining risk perception: an empirical evaluation of cultural theory. *Risk decision and policy*. 2. Pp.113-130.

85. Sjoberg, L. and Wahlberg, A.(2002). Risk perception and new age beliefs. *Risk analysis*. 22. Pp.751-764.

86. Sjoberg, L. and Drottz-Sjoberg, B. M.(1993). *Attitudes toward nuclear waste. RHIZIKON Risk research report 12*. Sweden Stockholm school of economics, Center for risk research.

87. Slovic, P. *et al.* (1980). Facts and fears:understanding perceived risk. In:Schwing, R.C. and Albers, Jr.W.A.ed. *Societal risk assessment-how safe is safety enough?* New York:Plenum Press. Pp.180-216.

88. Slovic, P.(2000). Introduction and overview. In: *The perception of risk*. Pp.xxi-xxxvii. Earthscan: London.

89. Slovic, P. *et al.* (1991). Perceived risk, stigma, and potential economic impacts of a high-level nuclear waste repository in Navada. *Risk analysis*. 11. Pp.683-696.

90. Slovic, P. *et al.* (1993). *Health risk perception in Canada*. Ottawa: Department of National Health and Welfare.

91. Slovic, P. *et al.* (1996). *Nuclear power and the public: a comparative study of risk perception in France and the United States*. Report 96-6. Eugene, OR: Decision Research.

92. Slovic, P. *et al.* (1985). Charactersing perceived risk. In: R.W. Kates, C.Hohenemser and J.X. Kasperson ed. *Perilous progress: managing the hazards*

of technology. Pp.156-171. Boulder, CO: Westview.

93. Slovic, P. *et al.* (1995). Intuitive toxicology II: expert and lay judgments of chemical risks in Canada. *Risk analysis*. 15. Pp.661-675.

94. Spigner, C. *et al.* (1993). Gender differences in perception of risk associated with alcohol and drug use among college students. *Women and Health*. 20. Pp.87-97.

95. Stacy, A. W. *et al.* (1991). Personality, problem drinking and drunk driving: mediating, moderating and direct-effect models. *Journal of personality and social psychology*. 8. Pp.105-132.

96. Starr, C.(1969). Social benefit versus technological risk: what is our society willing to pay for safety? *Science*. 165. Pp.1232-1238.

97. Steger, M. A. and Witte, S. L. (1989). Gender differences in environmental orientations: a comparison of publics and activists in Canada and the US. *Western political quarterly*. 42. Pp.627-649.

98. Stern, P. C. *et al.* (1993). Value orientations, gender, and environmental concern. *Environment and behavior*. 25. Pp.322-348.

99. Trumbo, C.W.(1999). Heuristics-systematic information processing and risk judgment. *Risk analysis*. 19. Pp.391-400.

100. Twigger-Ross, C.L. and Breakwell, G.M.(1999). Relating risk experience, venturesomeness and risk perception. *Journal of risk research*. 2. Pp.73-83.

101. Van der Pligt, J.(1992). *Nuclear energy and the public*. Oxford: Blackwell.

102. Wiegman, O. and Gutteling, J.M.(1995). Risk appraisal and risk communication: some empirical data from the Netherlands reviewed. *Basic and applied social psychology*. 16. Pp.227-249.

103. Williams, P.R.D. and Hammitt, J.K.(2001). Perceived risks of conventional and organic produce: pesticides, pathogens, and natural toxins. *Risk analysis*. 21. Pp.319-330.

104. Wong, N.D. and Reading, A.E.(1989). Personality correlates of type a behavior. *Personality and individual differences*. 10. Pp.991-996.

105. Wright, G. *et al.* (2000). Risk perception in the UK oil and gas production industry: are expert loss-prevention managers' perceptions different from those of members of the public. *Risk analysis.* 20. Pp.681-690.

106. Zuckerman, M.(1987). Is sensation seeking a predisposing trait for alcoholism? In E.Gotheil, K.A.Druley, S.Pashkey and S.P.Weinstein ed., *Stress and addiction*. Pp.293-301. New York: Brunder/Mazel.

107. Zuckerman, M. *et al.* (1990). Influences of sensation seeking, gender, risk appraisal and situational motivation on smoking. *Addictive behaviours*. 15. Pp.209-220.

108. Zuckerman, M. *et al.* (1976). Sexual attitudes and experience: attitude and personality correlations and changes produced by a course in sexuality. *Journal of consulting and clinical psychology*. 44. Pp.7-19.

109. Zuckerman, M. (1987). Is sensation seeking a predisposing trait for alcoholism? In:E.Gotheil, K.A. Druley, S. Pashkey and S.P. Weinstein ed. *Stress and addiction.* Pp.283-301. New York Brunder/Mazel.

110. Zuckerman, M. (1992). What is a basic factor and which factors are basic? Turtles all the way down. *Personality and individual factors*. 13. Pp.675-681.

111. Zuckerman, M. (2002). Zuckerman Kuhlman personality questionnaire(ZKPQ): an alternative five-factorial model. In: B. de Read and M. Perugini ed. *Big five assessment*. Pp.376-392. Gohingen: Hogrefe Verlagsgruppe.

112. Zuckerman, M. (2004). The shaping of personality: genes, environments, and chance encounters. *Journal of personality assessment.* 82. Pp.11-22.

113. Zuckerman, M. (2005a). *Psychobiology of personality*. New York: Cambridge University Press, 2nd edition.

114. Zuckerman, M. (2005b). Faites vos jeux a nouveau: still another look at sensation seeking and pathological gambling. *Personality and individual differences*. 39. Pp.361-365.

115. Zuckerman, M. (1979). *Sensation seeking: beyond the optimal level of arousal*. Hillsdale, NJ: Lawrence Erlbaum.

116. Zuckerman, M. *et al.* (1991). Five (or three) robust questionnaire scale factors of personality without culture. *Personality and individual differences*. 12. Pp.929-941.

第四章

風險態度與行為

學習目標

1.認識動機與風險行爲的關聯。

2.認識直覺判斷原則與各類偏見。

3.了解期望與風險的關聯。

4.了解風險態度。

5.認識各類個人與團體風險行爲的決策理論。

6.了解預防疾病行爲理論。

7.認識心理帳戶與框架的魔力。

8.了解如何作風險接受度的決策。

9.認識社會影響的角色。

/不經一事，長不了一智/

昨天才說要戒菸，今天又抽；昨天才說要檢查膽固醇，今天又懶得去。類似這樣，今天否定昨天決定的現象，生活中，不勝枚舉。人是複雜的，決策也是，不是決策的數理模型，可完全解釋清楚。其次，人們對簡單確定的事，很容易做對；複雜又不確定時，就傷腦筋。做事，總會有其**動機**（Motivation[1]），即使憑直覺而來。做事，總會思考，前曾提及，人們的思考有兩個系統：一就是**直覺或捷思思考**（Intution or Heuristics Thinking），心理學上稱系統一，這系統思考速度奇快，像兔子；另一是**理性思考**（Rational Thinking），心理學上稱系統二，這系統平常懶得思考，眞要思考時，其速度像烏龜。直覺思考時，我們就是社會普通人（Humans）；理性思考時，我們就是理性經濟人（Econs）。

人們對任何人、事、物，總有期盼，總會有意見與態度，有時可光表態，不做，但很多時候，必做決斷，也就是決策行爲。人們的決斷，亦常不按牌理出牌，異常現象在日常生活中或各類專業領域生活圈裡，甚是普遍。顯然，人們的決策網絡涉及甚廣（可參閱第一章），影響因素複雜，本章聚焦心理人文領域中，涉及風險與決策的相關問題分別說明。

4-1 風險與動機

風險的存在，是動機的來源之一，最明顯的就是創新創業。創新創業的本質就存在風險，無庸置疑。創新與創業有可能獲利，這就會促成人們內在持久的作用力，也就是動機。伯恩斯坦（Bernstein, P.L.）說得好，風

1 英文Motivation與Motive常交互使用，但嚴格言之，其間含義不同。前者指的是行爲發生的原因，後者指的是促成行爲的內在條件。兩者中文均譯成動機。

險是區分古代與現代的分水嶺（Bernstein, 1996），這就足以說明風險與人們動機的關聯。

1. 動機的性質與相關概念

▶ 動機的性質

動機是行為的內在作用力，具體來說，就是引起人們行為，維持行為並促使該行為朝向目標進行的內在作用力（張春興，1995）。在風險情境下，動機就是風險行為的內在作用力，那就是面對風險時，引起人們應對風險的行為，維持該行為並促使該行為朝向風險管理目標進行的內在作用力。其次，動機有生理的，例如，肚子餓，想吃東西。動機也有心理的動機，例如，想追求事業成功，就多歷練。在風險情境下，動機都屬心理上的動機，例如，肚子餓（生理動機），想吃東西（一般行為），想吃「怕」有吃壞肚子的風險（風險下的心理動機），所以「慎選」衛生食品（風險下的防控行為）。再如，想追求事業成功（一般心理動機），就多歷練（一般行為），考慮追求事業成功過程中也有「可能失敗」的風險（風險下的心理動機），所以「慎選」行業（風險下的防控行為)（男怕入錯行）。最後，針對動機有四點性質值得留意（張春興，1995）：第一、動機本身不屬於行為，它只是行為的內在作用力；第二、動機有維持與導引的作用；第三、動機是行為的原因，在學術研究上，只能視為中間變項，既不是自變項，也不是依變項；第四、動機是複雜的，就像人心是複雜的。

▶ 與動機相關的概念

與動機類似且相關的概念有三種（張春興，1995）：第一、需求與驅力：身心匱乏時，就會有需求，需求與動機可視為同義詞，至於驅力是指需求狀態存在的結果。就風險情境言，可解釋為，人們有安全需求與尋求財務與健康安全的驅力，這就會形成管理風險的動機；第二、均衡作用：

人很容易適應環境，熱帶寒帶都有人住，這是靠身體的均衡作用。身心平衡就無病無痛，身心失衡時，促使平衡的內在力量就會產生，這內在力量就是動機。身心失衡就產生匱乏，同時就會產生需求與驅力，最後就會形成決斷的行爲。這種均衡作用，也適用於解釋風險情境中的**風險均衡理論**（RHT: Risk Homeostasis Theory）與**前景理論**（Prospect Theory）中風險與報酬間的關係（參閱後述）；第三、本能與誘因：本能就是天生的，人不用學就會吃，鴨子不用學就會游水，這都是本能與動機的關聯性。其次，能引起動機的外在刺激就是誘因，這可分正誘因與負誘因。在風險情境中，人們天生就有趨吉避凶的本能，風險會帶來獲利的正誘因與虧損的負誘因，這也形成管理風險的動機。

2. 動機理論與風險感知

動機理論主要與風險行爲直接關聯，但有些理論與風險感知間也有關聯。其中，自我歸因論，自我效能論與感覺論都與風險感知直接相關。第三章曾提及，感覺、自我效能與制控信念都會影響人們的風險感知與判斷，此處不再贅言 。另外，馬斯洛（Maslow, A.H.）的需求論與成就需求論則參閱後述 。

4-2 直覺思考與推理

1. 思考與推理

人類生活中，很多時候都是憑直覺思考與做事。例如，初次碰到帥哥美女，總想是好人或好學生或好丈夫等等，都是好的，然而，好或壞不會寫在臉上。這種直覺受**月暈效應**（Halo Effect）控制，形成先入爲主的定見。在風險情境裡，也會如此。例如，看到有人第一次做生意，就賺大錢，或第一次買股票也賺錢時，心理也會產生月暈效應。當然，人們也會採煞車，停下來想想。這種憑直覺與停下來想想，意味著，我們思考上會有兩個系統：一個是原始的、較無意識的直覺思考或捷思思考，也就是系統一；另一個是有意識與理性的思考，也就是系統二。直覺容易產生錯覺，例如，直接看下列平行的兩條線，哪一條比較長？右邊還是左邊？馬上給答案（直覺思考），別仔細想（理性思考）。

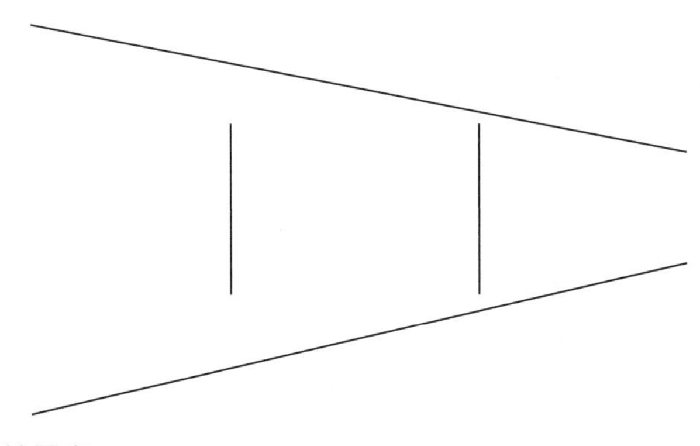

圖 4-1 比較長度

很多人會猜右邊那一條（直覺思考的結果），其實兩條一樣長（理性思考的結果）。

再看下面的英文句子：I approach to the bank。猜何意？（直覺思考）也別細想（理性思考）。很多人會猜，去銀行（可得性捷思思考的結果），很少人會想成，去河邊（理性思考後的另類答案）。

系統一的直覺思考或稱**自動式思考**（Automatic Thinking）在人類生活中，較勤快常用，系統二的理性思考或稱**反思思考**（Reflective Thinking）平時懶得用，除非有必要時，像上兩例，在別人提醒再思考一下時，就可能出現正確完美的答案，而且理性思考除受直覺思考影響外，也會指導控制直覺思考。人類這兩種思考系統對照，如表4-1。

表4-1　系統一與系統二的比較

系統一（自動式）	系統二（反思式）
不受控制	受控制
不費力	費力
連結	推論
快	慢
無意識	有意識
經驗技術	遵守規則

其次，前一章提及人們對風險的感知，在感知過程裡，會涉及對風險高低的判斷，進而作應對風險、管理風險問題的參考，這是心理學上，解決問題的一連串心理過程。換言之，也可視爲在風險的情境下，經由思考與推理，進一步達成目的的問題索解（Problem Solving）歷程。

人們對問題索解的思考與推理，就如表4-1所顯示的有兩個系統，也就是可分爲定程式思考與推理（Algorithmic Thinking and Reasoning，屬系統二）與**捷思式思考與推理**（Heuristic Thinking and Reasoning，屬系統一）。簡單說，就是理性思辨與直覺反應。有時，理性可控制直覺反應，有時，不能。理性思辨是依一定的邏輯思考與推理程序並遵守規則。因此，理性思辨較爲耗時，但很多時候也較正確，適合時間充分下的決策，它又可分爲演繹推理與歸納推理。其中，演繹推理遵循的是程序法則（Rule of Procedure），歸納推理遵循的是機率法則（Rule of Probability）。

直覺反應是靠個人的經驗累積，對問題加以思考與推理，它是種經驗判斷，適合時間緊迫下的決策，但此種經驗判斷，對解決問題，有時相當有效，有時失誤極大。直覺反應的思考與推理，也常使用在猜測某種事物時。例如，猜測明天股市會上萬點的可能性多高，或猜猜你正前方一棵樹距離你有多遠等。同樣，它也可用來猜測判斷風險的高低或作風險重要性的評比（參閱第三章）。

2. 直覺判斷原則

平常我們都懶得理性思考，當個理性經濟人。例如，早上起床，睜開眼睛，刷牙洗臉，準備吃早餐，上班或忙別的事，下班或辦事回來，洗澡，吃晚餐，看電視閒聊，準備睡覺。忙碌的一天，日復一日，眞正停下來，冷靜的理性思考事情，占我們一生的時間，相對來說，實在不多。著名的心理學家康納曼與特維斯基（Kahneman, D. and Tversky, A.）研究人們在不確定的情況下的直覺判斷，發現人們在做直覺判斷時，會依循三個經驗法則，是爲三種捷思原則，也就是直覺判斷原則（Kahneman and Tversky, 1993）。

▶ 代表性捷思原則

代表性捷思原則或稱典型事物原則，這是依訊息的**表徵**（Representativeness）做判斷。此種捷思判斷，通常被人們用來判斷某一事物歸屬於某類別的可能性，那個事物的表徵，是爲直覺判斷的依據。例如，夏天代表炎熱，那麼猜猜夏季中，某天炎熱的機會是高抑或是低？答案很明顯，很多人會答，那天炎熱的機會相當高。這就是最簡單的典型事物原則。在風險的情境裡，人們也會以代表性捷思原則對新風險的機率做判斷。例如，判斷新致癌物導致肝炎的機率，人們會依據過去類似的致癌物，來判斷新致癌物導致肝炎的機率（Breakwell, 2007）。這種典型事物原則在心理學領域，有項著名的「琳達」測驗，這項測驗是由施測者描述琳達小姐的年齡、人格特質、學歷與嗜好，再由受測者猜她是從事何種工作並加以排序，結果大部分人依該原則來猜測排序時，均不太符合理性的推理與邏輯。最後如，猜猜迎面而來的黑人，是罪犯的可能性有多高? 在美國社會裡，大部分人會猜那位黑人是罪犯的可能性極高，因爲美國社會對黑人的典型印象是，黑人通常是罪犯，罪犯大都是黑人。

▶ 可得性捷思原則

可得性捷思原則或稱範例原則，就是依容易浮現腦海或湧上心頭的事物或記憶，來作判斷。腦袋很容易想起來的事物或記憶即**可得性**（Availability）。可得性捷思原則通常用來判斷某一事物出現的頻率，對容易回想起的事物，所判斷的頻率會比較高。例如，請學生寫出英文字中，倒數第二個字母是「N」的，與寫出英文字字尾是「ING」的。結果發現，針對後者，學生們寫出的英文字數平均高於前者。其原因是，字尾「ING」的英文字，最容易想，通常只要動詞後面加個「ING」就好，雖然測試題目都相同，「ING」也是英文字倒數第二個字母是「N」。可得性捷思原則也影響人們對風險事件發生機率的判斷，腦海很容易想起的風險圖像，人們會判斷發生機率較高；反之，則低。人們腦海很容易想起，會涉及腦海記憶中重新擷取的功能（Retrieval Function），也會與媒體報導的頻率有關（Breakwell, 2007）。就保險的投保行爲來說，有一投保異象是該原則應用的典型，那就是，地震剛發生過後，雖然地震風險最低，但此時地震保險的銷售，卻創新高。理性告訴我們似乎不可思議，但可得性捷思原則認爲理所當然（Gardner, 2008）。因地震剛過，人們腦海中最容易想起當時的恐怖情景，因此，急買地震保險，以求自保。

▶ 定錨調整捷思原則

定錨調整捷思原則或稱刻板印象原則，這是依據數字或訊息呈現方式，也就是錨點，對人們習性的影響作判斷。這原則在人們日常生活中，均很常見，即使人們被告知判斷時，要忽視錨點，但人們就是會受其影響。這原則也可被利用來談判磋商或從事商品買賣或判斷數量、價格高低等。例如，心理學家曾做過如此測試，即對甲與乙兩組學生，要求他們於五秒鐘內，判斷兩組不同排列數字的乘積。甲組學生面對的算式排列爲：8×7×6×5×4×3×2×1；乙組學生面對的算式排列爲：1×2×3×4×5×6×7×8。結果甲組學生判斷的乘積高於乙組學生判斷的乘積。考其原因，因人們作直覺判斷時，很容易受到第一次看到或聽到的數字所影響，且此項實驗與人們的習慣性也有關，人們一般習慣性算法，是從左至右。甲組學生面對數字大的在左邊，腦中的直覺思考會抓住最先看到的數字再作調整。因此，甲組學生的錨點是8，乙組學生的錨點是1，甲組學生判斷乘積大的可能性就會高於乙組學生。此種現象稱作「**定錨或牽制效應**」（Anchor Effect）。這種定錨效應也同樣出現在風險的情境裡，列支坦斯坦（Lichtenstein, S.）等將人們分爲兩組，一組看到的訊息是1,000人死於電擊；另一組看到的是50,000人死於車禍，然後請兩組人分別估計因其他死因所致的死亡人數。結果發現，前一組所估的死亡人數均低於後一組，因1,000人的錨點遠低於50,000人這個錨點（Lichtenstein *et al.*, Nov.1978）。

其次，猜猜台灣玉山有多高的實驗，一組受測者看到的是，玉山是高於還是低於海拔4,000公尺？另一組受測者看到的是，玉山是高於還是低於海拔10,000公尺？結果是，前一組猜的平均高度爲5,655公尺，低於後一組猜的平均高度8,989公尺。前一組受測者看到的是低錨4,000公尺，後一組受測者看到的是高錨10,000公尺。高低錨差距6,000公尺，兩組猜測的平均高度差距3,334公尺，**錨點指數**（Anchor Index）是3,334/6,000=55%，也就是猜測平均結果的差異除以猜測前高低錨點的差異，典型的錨點指數是55%，很多次實驗都可得到近似的數字。

人們之所以受到錨點強大的影響，是因連結連貫性與**促發效應**[2]（Priming Effect）所致。在作金錢有關決定時，更容易顯現出來。例如，房子買賣，賣方首先的開價，就會影響最後成交價。再如，大拍賣場的促銷海報——「每人限購12罐」，海報貼出後，銷量比沒貼海報時多。12罐

2 舉個例，我們對一群人有貼標籤式的刻板印象時，不只我們對那群人的態度與行爲會改變，被貼標籤的那群人，行爲舉止也會改變，這就是「促發效應」。我們日常生活中，很多時候也受促發效應影響。

是錨點，人們會抓住12罐，再調整，結果就會比沒看到海報時多，還有就是因海報寫限購，容易連結好像缺貨，要買就要快的心理。

錨點調整的心理歷程實驗

拿一張紙，別用尺畫，從紙的底端往上，畫兩吋半長的線條。另外再拿同樣大小的一張紙，從紙的上端往下畫線條，在距離底端兩吋半處停住。請比較此兩條線，你能發現，第一次從底端往上畫兩吋半長的線條比較短，也比第二次畫所留下兩吋半的空白要短。這就是錨點調整不足的心理歷程，因為通常你不知道兩吋半有多長，從紙的底端往上，不到兩吋半時就會停住，從紙的上端往下畫時，到距離底端兩吋半前，你會停住。生活上這種錨點調整不足的例子很多，例如，年輕人錨點音量，通常比老年人高，因此，年輕人好意將音量調小時，老年人還是認為太大，這就是錨點調整不足現象。

——摘自Kahneman(2011).*Thinking, Fast and Slow*

康納曼與特維斯基（Kahneman, D. and Tversky, A.）——前景理論創建人，行為經濟學之父

康納曼師承特維斯基的數學心理學，兩人創建了前景理論，修正了盛行三百多年的效用理論。雖然康納曼在2002年獲得諾貝爾經濟學獎，但應可說與特維斯基共同獲得該桂冠。康納曼生於1934年，是立陶宛的猶太人，後移居法國。現任美國普林斯頓大學心理學教授，被公認為繼佛洛伊德（Freud, S.）之後，最偉大的心理學家。特維斯基則是認知與數學心理學家，生於1937年，而這位英才遭天忌，早逝於1996年。

3. 直覺判斷的偏見

人必然犯錯，即使透過理性思考，做出決定。直覺判斷做出決策，更是在所難免。直覺判斷對解決問題，有時相當有效，有時失誤極大，會產生失誤，是因人們直覺上會存在眾多偏見（Bias）、錯覺或稱幻覺（Illusion），這些都是人很難去除的認知蛀蟲（Kahneman and Tversky, 1993）。

▶ 代表性捷思原則的偏見

代表性捷思原則會產生錯覺與偏見的原因主要來自：(1)人們缺乏對先驗機率或基本機率的敏感度。例如，前所提的「琳達」測驗，當人們判斷「琳達」從事何種工作時，會將對其所描述的情況，直接連結到最具相似性的職業上，不會想到所描述的情況與工作間相關的客觀機率有多高，這也常違反貝氏定理（Bayes' Theorem）；(2)人們缺乏對樣本大小的敏感度，且強烈相信小樣本就是大母體，此即小數法則（Law of Small Numbers）信念。例如，10位男性樣本的平均身高爲165公分，人們如依代表性捷思作判斷時，也會判斷母體男性的平均身高亦爲165公分，經常疏忽考慮樣本大小所代表的不同意義。直覺的系統一偏好肯定，不喜歡懷疑，如加上月暈效應，更會誇大自信，快速下有因果關係的結論，以爲所看到的小樣本結果，就是全部，其實都是機率與取樣問題，這也是WYSI-ATI現象；(3)人們常對機會概念，患上錯誤的認知。例如，著名的「**賭徒謬誤**」（Gambler's Fallacy）測驗，該測驗以丟銅板施測，當連續多次丟銅板，都出現正面時，人們依代表性捷思作判斷，也容易猜測下一次銅板丟的結果也是出現正面，即使銅板出現正反兩面的機會均是各半；(4)人們常忽略訊息的可靠性。例如，人們要判斷某公司未來可能獲利情況，將會以對公司未來的描述是否有利，當作表徵。因此，依代表性捷思作公司未來可能獲利判斷時，如果對公司未來的描述是有利的話，那麼人們會判斷公司未來有高利潤；反之，則低。此時，人們會常忽略描述的可靠性；

(5)人們常患效度幻覺。例如，「琳達」測驗，這項測驗是由施測者描述琳達小姐的年齡、人格特質、學歷與嗜好，再由受測者猜她是從事何種工作並加以排序。當人們依代表性捷思作判斷時，會依所描述的內容與哪項工作最適合作出判斷，其實所描述的內容與工作間的適合度，只是一種**效度幻覺**（Illusion of Validity）；(6)人們常對迴歸概念，患有錯誤的認知。

▶ 可得性捷思原則的偏見

可得性捷思原則會產生失誤的原因主要來自：(1)人們常患重新檢索的偏見。人們對腦中常容易浮現的事物，依可得性捷思原則作判斷時，容易高估；反之，容易低估，例如：車禍與地震對比；(2)人們常患尋找效能的偏見。例如，猜測英文字典裡，英文字倒數字母是「N」的字與英文字字尾是「ING」的字，哪個比較多？一般會認爲英文字字尾是「ING」的字比較多；(3)人們常患想像力的偏見；(4)人們常患相關性幻覺，總認爲有因果關係。

▶ 定錨調整捷思原則的偏見

直覺的定錨效應會發生在促發作用與連結連貫性的自動歷程上，理性的系統二也會產生定錨效應，錨點形式發生在判斷的特意調整過程中（Kahneman, 2011）。定錨效應容易使我們的判斷失誤，主要是因人們作判斷時，常會調整不足，也常患聯合與獨立事件評估的偏差以及常受主觀機率分配評估的牽制。

4. 過分樂觀、過度自信與馬後砲偏見

上述各種錯覺與偏見，再外加其他因素（例如，制控信念），容易造成人們決策時過分樂觀、太過自信，以及導致後知後覺的馬後砲現象。

▶ 過分樂觀

樂觀與自信本是好事，但過度或過分樂觀與自信，反而可能不好，有

云「過猶不及」，正是此意。尤其人們在面對風險情境時，例如，常出車禍路段，小心開車，但有些人總心想這路段，常開，自己不會這麼倒楣的。一般人總認為自己都會比別人幸運些，總認為自己開車技術很好，學生們總認為自己成績會超過平均成績，這些心理都是**過分樂觀**（Over Optimism）現象（Weinstein, 1980），在風險情境裡，或稱**主觀免疫**（Subjective Immunity）現象或稱**免傷害感知**（Perceived Invulnerability）現象（Klein and Helweg-Larsen, 2002）。這種現象主要來自人們都會有**控制幻覺**（Illusion of Control），總是自我感覺良好，一切在掌控中，以及外控信念的自我歸因作祟，也就是會倒楣，是因為運氣不好。

其次，針對風險的情境，許多研究文獻顯示，人們也都會有樂觀的偏見（Optimistic Bias）。例如，米德頓（Middleton, W.）等發現，高空彈跳玩家總認為自己比別的彈跳者面臨的風險低（Middleton *et al.*, 1996）。再如，車禍、過胖、自殺、懷孕與抽菸相關疾病、食物中毒、皮膚癌、酗酒等風險，人們都會有樂觀偏見（Boney-McCoy *et al.*, 1992; Burger and Burns, 1988; Dejoy, 1989; Eiser and Arnold, 1999; Fontaine and Snyder, 1995; Frewer *et al.*, 1994; Lek and Bishop, 1995; Raats *et al.*, 1999; Van der Velde *et al.*, 1992; Weinstein, 1980, 1982, 1984, 1987a, 1987b; Whalen *et al.*, 1994; White *et al.*, 2004; Redmond and Griffith, 2004）。須留意的是，不是每個人針對每項風險都會存在樂觀偏見，而且樂觀偏見也不見得與健康預防行為決策間，有很清楚的關聯（Abrams *et al.*, 1990; Weistein *et al.*, 1991）。例如，年輕人做愛不喜歡戴保險套，並不盡然是，年輕人感覺自己得愛滋病的機率比別人低的緣故。最後，降低過分樂觀的方法，除了提供充分風險訊息外，就是強調樂極生悲的後果。

▶ 過度自信

人們不只會過分樂觀，也容易**過度自信**（Overconfidence），也就是對自己的信念過分有信心，通常這也來自前述提及的以偏概全（WYSI-

ATI）。對許多專業人士言，更容易有過度自信現象，因爲他們容易產生技術與效度錯覺。技術與效度錯覺屬於**認知錯覺**（Cognitive Illusion），這種錯覺比視覺錯覺（例如，橫豎錯覺[3]）更頑固，不容易改變，影響所及，行爲上也不容易改變。過度自信也會來自專業文化的原因，只要有一群人相信你，那你會有更強的過度自信，例如，股票分析師。

其次，個人投資股票時，人們常會發生過度自信現象，男人又比女人更會有過分樂觀與過度自信現象。平均來說，投資者賣掉股票後第一年的報酬率，比當時買進股票的報酬率高約3.2%，也就是說，人們如因過度自信，進行很多次股票交易，導致股票周轉率高，其結果就是財富縮水（Odean, 1998a），尤其男人如這樣做，其財富縮水比女人嚴重（Barber and Odean, 2001）。

▶ 馬後砲偏見

馬後砲偏見（Hindsight Bias）就是我們常聽周遭人說「這事情我早知道」，事實上，可能他並不知道，尤其在很多災難事件的預測上。《黑天鵝效應》（*The Black Swan*）一書中，提到敘述的謬論（Narrative Fallacy）來解釋人們很容易利用眼前手邊微薄的證據（也就是容易以偏概全——WYSIATI），解釋過去發生的事並信以爲眞（Taleb, 2010），簡單說，就是自圓其說，其實就是人們喜歡自以爲是，自以爲什麼都知道，編一些合理的因果故事，解釋過去的事情，這就是「了解的錯覺」造成的馬後砲現象（Kahneman, 2011）。

其次，在風險情境裡，也會有馬後砲現象。針對美國911恐怖攻擊後一年，美國人對恐攻風險的認知與情緒反應之研究發現，很多美國人改變了他們早期風險的判斷與記憶，編一套說辭自認爲早知道會發生恐攻

[3] 兩條同樣長度的線條，一橫一豎擺在一起，視覺上會認爲豎的那條線比較長。

（Fischhoff *et al.*, 2005），這就是馬後砲偏見。同樣，在千禧年電腦病毒（Y2Y）上，研究也顯示，人們也有馬後砲偏見（Pease *et al.*, 2003）。人們會有馬後砲現象主要來自動機的「後自我迷惑」[4]（Meta-Self-Delusion）（Dekker, 2004）與「追溯式悲觀」[5]（Retroactive Pessimism）的自我防衛（Tykocinski *et al.*, 2002）。另一馬後砲來源屬於認知上的偏見重塑[6]（Biased Reconstruction）（Stalhberg and Maass, 1998）。最後，馬後砲偏見不是個簡單的過程（Holzl and Kirchler, 2005），它隨著時間也會改變（Bryant and Guilbault, 2002），而且它也會因文化的差異而有不同（Pohl *et al.*, 2002）。

股票經破解婚姻密碼

結婚有必要嗎？有必要與沒必要的理由，可以列一堆，但大部分人一定不知道股票買賣，也是其中的理由。這話怎麼說？

在交易有損財富的研究中指出，賣舊股換買新股太頻繁，對財富的累積幫助不大。幾乎賣出舊股第一年的報酬率，都會高過新股3.2%。為什麼人們會常賣舊股換買新股，無非是想儘早落袋為安，同時，對新股的期待，過分樂觀與過分自信，認為新股的報酬會高過舊股。其實不然，買賣新舊股，次數過多，也就是股票周轉率高，股票淨報酬率反而降低。也就是說，落袋為安，投機性猴急心態式的買賣股票，不會賺更多，其意涵就是穩定長期持續優股，不隨意脫手買賣，才是投資股票獲利的王道。

---

4 後自我迷惑就是藉由自我感覺可預測過去，那麼自我感覺上更可控制未來的一種錯覺。

5 馬後砲是種追溯式悲觀現象的一部分，追溯式悲觀就是人們會企圖對事後失望的事，重新整理心情的現象，把不良後果追溯式的歸諸於無法避免的現象，是屬於後果偏見（Outcome Bias）。

6 偏見重塑就是過去的判斷，藉由新知識重塑的現象。

其次，研究也發現，通常男性族群見異思遷，脫手買賣新舊股的傾向高，且次數也較女性族群居多，其中單身王老五又更為嚴重。從股票報酬率來看，單身王老五的股票交易次數會比單身女子多67%，使得王老五的股票平均年報酬比單身女子少3.5%。換句話說，男人還是要求女人結婚比較好，這是另類求婚新解。

綜合來說，在股市裡，男人為何沉不住氣，又為何比女人來得更樂觀與更自信，這暫且不論。很顯然，從買賣股票累積財富觀點來看，說一家之主，是丈夫，是錯的，其實應該是太太。也怪不得男人想結婚，因女人有幫夫運；女人不想，因男人破財。

4-3 期望與風險

期望就是種預期心理，這種心理會影響我們的態度與行為。有云「有夢最美，希望相隨」。希望、期待、期望、盼望、預期等都是互相類似的名詞，也都是針對未來的人、事、物，也因此與風險一詞有所關聯。人們的行動與決策也奠基在期望（Expectation）上，因人們對未來總有目標，這目標也就是期望或稱預期，根據目標作決策，根據目標行動。期望所以成形或目標的訂定都會根據過去事實經驗與對未來的猜測形成。決策者面對風險情境時，同樣其風險行為也奠基在期望（例如，希望自己沒這麼倒楣，公司希望超過風險管理所設定的目標RAROC[7]最低門檻5%）上。因此，任何個人或團體或國家政府的風險管理計畫，都離不開期望這個概念。

[7] RAROC是Risk Adjusted Return on Capital的縮寫，亦即資本的風險調整後報酬，是傳統資本報酬率（ROC）的變種之一。

1. 期望的性質與形成

期望的概念與重要性在經濟學領域一直受到重視，凱恩斯（Keynes, J.M.）對期望的研究就很有影響力（Keynes, 1936）。不論財務經濟學、總體經濟學或經濟心理學中，期望都是重要概念，行為心理學同樣重視期望概念，只是將英文「Expectation」改用「Expectancy」。在經濟學領域，期望是以數學的期望值代表，它關聯到人們對未來的一種主觀信念，心理學領域改用「Expectancy」，它意指執行行動時可觀察的傾向（Warneryd, 2001），也就是人們的行為其實都會朝著自我設定的目標方向（也就是期望走的路）前進，而且別人是很容易從其行為上觀察的。

其次，卡特納（Katona, G.）認為期望經常是根據過去經驗，以及對解決問題所需新訊息的權重，綜合一起重塑成為人們的期望（Katona, 1972）。心理學領域認為感知、記憶、認知與情緒間互動合作塑造與改變期望。在風險情境下，可說成對風險的感知、對風險經驗的記憶，對風險訊息的心理認知與面對風險時的情緒表現間，互動塑造與改變期望。期望其實也能描述成未來可能的願景，而且涉及三個不同面向（Karniol and Ross, 1996）：一是未來結果的好壞；二是未來的後果能受控制的程度；三是未來有多遠。其實期望也可看成是對未來的預測或猜測。

最後，期望有兩種，一種期望是，無法操之在我，不受自我的影響，這叫**或有期望**（Contingent Expectations）。例如，未免成為二手菸受害者，期望老菸槍不抽菸。另一種是，能操控在自己手上的期望，稱作**有意的期望**（Intentional Expectations）。例如，期望今年能戒菸，以免身體有所惡化。當然也有混合前兩種性質的期望。

2. 期望模型與理論

▶ 期望模型

期望是由三組信念組成，這三組信念各有不同的權重（Warneryd,

2001），期望模型公式如下。

$$EXP_{t+1} = w_1 B_{pt} + w_2 B_{At} + w_3 B_{It}$$

EXP_{t+1}是在t_0時點對未來時點$t+1$的期望

B_{pt}是在t_0時點，對t_0時點以前過去經驗的信念

B_{At}是在t_0時點，對未來期望可能出現落差的信念

B_{It}是在t_0時點，對新訊息的信念

w_1，w_2，w_3是各組信念的權重

B_{At}主要是指有意的期望，也就是目標或計畫，如果是或有期望，那該組信念的權重是零，因不受自我掌控影響，此時期望就由另兩組信念形成。其次，有意的期望其目標可能無法實現，也就是可能出現落差，透過錯誤中學習（Error-Learning）過程，修訂下次期望目標。B_{It}分成兩種信念：一個是有關個人新訊息的信念；另一個是有關經濟環境新訊息的信念。以上所有三組信念，都是主觀的且受人們心理認知過程與情緒所影響。

期望模型公式的含義，舉例說明如下：我們都知道投資股票都會面臨股市指數漲跌的風險，現猜猜明年股市會漲多少？根據過去紀錄，前三年分別漲10%、10%、50%，所以你根據過去紀錄，平均漲35%，就猜明年會漲超過35%，因去年從前年的10%漲到50%，所以你猜明年會漲而且會超過往年平均值，這就是B_{pt}，也就是**插補式期望**（Extrapolative Expectations）信念。其次，假如去年就有人要你猜股市漲幅，結果你猜錯過，因前兩年分別漲10%，平均漲10%，所以你猜去年會漲10%，但結果卻漲了50%，去年有猜錯，所以從錯誤學習，現猜明年漲幅，你就猜可能漲75%，因過去三年平均漲35%，加上去年你猜錯的誤差達40%，所以你調整適應新形勢，改猜75%，這就是B_{At}，也是**適應式期望**（Adaptive Expectations）信念。最後，假如你獲得最新訊息是，去年漲到50%，那是異常

例外情況，明年不可能重複，所以你改猜股市不漲，維持平盤，這就是B_{It}，也就是**理性期望**（Rational Expectations）信念。另外，値得留意的是，這三種信念分別成爲經濟學領域三個重要的期望理論，同時也留意，人們通常用B_{pt}形成未來的期望，當然也可三種信念混合形成期望，亦即個別用也可以，混合用也可以。

▶ 期望理論

目前在經濟學中，存在三個主要的期望理論，也就是插補式期望理論（Extrapolative Expectation Theory），適應式期望理論（Adaptive Expectation Theory）與理性期望理論（Rational Expectation Theory），其中，適應式期望理論又被稱爲**錯誤中學習**（Error-Learning）理論（Nerlove, 1983）。這三個理論分別對應前列期望模型公式中的三組信念。插補式期望理論與適應式期望理論其實都是在過去經驗信念上，形塑對未來的期望，只是過程方法不同而已，看前例說明，即可知道。理性期望理論則是指人們形塑未來期望時，是使用最新最佳的經濟訊息與知識，此時人們就是之前指稱的理性經濟人。其次，這三個理論是各自在不同的情境下，解釋未來的期望。如果經濟環境長期是穩定的，插補式期望理論就可解釋得很好，如果經濟環境存在很多新訊息，環境有所改變，採用插補式期望理論與適應式期望理論來解釋期望就有些不適當，改採理性期望理論的解釋就會較好。

4-4 態度與風險

職場上，有云「態度決定高度」，顯見，態度對人生事業的重要性。態度與行爲是顯性的，而感知與認知是隱性的。態度是屬於刺激（Stimuli）與行爲反應（Response）間的變數。它由情感（Affect）、認知（Cognition)、與行爲意圖（Behavioural Intention）構成。就風險情境來說，風險訊息的刺激物，經由人們的風險感知與更深層的風險認知心理活動，就會形成外顯的**風險態度**（Risk Attitude）與**風險行爲**（Risk Behavior）。

1. 風險態度的意義與形成

▶ 風險態度的意義與性質

在未說明風險態度意義之前，首先了解何謂態度？態度是個人認知、情感與行爲傾向的綜合體，也就是個人對人、事、物，憑其認知與好惡外顯在外相當持久的行爲傾向。以數學式表示如下：

$$A_o = \sum b_i e_i \qquad i = 1, \cdots, n$$

A_o：對人、事、物（Object）的態度（Attitude）。
b_i：某人對人、事、物的 n 個信念（Belief），這信念也就是主觀機率。
e_i：某人對人、事、物b_i的評價（Evaluation）。

某人對人、事、物的信念會影響感知與認知，而與對人、事、物好惡情感的評價綜合一起，就形成態度，也就形成實際行爲的傾向。其次，態度會因不同的人、事、物而異，也會有眾多因素影響態度。因此，態度也並非永久不變。有云「見人說人話，見鬼說鬼話」或「見機行事」等，都隱喻態度或行爲，並非一成不變。根據以上說明，顯然，從心理學的視角，風險態度可定義成人們對風險，憑其認知與好惡外顯在外相當持久的行爲傾向。

▶ 風險態度的形成

風險態度的形成與一般態度的形成（張春興，1995），極爲類似。例如，小孩通常不知危險性，多半經由先行而後知的歷程，認知風險，而形成風險態度。一般人風險態度的形成，經由風險經驗的累積，先知後行的歷程，而形成風險態度。無論先知而後行或先行而後知，都在風險學習的歷程中，增強風險感知與認知以及情感的成分，最終形成人們對風險的態度。例如，對空污風險，經由空污情境的經驗學習，增強對該風險的健康危害認知與厭惡程度，形成空污風險態度，最後無法忍受時，即進行抗議。

2. 風險態度的評估

▶ 風險態度的類別

風險態度也可說是人們的風險偏好（Risk Preference），這關聯到效用理論與前景理論對風險態度的解釋。人們的風險態度不外乎有**風險規避**（Risk Aversion）者，**風險中立**（Risk neutral）者與**尋求風險**（Risk Seeking）者三種，這三種態度的含義，參閱下述。心理學領域則另外將風險態度分成三種水準：(1)**風險態度追隨**（Compliance）者，有云「跟屁蟲」，即此含義，對任何風險議題的態度，均跟隨者別人的意見；(2)**風險態度認同**（Identification）者，經由說服而採認同的看法，這種態度容易溝通；(3)**風險態度內化**（Internalization）者，對任何風險議題已有定見且內化於生活與態度行為上者，這種態度如屬負面態度，對風險溝通者（Risk Communicator）來說，是最難溝通的（Glendon and McKenna, 1995）。

▶ 風險態度的評估方法

風險態度的評估，可採用描述問卷（Descriptions Questionnaire），以李克特量表（Likert）做態度五點尺規，評估風險態度。例如，食用食物添加物會致癌，你同意嗎？

1　2　3　4　5

完全同意　　　　　完全不同意

爲免除態度不明確，也可採用四點尺規，也就是剔除中間「點3」。

其次，也可採用如下五種風險態度評估方法（Warneryd, 2001）：

第一、在確定的方案與可能的方案間作選擇。例如，A方案：確定贏得100元 vs. B方案：50%贏得100元，50%什麼都沒；

第二、在同樣或不相同期望値的兩個可能方案間作選擇。例如，A方案：70%贏得100元，30%什麼都沒 vs. B方案：50%贏得100元，50%什麼都沒；

第三、要求受測者回答在一定花費下，選擇可能的方案（這稱爲Certain-Equivalent Technique）。例如，A方案：花100元買1%贏得10,000元的彩券 vs. B方案：花100元買10%贏得1,000元的彩券；

第四、要求受測者決定在何種機率的陳述下，兩種不同的方案，對他（她）是沒差別的。兩種不同方案中，有一種方案的機率是確定的（這稱爲Lottery-Equivalent Technique）。例如，兩份工作可供選擇，A方案：確定可到甲公司上班 vs. B方案：新公司乙未來財務有10%、20%等的機會會變好；

第五、要求受測者決定在何種機率下，兩種不同的方案，對他（她）是沒差別的。兩種不同方案中，有一種方案的機率是已知機率。例如，旅行突然腹痛，太痛可能無法旅行。那麼，不痛去旅行的機會至少要多少？10%、20%等。

3. 風險態度與風險行為間的關聯

風險態度是風險行爲的傾向，風險行爲（Risk Behavior）是人們面對風險的實際行動，倆著間關聯密切。風險態度與風險行爲間，可用來解釋其關係的至少有四種模式：一是態度影響行爲模式；二是行爲影響態度模式；三是態度與行爲互爲影響的模式；四是自圓其說模式（The Theory of Reasoned Action）（Glendon and McKenna, 1995）。其次，從風險態度水準，觀察兩著間的關係，在風險態度內化的水準上，風險態度與風險行爲的關聯性最強。在追隨的水準上，兩者的關聯性最弱。

另一方面，影響風險態度的因素，與影響風險感知（參閱第三章）與風險行爲（參閱後述）的因素，大體類似，主要是因態度有認知、情感與行爲意圖的成分，這些成分均與感知及行爲有關。例如，年齡會影響風險感知，也會影響風險態度與行爲，老年人通常在投資風險的態度與行爲上，不會像年輕人冒險（Palsson, 1996）。其次，影響人們態度改變的主要因子有五：觀眾是誰，誰是說服者，本身的個性，議題呈現的方式與持續改變態度的強度。在風險情境裡也是如此，尤其在風險溝通過程中，風險態度的改變也受這五種因子所影響，也就是說，風險溝通的對象，誰是風險議題的說服者，本身的性格，風險訊息與議題的呈現的方式（例如，是用絕對風險呈現，還是用相對風險呈現）與持續改變風險態度的強度等五項因子，都會影響人們對風險態度的改變。而解釋態度改變的理論主要有調和論（Consistency Theory）與認知失調論（Cognitive Dissonance Theory）（張春興，1995）。

4-5 個人決策與風險—效用理論

人有時理性冷靜，有時憑直覺快速下決定，也就是人偶而是理性經濟人，有時又是社會普通人。不管是哪種人，眞正要作決定時，影響的因素很多；換言之，風險行爲的決策網絡是複雜的。

1. 影響個人風險行為的決策因子

個人決策（Individual Decision）的風險行爲，最後的決策者就是個人，而其決定的事項通常屬個人事務，但個人決策也會發生在決定團體或社會的事務上，尤其在獨裁政體國家或一人說了算的組織團體。

影響個人風險行爲的決策因子，可參閱第一章圖1-2，此處將其重新歸類爲個人內在因子與外在環境因子，但內外在因子可能是互爲影響的。第一章圖1-2雖無明顯顯示，兩個決策考慮因子，但其實隱含其決策過程需思考效益與成本以及決定的時機。決定後會產生什麼效益與成本，是個人決策前須考慮的重要因子，同時，決策時點不同，對效益與成本的影響也不同，因此，無論個人決策或團體決策，思考效益與成本以及決定的時機，是重要的。其次，說明各種內在因子如後：

第一、風險行爲的動機。該因子也隱含於第一章圖1-2，因爲動機會與需求有關，需求則會來自內在與外在因素的引發，例如，第一章圖1-2的地理生態環境情境是個人所處的外在環境，一方水土養一方人，而引發的內在需求也會不同。例如，台灣人通常只需有冷氣的空調設備，因是亞熱帶氣候，而大陸氣候不同於台灣，所需的空調設備須有冷暖氣的功能。郝金斯（Hawkins, D.I.）等認爲動機是所有決策行爲的前提，動機是人們爲何作某種決定的內在動力（Hawkins, *et al.,* 1998）。前曾提及，有許多動機理論，此處只介紹馬斯洛（Maslow, A.H.）的需求理論（Maslow's Theory）與**成就需求理論**（NAch Theory: Need Achievement Theory）。馬斯洛的需求理論主張的需求包括生理需求（Physiological Need）、安全需求（Safety Need）、情愛需求（The Need for Belongingness and Love）、受尊重的需求（The Need for Esteem）與自我實現的需求（The Need for Self-Actualization）。其次，成就需求理論主要用來解釋人們冒險傾向的認知層面。文獻（McClelland, *et al.,* 1953）顯示，人們其實一方面想追求成功；一方面又怕失敗，具體而言，有三個參考點影響人們最終的決定：

(1)有了成就後，滿足了什麼需求；(2)對成功或失敗的預期是什麼；(3)成功與失敗的激勵價值爲何。

第二、決策者的性格。性格內在因子也隱含於圖1-2。性格就是個性，它不只影響風險感知，對風險行爲也有影響。有云「個性決定命運」，也就是性格也會影響風險行爲的最終決定。文獻（Mischel, 1968）顯示，人們風險行爲的差異，有百分之五至十，可歸因於個人性格的差異。文獻（Fine, 1963）也顯示，性格愈外向者愈容易出事，但人們大部分的決定還是受各種外在情境的影響，參閱圖1-2。

第三、決策者的風險態度能決定最終的風險行爲。風險態度隱含於圖1-2的心理認知過程，態度與行爲間的關聯，參閱本章4-4.3。

第四、決策者所承受的壓力（Stress）與情感（Affect）（也參閱第五章與第六章）。壓力與情感有正面與反面的含義。適度的壓力對成就的完成是有幫助的。壓力與情感對風險行爲會帶來不同程度的影響。同時，兩者與決策者的性格以及決策動機均有關聯。壓力與情感對決策的影響，在解釋上，目前主要有三個模式：一是衝突理論（Janis and Mann, 1977），此理論依壓力程度與心理的觀點區分決策型態、衝擊與解決方式；二與三模式均用來解釋情感對決策的影響，一稱心情記憶模式（Mood-Memory Model）（Fiske and Taylor, 1984）；另一稱規則基礎模式（The Rule-Based Rule）（Forgas, 1989）。

最後，說明外在因子部分。外在因子係指決策時存在的外在環境因子，它包括文化環境、人口統計環境、社經狀況、社會影響（Social Influence）（參閱後述）與**參考團體**（Reference Group），參閱圖1-2。文化環境能影響決策者對風險的感知與認知。人口統計環境涉及社會人口的分布、組成與規模。社經狀況指決策者的社經地位。文獻（Glendon and McKenna, 1995）顯示，參考團體的特質與聲譽對人們的行爲會產生一定程度的影響。換言之，某一社會團體被社會大眾認同，那麼人們可能想成爲其中一員並可能依此團體的言論，展現其對公共事務的態度或成爲其行爲的準繩。參考團體中以人們極力想成爲其中一員的參考團體對人們行爲影響最大，這種團體稱之爲**身分參考團體**（The Status Reference Group）。另外兩種參考團體：規範參考團體（The Normative Reference Group）與比較參考團體（The Comparative Reference Group）也對人們行爲產生一定程度的影響。

2. 理性經濟人的決策—效用理論

傳統經濟學的**效用理論**（Utility Theory），假設人們都是自私的、理性的，偏好是穩定一致的，不會有感情與利他的行爲。由於**理論導致盲點**（Theory-Induced Blindness）（參閱後述），該理論已盛行三百多年，直至前景理論（Prospect Theory）（雖然該理論仍有缺失）的出現，對人們實際的風險行爲才有更精準的詮釋。風險行爲的決策，早期始自預期值極大化（To Maximize Expected Value）的探討。然而，以預期值極大化作爲決策標準，會產生**聖彼得堡矛盾**（The St. Petersburg Paradox）現象。所謂聖彼得堡矛盾係指預期值極大的決策法則，無法用來解釋人們願意花多少錢參與丟擲一枚硬幣直至人們猜對爲止的遊戲[8]。蓋因，如仍依預期值極大的決策法則，人們願意付出的錢，最後是無限大的，這種結果不盡合理。克服此矛盾現象最著名的理論，當推由白努里（Bernoulli, D.）構思，嗣後，由紐曼與摩根斯坦（Von Neumann, J. and Morgenstern, O.）發展成的效用理論。效用理論基本上，可顯示出個人對財富的效用與風險間的關係。因此，個人效用曲線可代表人們的風險態度（Attitude Toward Risk）。假如吾人以縱軸表效用值，橫軸表個人現有財富，凹型效用曲線表示個人有風險規避（Risk Aversion）傾向，直線的效用線表個人是風險中立（Risk Neutral）者，凸型效用曲線表示個人喜歡尋求風險（Risk Seeking），參閱圖4-2。一般而言，人們的效用曲線呈凹形狀。換言之，

---

8 該遊戲的預期值$=2^1\left(\frac{1}{2}\right)^1+2^2\left(\frac{1}{2}\right)^2+\cdots\cdots+2^n\left(\frac{1}{2}\right)^n+\cdots=$無限大

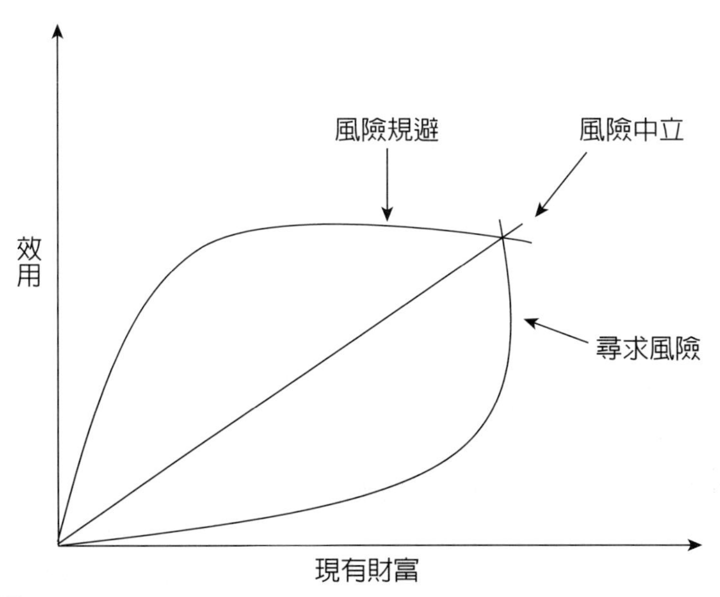

圖 4-2 風險態度曲線

一般情況下，人們具規避風險的傾向。凹形效用曲線的特徵有三：第一、一般情況下，人們總覺得財富多比財富少好；第二、人們對財富的追求是永不滿足的；第三、凹形效用曲線代表的是邊際效用是遞減的。以數學符號表示效用函數 $U(W)=\sum p_i u(w_i)$，而三種風險態度的特徵如後：

(1) U(W)>0 for all W; (2) Uw(W) > 0 for all W; (3) Uww(W) < 0 for all W

U(W)表財富效用值；Uw(W)表效用函數的第一導函數；

Uww(W)表效用函數的第二導函數

然而，有部分人不具規避風險的傾向，而具風險中立或尋求風險的傾向，分別代表的是直線效用曲線與凸形效用曲線。直線與凸型效用曲線仍具備凹形效用曲線的第一與第二個特徵，第三個特徵對風險中立者言，邊際效用不是遞減的，而是每增加一單位財富，對其而言，效用變量不變。第三個特徵對尋求風險者言，邊際效用也不是遞減而是遞增的。這兩類人的效用特徵以數學符號表示如後：

(1)風險中立者：Uww(W) = 0 for all W

(2)尋求風險者：Uww(W) > 0 for all W

這三種不同的風險態度，在應如何作決策與理性的假設下，就顯著影響了各種不同情況的風險管理決策問題。例如，個人要不要購買保險的問題。

購買保險的決策

效用理論以預期效用（Expected Utility）極大化為決策標準。效用理論亦常被用來解釋，個人為何要買保險的決策行為。個人會買保險，代表他（她）具風險規避傾向，依著名的白努里法則（Bernoulli Principle），不考慮附加保險費（例如，保險業務佣金），也不考慮任何摩擦／交易成本的情況下，假如保險的純保險費等於損失期望值，有該傾向者通常會買保險，因為買保險的預期效用高過不買保險的預期效用。然而，在同樣情況下，對風險中立者而言，由於買不買保險對其預期效用相同，所以對他（她）來說，買不買保險不重要，但對尋求風險者來說，在同樣情況下，肯定不買。

4-6 個人決策與風險：前景理論與滿意法則

1. 效用理論在實際決策上的矛盾

效用理論是規範性決策理論（Normative Decision Theory），它有雙重角色，它規定決策應如何制定的邏輯，也可以當作理性經濟人如何作選擇的描述。然而，人可以有利他的行爲，有感情，偏好可能不穩會逆轉，因此，效用理論應用在描述人們實際上如何作決策時，心理學者發現它無法勝任[9]。例如，效用理論就無法完全解釋人們既要買保險又喜歡賭博的行爲。雖然有學者（Friedman and Savage, 1948）以特別的效用函數，解釋人們那種不一致的行爲，但畢竟不符合完全理性的假設。再如，觀察下列的決策行爲，假設情境一與情境二各有兩種選擇方案如後：

情境一

甲案：確定可贏得五十萬。

乙案：10%機會贏得兩百五十萬；89%機會贏得五十萬；什麼都沒有的機會有1%。

情境二

丙案：11%機會贏得五十萬；什麼都沒有的機會有89%。

丁案：10%機會贏得兩百五十萬；什麼都沒有的機會有90%。

上述兩種不同情境下，心理學者們發現，大部分人在情境一的情況下，會選擇甲案；在情境二的情況下，會選擇丁案。依效用理論計算，情境一：0.11U（五十萬）>0.10U（兩百五十萬）；情境二：0.11U（五十萬）<0.10U（兩百五十萬）。顯然，效用理論無法解釋這種不一致的結果。這種現象稱呼爲**愛利斯矛盾**（Allais's Paradox）現象（Allais, 1953）。愛利斯矛盾描述了人們在作實際決策時，不是不考慮機率大小，就是不考慮金錢大小。其次，如果將情境一與情境二獲利的情境，改成損失的情境，其他不變。心理學者發現，在情境一中，大部分人會選擇乙案；在情境二中，大部分人會選擇丙案。

從上述過程中，心理學者們發現，人們實際上作決策時，會有**確定效**

---

[9] 規範性理論學者也發現效用理論是無法解釋人們實際決策的行爲，因而，也發展出均數—變異數（Mean-Variance）、隨機主導（Stochastic Dominance）與多屬性效用（Multi-Attribute Utility）另類的決策法則。可參閱Doherty（1985）。*Corproate Risk Management-A financial exposition*. Chapter 3與郭翌瑩（2002）。*公共政策—決策輔助個案模型分析*。第二章。

應（Certainty Effect）與**反射效應**（Reflection Effect）產生。確定效應會促使人們在獲利情境下，偏向風險規避行爲，而選擇確定可獲利的方案。然而，在損失的情境下，確定效應會促使人們偏向尋求風險的行爲，而選擇不確定的方案。反射效應則指當情境改變時，大部分人的選擇行爲，也正好相反。

再看兩個簡單例子，憑直覺你（妳）也可以發現，效用理論在解釋人們的選擇時，會有很大的問題。甲與乙今天財富都是100萬，按照效用理論，兩人今天都一樣快樂，但如甲昨天財富是10萬，乙是200萬，那麼今天應該是甲最快樂。其次，甲今天財富100萬，乙今天財富400萬。現兩人都有機會作下列的選擇，改變財富現狀：

方案一：確定能擁有200萬。

方案二：得到100萬或400萬的機會是相等的。

按照效用理論的預期，兩人的選擇會一樣，兩人的財富，不是變200萬，就是變250萬[(100+400)/2]。但直覺告訴我們，兩人選擇會不一樣。因甲會想，如選方案一，財富馬上翻倍；選方案二，有可能什麼都沒得到或財富增加四倍。乙則會想，選方案一，財富馬上會縮水一半；選方案二，也有可能什麼都沒得到或更糟。

最後，總體來說，人們的實際決策行爲，有違效用理論的意旨，因效用理論將效用附著於現有財富上，而非附著於財富的歷史；換言之，就是缺乏考慮財富的參考點。因而心理學者主張人的理性是有限的，稱呼爲**有限理性**（Bounded Rationality）。在此假設下，產生了描述性理論（Description Decision Theory）。

2. 社會普通人的決策——滿意法則

描述性理論主要用來解釋人們在不確定情況下，實際的決策行爲。此種決策法則主要有兩種：一爲賽門（Simon, H.A.）的**滿意法則**（Satisficing Principle）（Simon, 1955）；另一爲前景理論（Kahneman and Tversky,

2000）。滿意法則根源於行爲決策理論（Behavioral Decision Theory），賽門（Simon, H.A.）認爲人們實際的決策，其實是一種尋找次佳方案的過程，這方案不必然是最適切的方案，只要方案令人滿意可接受即可，這稱爲滿意法則。

3. 社會普通人的決策——前景理論

心理學家康納曼（Kahneman, D.）與特維斯基（Tversky, A.）對效用理論的觀察，發現早期馬可維茲（Markowitz, H.）的主張，效用是連結在財富的改變上，而不是現有財富本身的狀態，但這項主張，一直以來，沒人留意（Kahneman, 2011）。嗣後，這兩位心理學家乃創立了前景理論，該理論的前提，前曾提及，是建立在有限理性的假設上，這有別於效用理論的理性假設。

▶ 前景理論的構成

效用理論重財富總量（即現有財富）與效用的關係，前景理論重財富變量與心理價値的關係。**前景理論**說明人們的實際決策是受到人們的價値函數（Value Function），決策權重函數（Decision Weight Function）與人們對問題如何構思所影響（Kahneman and Tversky, 2000）。人們對問題如何構思謂之構思法則（Editing Rule）。價値函數與決策權重函數分別代替效用理論中的效用函數與客觀機率。

(1)構思法則

構思法則主要包含四項構思上的操作。當人們在不確定情況下，選擇方案時，首先，通常會聯想到作了選擇後，比我現在的財富，是更好還是更壞？這種聯想可稱爲編碼（Coding），現在的財富就是編碼時的參考點（Reference Point）。編碼時，以何者爲參考點也會受到個人的期望與方案內容等因素所影響。其次。人們會把結果相同但機率不同的方案，組合（Combination）簡化。例如，將（200, 0.25；200, 0.35）組合簡化爲（200, 0.6）。再者，人們也會將方案隔離（Segregation）成無風險方案與風險方案。例如，將（300, 0.8; 200, 0.2）隔離成（200, 1.0; 100, 0.8），隔離前後的方案期望值相同。最後，人們會將方案中，相同的部分藉由取消（Cancellation）簡化。例如，將（200, 0.2; 100, 0.5; -50, 0.3）與（200, 0.2; 150, 0.5; -100, 0.3）取消簡化成（100, 0.5; -50, 0.3）與（150, 0.5; -100, 0.3）間的選擇。這編碼、組合、隔離與取消四項操作，是選擇方案前，主要的構思過程。其所產生的框架或稱**構思效應**（Framing Effect）影響人們的實際決策甚深。

(2)決策權重

前景理論中的決策權重與機率的關係，如圖4-3。圖中縱軸是決策權重（π(p)），橫軸是機率（P），直線代表決策權重與機率等同，但心理學者採用心理物理學的研究方法，認爲曲線才是決策權重與機率的關係線。換言之，人們實際作決策時，不是用機率作爲權重，而是會高估低機率的權重，低估中高機率的權重。這種高估低機率的權重，心理學者認爲可用來解釋人們既買保險，又喜買樂透的決策行爲。

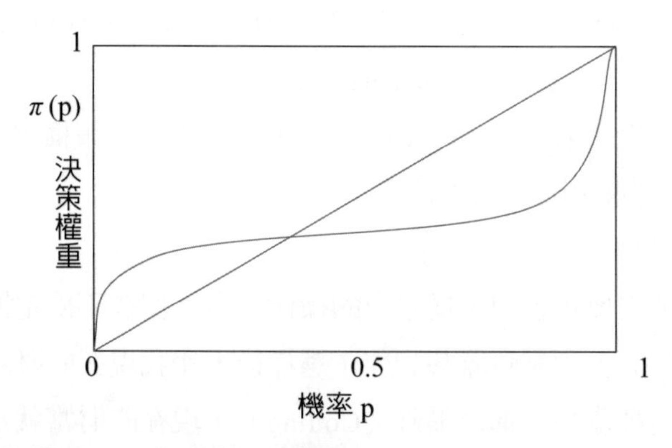

圖 4-3　決策權重 π(p) 與機率 p 的關係

按照康納曼（Kahneman, D.）與特維斯基（Tversky, A.）的實驗估計數據（Kahneman, 2011），如表4-2。

表4-2　機率與決策權重

機率%	0	1	2	5	10	20	50	80	90	95	98	99	100
決策權重	0	5.5	8.1	13.2	18.6	26.1	42.1	60.1	71.2	79.3	87.1	91.2	100

從上表可知，在左邊低機率被加權嚴重，例如，低機率1% ，決策權重是5.5。理性權重應該是1，過度加權五倍多，視「不可能發生的事」過度認爲「不會發生」，這是**可能性效應**（Possibility Effect）。在右邊高機率**確定效應**（Certainty Effect）也嚴重，例如，98%贏的機會，效用竟減少約13%（100-87.1），只有2%不贏的機會，就認爲確定會贏了。簡單說，人們常將「不可能發生」當作「不會發生」，「很可能發生」當作「確定會發生」，這是種過度自信的偏見。可能性效應與確定效應是不對稱的，例如，明天才知道結果的賭局，一個是有1%機會贏100萬，另一個是只有1%機會不會贏100萬，你在等結果的心裡感受，一定是後者的焦慮感，大於前著的一絲希望。

(3) 價值函數

價值函數有三種特質：第一、所謂**價值**是指人們心中期望的變異值，也就是相對於參考點來說，比參考點「好」的情況，就是獲利；反之，就是損失；第二、人們決策時，對影響心中期望的變異最爲敏感，而且敏感度會遞減。例如，1,000元與1,100元的差距，比100元與200元的主觀差距感，會小很多；第三、人們對喪失金錢價值的敏感度高於獲取同一金錢價值的敏感度，這就是損失厭惡（Loss Aversion）。例如，損失1,000元的痛苦感，只賺回1,000元痛苦感尚未平復，因賺回1,000元等於沒賺，大約也要賺回2,000元才能完全平復。根據實驗，損失厭惡比例（Loss Aversion Ratio）約1.5-2.5間（Kahneman, 2011）。價值函數$V(X) = \sum\pi(p_i)v(x_i - r)$，參閱圖4-4。

人們在構思過程過後，會針對構思過後的方案，選擇對其價值最高

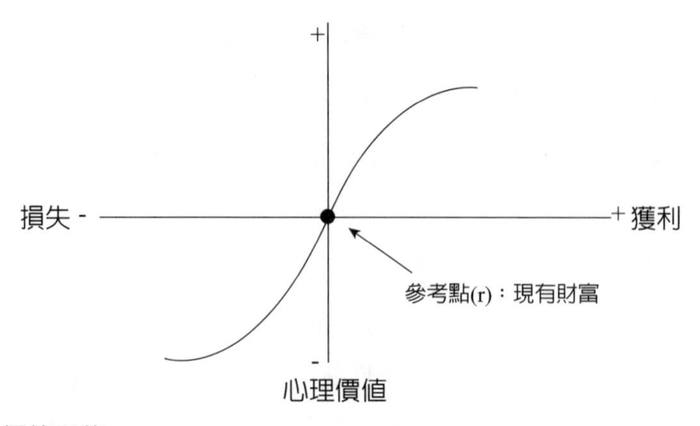

圖 4-4　價值函數

的方案。每一構思過後的方案價值，以V代表，V由π與v表示。$\pi(p)$代表決策權重，通常是$\pi(p) + \pi(1-p) < 1$。v(x)代表對方案中結果的主觀價值。決策者所選定的參考點，代表不變的情況，v(x)也表示與參考點的變異。如果方案中，有結果是零的則適用A 式。此時，不是$p + q < 1$，就是$x>=0>=y$ 或$x<=0<=y$。

A：$V(x, p; y, q) = \pi(p)v(x) + \pi(q)v(y)$。此處，$v(0) = 0$；$\pi(0) = 0$；$\pi(1) = 1$；如爲確定的方案，則$V(x, 1.0) = V(x) = v(x)$。

如果方案中，所有的結果均爲正值或負值，則適用B式。

B：$V(x, p; y, q) = v(y)+ \pi(p)[v(x) - v(y)]$。此處，$p + q = 1$以及不是$x > y > 0$ 就是$x < y < 0$。v(y)代表無風險方案的價值，$\pi(p)$代表風險方案與無風險方案結果差異的決策權重。如果$\pi(p) + \pi(1-p) = 1$，那麼A式會等於B式，但通常不容易滿足該條件。其次，圖4-4中顯示，基本的[10]價值函數曲線呈S狀，在右邊獲利情境下，呈凹形，在左邊損失情境下，呈凸形。兩

[10] 前景理論有進階級前景裡稐，其曲線就不是S型，而是波狀形，參閱Kahneman and Tversky(2000). Advances in prospect theory: cumulative representation of uncertainty. In: Kahneman, D. and Tversky. A. ed. *Choices, values, and frames*. Pp.44-66.

軸交叉點是參考點。最後，前景理埨與效用理論一樣，也有理論導致盲點的現象，那就是，將現狀當參考點的話，其價值是零，這會導致無法處理「失望與後悔」的荒謬結果（Kahneman, 2011）。

台灣的年金改革，為何軍公教人員抗議激烈？

2017年台灣軍公教人員激烈抗議其年金改革的原因複雜，除違反法律的不溯既往原則與政府信賴保護原則外，按照前景理論的解釋，是既得利益被剝奪的損失厭惡，引發的痛苦感高過社會公平的正義感所致。

▶ 決策四象限

根據前景理論，人們會形成四種獨特的風險行爲，也就是決策四象限（Kahneman, 2011）。其中一個獨特行爲是前景理論的新發現，參閱表4-3。

表4-3　四種狀態的風險行為

	獲利	虧損
高機率 確定性效應	有98%機會贏 怕失望 風險規避	有98%機會虧 想少虧或翻盤 尋求風險
低機率 可能性效應	有2%機會贏 希望變富翁 尋求風險	有2%機會虧 求心安 風險規避

表4-3中的左上角，是風險規避的行爲，也就是人們通常在高機率很可能獲利的情況下，心中最怕萬一沒獲利會很失望，尤其心中當作確定會獲利時（確定效應），如沒獲利，那種沮喪心情，不言可喻，所以通常會

想規避風險。也正如前曾提及，效用理論矛盾中的確定效應，也就是人們在很有獲利機會時，會選擇比期望值低但確定能獲利的方案。

其次，再看表左下角，是尋求風險的行爲，這可解釋買彩券的行爲，也就是人們通常在低機率不太可能贏的情況下，心中雖會當作確定不會贏（可能性效應），但因獎金太吸引人，反而會想去買彩券賭賭看（尋求風險），希望贏大獎。正是有夢最美，希望相隨的心態。表右下角，是風險規避的行爲，這可解釋購買保險的行爲，也就是人們通常在低機率不太可能發生損失的情況下，心中雖會當作確定不會發生損失（可能性效應），但爲求心安，反而願意付比損失期望值高[11]的保險費，購買保險（這種解釋與效用理論的解釋不同）。

最後，表右上角，是尋求風險的行爲，這可解釋賭輸的賭徒爲何會一賭再賭或投資生意失敗，不認輸與不認賠的「置之死地而後生」的決策心理，這是效用理論無法解釋的行爲決策，是前景理論的重大貢獻。人們通常在高機率很可能虧損的情況下，心中雖當作確定會虧損（確定效應），但確定虧損是很難接受的，而損失規避心理與敏感度遞減作祟，會讓人想再賭一把，說不定會翻盤，會有希望，可少虧些，這也是**沉沒成本謬誤**（Sunk Cost Falliability）現象（Arkes and Blumer, 1985）。

---

11 保險費是由純保費與附加保費構成，投保人交的純保費用來支應保險公司的賠款，附加保費用來支應保險公司的經營費用。純保費根據損失期望值計算，如果保險公司只收純保費，風險規避的人會按與損失期望值相同的金額交費，但實際上保險公司還收附加保費，這時就會交付比損失期望值爲高的保費。

訴訟和解的應用

法學家嘉瑟瑞（Guthrie, Chris）利用決策四象限，說明原告與被告庭外和解的可能行為。表4-3的左上角，原告從律師處獲知，有95%機會贏大額賠償金，但鼓勵原告還是庭外和解，可確定拿到90%的賠償金。換言之，此時被告面對的情境，是相反的，在表4-3的右上角，也就是被告有95%機會虧大額賠償金。依前景理論的解釋，原告會規避風險尋求和解，但被告不會和解，即使勝算不高，也想冒險賭一下。最後，如果和解，原告獲得的賠償金會比預期的低。如果是濫訴（Frivolous Litigation），也就是贏面不大，又沒有價值的訴訟，又稱懶人彩券。此時，原告在表4-3左下角，被告在表右下角。也就是原告願意賭，但被告想和解了事。最後，原告可能得到比預期大多的和解金。

——摘自Kahneman(2011)。*Thinking, Fast and Slow*。第29章

▶ 稟賦效應與處置效應

前提及的損失厭惡現象，與參考點的改變，說明了著名行爲經濟學家賽勒（Thaler, R.H.）所稱的**稟賦效應**（Endowment Effect）現象（Kahneman, 2011）。簡單說，按照理性經濟人的行爲，東西的買價與賣價間，應該相同，但生活上太多賣價與買價間，大不同的例子，這就是稟賦效應。例如，買了一張名人演唱會的門票，現有人出同樣價碼讓你割愛賣他，你一定不肯，如眞要賣，鐵定要比原價高很多，才捨得割愛。因爲割愛太痛苦，一定要很高價賣出，才捨得，這就是損失厭惡導致的稟賦效應。其他如，買賣房子（買賣雙方價格的參考點不同），買賣心愛的東西（心愛的東西是買賣時的參考點）等，都會有這種稟賦效應。然而，這種賣價與買價間的不對稱，會因參考點的改變而消失，因爲人的偏好不是固定的，它會隨著參考點的改變而改變。其次，因損失厭惡的原因，買賣股票的人常不想賣掉獲利不佳的股票（心裡想，賣掉虧很大），卻反而熱衷

於賣掉股價正上揚的股票（心裡想，好價錢快賣，快落袋爲安），這種現象稱爲**處置效應**（Disposition Effect）（Shefrin and Statman, 1985），這也可參閱前曾提及的過度自信偏見。最後，就投資心理而言，損失厭惡現象，會因時間長短發生變化，也就是說，投資者對投資績效的評估期間愈長，愈能減少損失厭惡，愈會投資在高風險的投資標的，這種投資行爲的心理特徵稱爲**短視損失厭惡**（MLA: Myopic Loss Aversion）現象（Benartzi and Thaler, 1995）。

▶ 安於現狀偏見

人們都會有拖延的習性，這種拖延而**安於現狀的偏見**（Status Quo Bias），首由薩幕爾遜（Samuelson, W）與札克豪斯（Zeckhauser, R.）提出（Samuelson and Zeckhauser, 1988）。安於現狀有時是適當的，例如，有云「以不變應萬變」或云「以靜制動」，因在等待時機，但有時會帶來大困擾。有些生意人會利用這點加強行銷，例如，有些雜誌會在你沒說不續訂的情況下，自動認爲續訂，將雜誌繼續寄給你，這就是利用你我安於現狀拖延的心理。安於現狀也是一種選擇，這就是**沒選擇的選擇**（Default Option）。政府或雇主的政策也可利用這點，形成一種推力或助力（Nudge)（參閱第十二章）完成目標。

其次，人們會安於現狀會拖延，雖然原因很多，但前景理論的損失厭惡與人們無心留意是主要原因（Thaler and Sunstein, 2009）。人們會安於現狀可參看下列無異曲線圖4-5。圖中「大黑點」代表甲乙兩人的現狀（舊參考點），老闆給甲乙新選擇，A是加薪但休假減少，B是休假增加但薪資減少，A、B都同樣誘人，因在同一無異曲線上。假如甲選擇A點，乙選擇B點。甲與乙選擇後的新工作條件（新參考點），他們願意交換嗎？答案當然不願意，因都會安於現狀，但效用理論與前景理論的解釋不同。效用理論認爲A、B都在同一無異曲線上，沒必要交換。前景理論認爲參考點已改變且因損失厭惡原因，沒必要交換。圖中，A換成B，

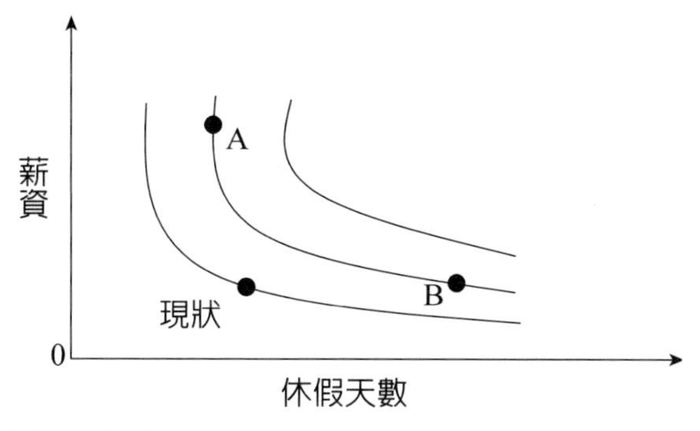

圖 4-5 安於現狀的解釋

對甲而言，休假增加不足以彌補薪資減少的痛苦。同樣B換成A，對乙而言，喪失休假的痛苦，加薪是無法彌補的。這些都是參考點改變與損失厭惡造成的，但該注意的是，如果調換的好處大大超越損失厭惡感，那答案可能不同。

前景理論這種對安於現狀的解釋，同樣可用來解釋，爲何有些公司面臨競爭，也不願改變經營技術，而偏向安於現狀的現象。因改變雖可能獲利，但會喪失更多（例如，再掏錢花成本），厭惡損失的程度超越可能快樂獲利的緣故。

▶ 風險與報酬

常言道：「高風險，高報酬」，但留意，冒太高無法承受的風險，那可能會虧很大。人們面對風險與報酬間的行爲，前景理論則認爲在未達目標報酬前，人們的風險行爲會趨向規避風險，不想冒太大風險。有云「膽大心細」，如圖4-6左邊曲線，高風險現象愈往目標報酬附近，愈下降；換句話說，風險行爲愈趨向規避。圖右邊曲線，則顯示達成目標報酬後，行爲上反而會變成尋求風險的冒險行爲（Fiegenbaum and Thomas, 1988）。這有點像在動機中曾提及的均衡作用，體溫會自動調節適應外在溫度，在風險情境下，可稱爲**風險均衡**（Risk Homeostasis）現象。很多商業上的購併行爲，符合這行爲規律。想購併對方時，可說膽很大，未達

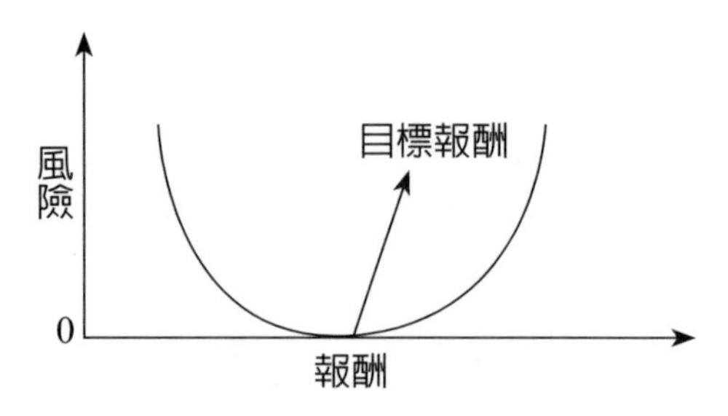

圖 4-6 前景理論中報酬與風險間的關係

成購併獲利目標前，一定詳細評估，盡量避免風險，等購併完成，達到獲利目標後，就會冒險。日常生活中，也有很多類似情況，例如，以婚姻風險情境來說，有云「男人有錢會變壞」，沒錢時，謹小慎微，規避風險，但達到一定財富的目標後，可能開始有「小三」，尋求婚姻風險。這種社會現象，一部分可用圖4-6解釋。

席勒（Shiller, R. J.）——行為經濟學奠基人

席勒生於1946年，現為美國耶魯大學經濟系教授，2013年獲得諾貝爾經濟學獎。2005年擔任美國經濟學會副會長，被譽為世界100大最具影響力的經濟學家之一。

賽勒（Thaler, R. H.）——行為經濟學奠基人

現任美國芝加哥大學教授，也是全美經濟研究局副研究員，也是英國政府卓越團隊顧問，2017年獲得諾貝爾經濟學獎，其著作《推力》（*Nudge*）是行為經濟學暢銷書之一。

4-7 個人風險決策的另類理論：RHT與GBM

很多另類決策理論與前景理論以及效用理論不同，此處只介紹**風險均衡理論**（RHT：Risk Homeostasis Theory）與**目標基礎決策模式**（GBM：Goal-Based Model）。

1. 風險均衡理論

韋耳迪（Wilde, G.J.S.）的風險均衡理論（RHT）（Wilde, 1988），原是用來解釋道路駕駛人的駕駛行為。文獻（Asch, *et al.,* 1991）已證明風險均衡理論可用來解釋安全駕駛法規限制下的**補償效應**（Compensation Effect）現象。補償效應可能抵銷了制定安全駕駛法規想要達成的預期效益，此種抵銷效應可閱圖4-7。

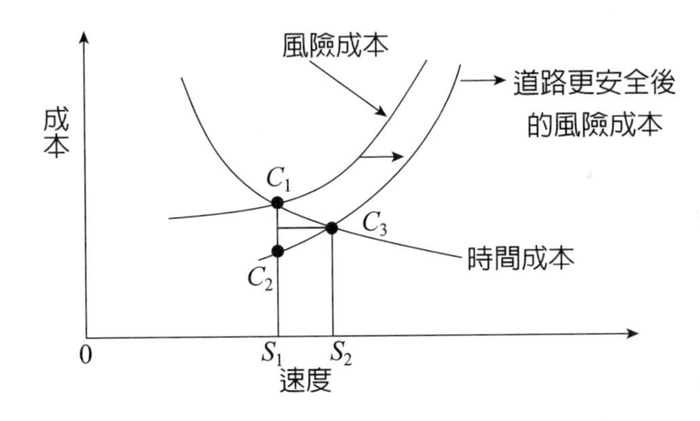

說明：C_1 為速度 S_1 下的均衡點。道路如果更安全，不會如預期般風險會降低（從 C_1 降到 C_2）。因人們會開快車，反而風險再度提升。速度 S_2 下的均衡點 C_3 介於 C_1 與 C_2 間，其理甚明。

圖 4-7 風險補償效應

風險均衡理論總共有十五項假設（Wilde, 1988），其中五項假設最值得吾人留意：第一、每個人在駕駛時的任何時點上，均有其自我心中的目**標水準**（Target Level）；第二、這個目標水準由四個因子決定：(1)冒險行為的認知效益（Perceived Benefit）。此因子會升高心中的目標水準。例如，計程車司機為圖多賺些錢而開快車，開快車是相當冒險的行為，但多賺些錢是司機認知的效益；(2)謹慎行為（Cautious Behavior）的認知成本（Perceived Cost）。此因子也會升高心中的目標水準。例如，開車繫安全帶的不舒服感，開車繫安全帶是屬謹慎的駕駛行為，但有人覺得不是那麼舒服。這個不舒服感就是認知成本；(3)冒險行為的認知成本。此因子會降低心中的目標水準。例如，開快車容易出事，此種出事的代價即冒險行為的認知成本；(4)謹慎行為的認知效益。此因子也會降低心中的目標水準。例如，開車謹慎，出事機率低；第三、駕駛時的任何時點，駕駛人均會以過去的經驗與駕駛當時的目標水準，加以比較並且企圖將其差異降至零；第四、駕駛人平衡目標水準與實際水準的能力，端賴駕駛人駕駛的技術能力而定；第五、個別駕駛人間的差異，表現在個人過去經驗與駕駛當時風險的目標水準差異，有些差異度高，有些差異度低，差異度低意謂個人過去經驗與駕駛當時風險的目標水準吻合度高。風險均衡理論認為過去經驗與駕駛當時風險的目標水準吻合度低，那麼發生車禍的可能性較高。

基於上述，支持風險均衡理論者，提出四種措施企圖調整人們心中的目標水準：(1)降低冒險行為的認知效益。例如，計程車計費以時間為單位，非以里程計費。換言之，此措施可降低駕駛人開快車的認知效益。蓋因，為了安全開慢車，賺取的收入可增加；(2)降低謹慎行為的認知成本。例如，以人體工學設計安全帶，使駕駛人感覺舒服；(3)提升冒險行為的認知成本。例如，開快車重罰；(4)提升謹慎行為的認知效益。例如，開車謹慎，出事機會低，降低其汽車保費。

另一方面，亞當斯（Adams, J.）進一步調整風險均衡理論概念，提出他自己的**風險溫度自動調整模式**（Risk Thermostat Model）（Adams, 1995），此模式[12]參閱圖4-8。

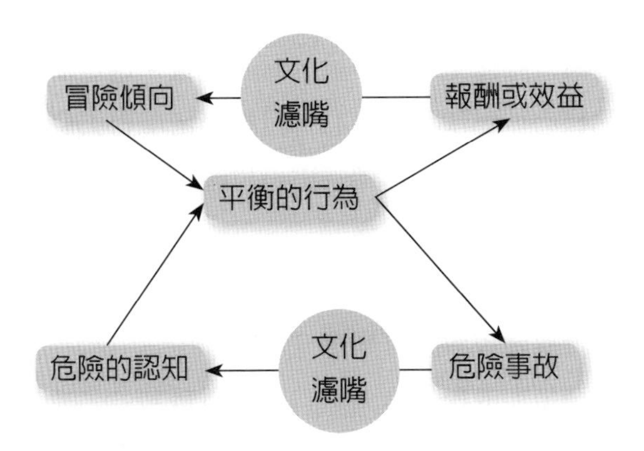

圖 4-8 風險溫度自動調整模式

此模式不僅適用駕駛行爲的解釋，也可適用一般行爲的解釋。它也有假設：第一、每個人均有冒險的傾向；第二、冒險傾向因人而異；第三、冒險的認知效益影響冒險行爲的傾向度；第四、危險的認知不僅受自我經驗的影響，也受它人的影響；第五、個人的決策行爲是尋求危險與效益的平衡；第六、冒險度愈高，效益與損失也愈大。簡單說，該模式認爲人們冒險可能可以獲利也可能出事，獲利時讓人更冒險，意外出事則會增強人們的危險認知（Perceived Danger），兩者經由認知過程調節，決定平衡的行爲。此種源自於風險均衡理論的自動調整模式，可透過文化濾嘴（Cultural Filter）的連結，進一步了解人們的風險行爲如何受到文化的影響。蓋因，文化不同對人們的風險行爲會產生不同的影響。

2. 目標基礎決策模式

目標基礎決策模式首由克蘭茲（Krantz, D.）與抗雷瑟（Kunreuther,

12 拙著《風險管理新論》中的同樣圖形，因校對疏失在此修訂。

H.）創建（Krantz and Kunreuther, 2007）。該模式的決策法則依決策情境與決策者設定的目標而定，而與決策方案的最大預期效用或心理價值無關。換言之，人們是根據決策的目標與情境作決定，並非如同效用理論與前景理論，以財富（無論是效用理論的財富總量，還是前景理論的財富變量，都以財富為核心）為決定的核心。目標與情境對人們的決策有重大影響。以購買保險為例，人們的目標基礎可以設定六項如後：

目標一：降低災難損失的機會。

目標二：滿足銀行抵押貸款的要求。

目標三：降低風險導致的焦慮感。

目標四：避免後悔或提供損失後的心理慰藉。

目標五：對想了解保險的人展示自我對管理風險的周延與審慎。

目標六：維持與保險行銷人員的關係。

這些目標的相對重要性則依決策的情境而定。例如，房屋要向銀行抵押貸款，目標二是主要決策目標，如要保障心愛的古董，目標三與目標四，是主要決策目標。目標基礎決策模式沒必要是完美的決策理論，它主要用來解釋效用理論與前景理論無法解釋的現象。例如，為何人們時常在地震後，購買保險，但過幾年後，如沒發生地震時，又不再續保地震保險？這種非理性行為，可採目標基礎決策模式做出另類解釋。

4-8 預防疾病行為理論

人們面對健康風險時，會如何做預防行為的決定，是醫療健康教育重要的一環。有四種重要的健康風險行為理論，那就是**健康信念模式**（HBM: Health Belief Model），**保障驅動理論**（Protection Motivation Theory），樂觀偏見理論（Optimistic Bias）與自我管理理論（Self Regulation

Theory）。此處只介紹兩種極為類似的理論，那就是健康信念模式與保障驅動理論。

1. 健康信念模式

健康信念模式最早出現在1950年代初期，雖然其意旨與期望值最大化精神雷同，但其根源則更接近田野理論（Field Theory）與學習理論（Theory of Learning）（Kegeles, 1980; Rosenstock, 1966; Rosenstock *et al.*, 1988）。該理論是研究個人是否接受健康醫療建議最重要的理論，其模式參閱圖4-10。圖4-10顯示，個人對某種疾病會採取預防行為，主要是預防行為的感知效益高於感知成本，這種感知主要來自對某疾病發生機會與嚴重性的感知程度，進而接收來自各方訊息，感受到對自身健康會有威脅，才有可能採取醫療建議進行保健的決定，所有過程都會受個人人口統計變項與社會心理變項所影響。

2. 保障驅動理論

保障驅動理論類似健康信念模式，但強調「害怕」因子，是採取預防行為的主要動力。圖4-11顯示，採取預防行動時，個人對健康訊息認知過程的重要性，認知上會對疾病產生的威脅與採取的行動進行評價，這兩項評價綜合的結果，才會引發是否要採取保障健康的行為（Rogers, 1983）。行動的評價主要在如果採取對疾病的適當反應行為，其成本與效能的比較，威脅的評價主要在如果不反應或反應不當，疾病對健康的威脅是否會引發個人害怕恐懼。這些認知過程的訊息刺激物，包括來自外在的，例如，個人觀察學習得知的訊息，與內在的訊息，例如，個人過去經驗的體會。

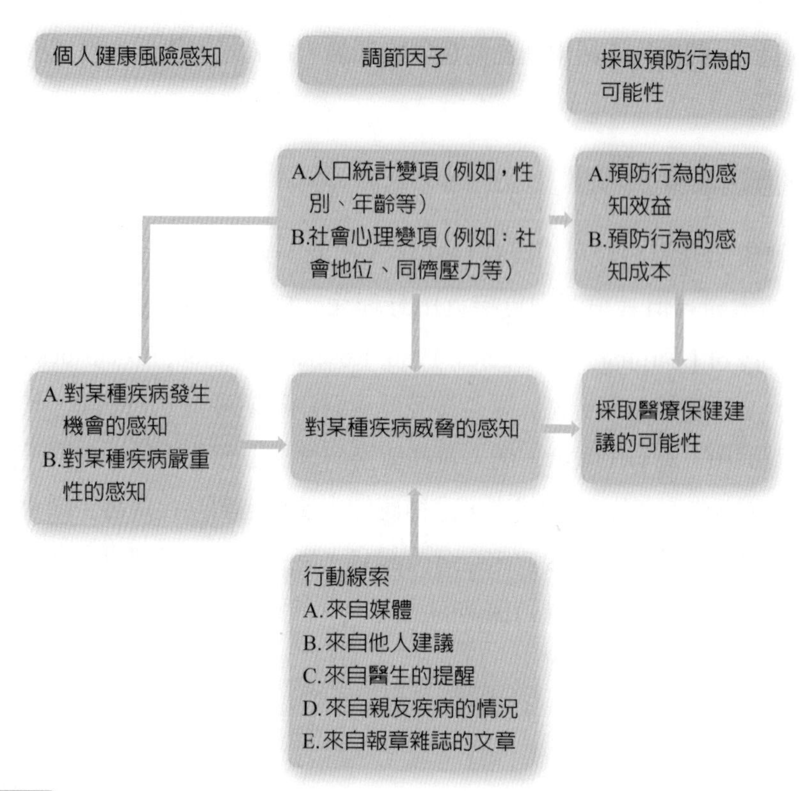

圖 4-9 健康信念模式

健康訊息來源	認知調節過程						行動模式
		增項	減項	等於			
(1)來自外在環境 ①口頭說服 ②觀察學習 (2)來自個人內在變項 ①個人性格 ②過去經驗	不反應或反應不當	①內生效益 ②外生效益	嚴重性 脆弱性	=	威脅評價	保障驅動	行動或行動禁止 ①單獨行動 ②重複行動 ③多元行動 ④重複多元行動
			引發害怕				
	採取適當的反應	①反應效能 ②自我效能	反應成本	=	行動評價		

圖 4-10 保障驅動理論（Rippetoe and Rogers, 1987）

4-9 心理帳戶與框架

有云「每人心理都有一桿秤或一套帳」，還有有人視野窄，短視愛鑽牛角尖，有人視野寬，看得遠想得開。前者就與**心理帳戶**（Mental Account）有關，後者就關聯到框架（Frame），這都會影響我們面對風險時的態度與行為。既是心理帳戶，就與眞實世界的會計帳戶不同，只是其運作很像，所以稱帳戶，也可稱「心理預算」，就像台灣某媒體報導過的「信封理財」概念一樣。

1. 心理帳戶

首先，看個例子，有兩種狀況：

狀況A：已經花兩百塊買了張電影票，去戲院途中，票不見了，請問你，要不要再買一張票去看？答案是：比較多的人就回家睡覺，不看啦。

狀況B：如果事先還沒買，但到戲院門口，丟了兩百塊，請問你，要不要再花兩百塊買票去看？答案是：很多人會再花兩百塊，買票去看。

對理性經濟的人來說，兩種狀況都一樣虧兩百塊，其行動應該都是一致的，但對社會普通人來說，想法不一樣，行動也不同。狀況A已經花兩百塊，代表心理開了兩個戶頭，一個是電影帳，另一個是現金帳。電影帳多了兩百塊，現金帳少了兩百塊，現在票不見了，要再花兩百塊，會猶豫，因電影帳會變四百塊，那享受看電影的樂趣，成本高些。狀況B買票前，錢丟了，現金帳戶少兩百塊，但電影帳尚未開，再花兩百塊意願就高。換句話說，人們的行為是受兩種分開帳戶所影響，不同的帳戶採用不同的應對方式，而不考慮兩種帳戶的關聯性。

2. 心理帳戶的性質與分類

▶ 心理帳戶的性質

外快（例如，中獎的獎金，投稿的稿費等）兩萬元，跟每月薪資兩萬元，理性經濟的人對其評價是相同的，如何花掉，處理上也一致，但社會普通人想法會不同，一個是外快，一個是保命錢，社會普通人會開兩個心理帳戶，分開處理，既然是外快，立刻花掉沒關係，同樣是兩萬的保命錢，可不能亂花，這就是心理帳戶的性質。賽勒（Thaler, R.H.）認爲人們根據錢的不同來源，會有不同的評價，分成不同的帳戶，做不同的處理（Thaler, 1985），這就是心理帳戶。心理帳戶有三個要素，最值得留意：第一、就是人們如何感知獲得的資金，如何決定用途與如何評價該資金，例如，外快價值常被低估，就會輕率處理；第二、就是將資金分配到什麼帳戶，例如，外快分配到日常開銷的帳戶，或分配到意外準備的帳戶；第三、是帳戶清結的次數，是每天，還是每週、每月、每年等，以及是開多少個心理帳戶，也就是心理帳戶多寡的選擇（Choice Bracketing）。

▶ 心理帳戶的分類

來看下面的問題（Savage, 1954; Thaler, 1980）：

你到一個商店想買一件$125夾克與一台$15計算機時，店員告訴你，另一分店計算機只賣$10，但開車要二十分鐘，請問你會想去嗎？

會不會去，就看你我心中如何想？如果只想眼前，買計算機立即可獲利五塊錢，其他都不想，那你會去，這時你的心理帳戶就稱最小帳戶（Minimal Account）。但假如你這樣想，爲省這五塊錢，還要跑這麼遠，還花油錢，值不值得？比較後，你可能猶豫了，這時你心理只針對計算機買不買在想，只是想多些，這種心理帳戶就稱專項帳戶（Topical Account）。最後還有一種，就是你想得更多、想得更遠，包括夾克與計算機的花費一起想，總計要花費$140，爲省五塊還要花油錢，還有會不會超出每月預算等等，比較後，你才會決定去或不去，這種心理想法就稱綜合帳戶（Comprehensive Account）。

3. 心理帳戶的運算

心理帳戶的運算，簡單說，就是對錢財一事，人們會開心或會痛苦，心理是如何想的？例如，某甲中獎兩次，一次中獎得七十塊，另一次得三十塊；某乙只中獎一次就得一百塊，請問誰最開心？社會普通人會覺得某甲比較開心，因為根據前景理論，在都獲利情況下，$v(x) + v(y) > v(x + y)$，也就是$v(70) + v(30) > v(100)$。換句話說，人們分開想它的價值，比合起來想價值高，所以開心。本例某甲兩次都中獎，運氣好，這樣買彩券就覺得值，某乙才中一次獎，運氣比甲差，所以某甲會比乙開心，雖然中獎金額合計都是一百塊。

其次，假設以x與y代表兩種期望，有時x與y都是獲利，混合結果當然是獲利，有時x與y都是虧損，混合結果必然是虧損，但x與y，一虧損，一獲利，混合時，會出現獲利或虧損兩種結果。這四種情況，在一定條件下，人們心理覺得價值如何？價值高，就開心；反之，就會痛苦。根據前景理論說明如後（Thaler, 1985）：

第一種情況，x與y都是獲利，也就是$x > 0$，$y > 0$，顯然，人們分開想價值高，也就是$v(x) + v(y) > v(x + y)$。

第二種情況，x與y都是虧損，也就是$x < 0$，$y < 0$，前景理論顯示，在都虧損的情況下，$v(x) + v(y) < v(x + y)$，合起來想，價值高，也就是痛苦感較輕。

第三種情況，x虧，y獲利，也就是$x < 0$，$y > 0$，但$x + y > 0$，意即合起來是獲利，這就是混合利得，根據前景理論，$v(x) + v(y) < v(x + y)$，合起來想價值較高。

第四種情況，x也虧，y也獲利，也就是$x < 0$且$y > 0$，但$x + y < 0$，意即合起來是虧，這就是混合損失，根據前景理論，又可能分兩種情況，如

果是$v(x) + v(y) < v(x + y)$，合起來想，價值高，但如果是$v(x) + v(y) > v(x + y)$，分開想，價值高。

4. 框架

在前文第1項中所提，狀況A與狀況B看電影買票的例子，還有另類解讀，那就是虧的兩百塊，你我是想成損失，還是想成看電影的成本，也會影響再買票看的意願。根據前景理論，如看成是損失，那是很痛苦的，很多人就不會再花錢買票看電影。如看成是成本，很多人就會再花錢買票看。也就是說這虧的兩百塊，你我是如何想的，也就是你我框架是什麼，就影響你我的行爲。看成是損失的人，想法太窄，愛鑽牛角尖。看成是成本的人，想得開些，頂多再投入兩百塊成本，享受看電影的樂趣，其實這類似沉沒成本謬誤現象，就是投入成本，但投資不起色，再投資看看，能否起死回生，也像前提及的前景理論決策四象限右上方，置之死地而後生的情況。

▶ 框架與選擇

框架怎麼框（Framing），對人們的行爲有神祕的魔力，這魔力主要來自**誘導效應**（Eliciation Effect）與**情境效應**（Context Effect）。問題怎麼框，答案就不一樣，所以框架如果善用，政府就可能順利推展政策，企業公司也可順利推展風險管理與其他公司政策。總之，其妙用無窮。首先，看下面兩種不同的問卷設計（Kahneman, 2011）：

第一種設計：請問你願意捐器官嗎？願意____不願意____（注意：如眞不願意，一定要在不願意那格打勾，不然，假設你願意）。

第二種設計：請問你願意捐器官嗎？願意____不願意____（注意：如眞願意，一定要在願意那格打勾，你才成爲捐贈者）。

結果發現，第一種表格設計的捐贈率，高過第二種表格設計的捐贈率。

其次，有項實驗問兩組醫生，開刀與雷射治療，選哪個治療方法？一組醫生看的訊息是，如果採用開刀，開刀後一個月的生存率是90%；另一組醫生看的訊息是，如果採用開刀，開刀後第一個月的死亡率是10%。

結果發現，看生存率訊息的那組醫生，約八成五醫生選擇開刀，一成五選擇雷射，而看死亡率訊息的那組醫生，約一半醫生選擇開刀，一半選擇雷射。

上列兩個例子，說明了框架的魔力。框架的魔力也獲得神經經濟學的驗證。神經經濟學對大腦部位活化的分析，證明了框架效應確實存在。首先，大腦中的杏仁核和與情緒被激化有關，這會與框架引起情緒的字眼相關，很快會影響人們的選擇行爲。其次，前扣帶迴與衝突及自我控制有關，當框架引發衝突傾向時，前扣帶迴會大量活化。最後，前額葉是綜合情緒與理性去作決定的地方。

▶ 框架與買車

MPG（Miles-Per-Gallon）與GPM（Gallon-Per-Miles），哪個框架對？這是心理學家拉瑞克（Larrick, R.）與索爾（Soll, J.）出名的實驗（Kahneman, 2011）。要買省油的車，不能這樣問車商：這輛車一加侖油，能跑多少英哩？這樣問，買不到省油的車，而是應該問，這輛車跑一英哩會耗費多少油？才對。例如，甲把一加侖能跑十英哩的車換成一加侖能跑十二英哩的車；乙把一加侖能跑三十英哩的車換成一加侖能跑四十英哩的車。請問，誰會因換車省比較多的油？你我幾乎可確定是乙，但其實不盡然。假如甲乙一年都開一萬英哩，甲耗油從1,000加侖降到833加侖，省167加侖，乙從333加侖降到250加侖，才省83加侖，所以買車時，應該要問這輛車開一英哩會耗費多少油？這才是買車問話的好框架。

▶ 框架與保險

保險原理告訴我們，保險人對自負額的設定，控制投保人的道德風險是其目的之一。其他情況不變下，投保人的保費可便宜些，但奇怪的是，投保人並不喜歡自負額，美國賓州曾試圖將汽車保險的最低自負額提高，但遭激烈抗議，最終撤銷就是例證（Cummins and Weisbart, 1978）。如果保險人為控制道德風險，不設定自負額，而採用在投保人沒發生保險事故時，給予現金退回的方式，反而投保人會喜歡，這種現象偏離保險原理。事實上，投保人沒自負額下，多繳的保費，形同無息借錢給保險公司，甚至可能無法獲得收益。投保人這種想法可用三個不同框架說明，將自負額，現金退回與無自負額下所增加的保費設定成同額度，分別顯示在下圖4-11。自負額是損失由投保人自己負擔，根據前景理論，因損失厭惡，從圖中可發現自負額對投保人最痛苦，現金退回投保人想成獲利，就開心，無自負額下所增加的保費則雖然增加了保費，但投保人的心理帳戶，會將其與原保費合起來想，且離參考點遠（敏感度降低），所以痛苦感最低（Johnson, *et al.*, 1992）。

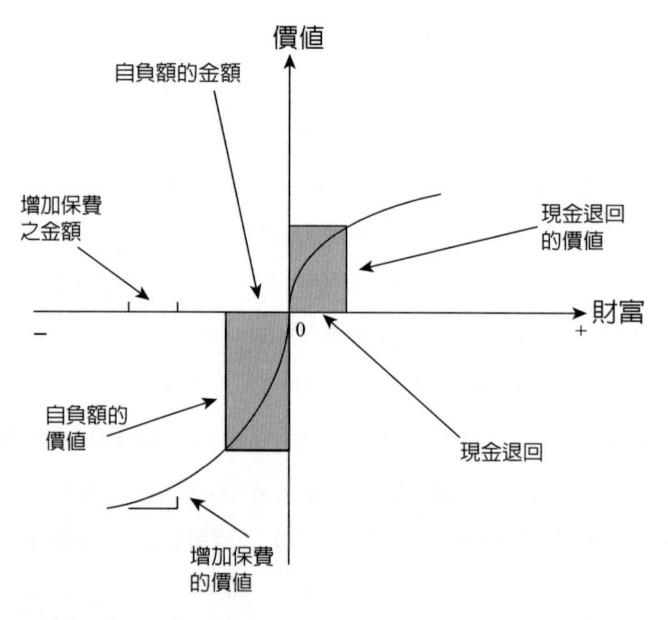

圖 4-11 自負額與現金退回框架效應

4-10 團體決策與風險：賽局理論與社會選擇理論

1. 團體決策的特性

有意義的團體決策，是指所有團體成員，在某種程度上，可以對決策事務有共同決定權的一種決策類型。如果是一言堂的團體或獨裁政體，其團體決策不是有意義的團體決策。其次，在理性假設下，團體決策主要有兩種規範性的理論，那就是，**賽局理論**（Game Theory）與**社會選擇理論**（Social Choice Theory）。

由於團體是由個人組成，因此，影響團體決策行爲的因子與影響個人決策行爲的因子雷同。所不同者，是在有意義的團體決策下，團體最後的決策者（Final Decision Maker）是團體而非個人。其次，決策效應甚爲廣泛，它可大到影響跨代群體的福祉，而個人決策效應範圍有限。

2. 賽局理論

賽局理論（Morton, 2008; McCain, 2004）是說明團體成員互動的策略選擇，它可用來決定參賽者（不論是個人或團體）的最佳反應。這最佳的反應，代表最大報酬。以參賽者是個人來說，囚犯困境最爲典型。囚犯困境是說兩個囚犯要決定認罪或不認罪的策略。若兩人均不認罪，則囚犯依法，各判服刑一年。若兩人均認罪，則各判服刑十年。但如其中一人認罪，認罪者被釋放，不認罪者，則判服刑二十年。如果兩位囚犯均作理性的推理，兩人均會認罪，因爲主要是認罪就會被釋放。這項賽局的報酬表以標準式法（相對的是擴展式法）表現，參閱表4-4。

同樣，囚犯困境可應用在兩個社區的團體決策上。假如是對該不該支持設置核廢料儲存所投票。如一個社區支持，那麼支持的社區會有設置核廢料儲存所的最壞結果。如兩社區均支持，核廢料儲存所將設置在兩社區

表4-4　囚犯困境報酬表

	甲囚犯認罪	甲囚犯不認罪
乙囚犯認罪	都關十年	甲囚犯關二十年 乙囚犯無罪釋放
乙囚犯不認罪	甲囚犯無罪釋放 乙囚犯關二十年	都關一年

中間。如兩社區均不支持，那就不設置核廢料儲存所。如果兩社區居民均在理性推理下投票，其結果必然是均不支持設置核廢料儲存所。當然前提是兩社區居民均互不通聲息。

3. 社會選擇理論

民主選舉的投票制度就是典型的社會選擇機制，投票制度規範性的研究，最後形成**社會選擇理論**（Morton, 2008）。社會選擇理論就是由團體所有成員偏好的總合，決定團體事務的一種規範性理論。民主選舉的投票通常採多數決，這種投票制度通常會不符合規範性理論所要求的的偏好遞移性，而會產生所謂的**納森矛盾**（Nason's Paradox）現象。例如：某團體有甲乙丙三個人，分別就ABC三個方案作優先排序：甲的排序是A優於B優於C；乙的排序是B優於C優於A；丙的排序是C優於A優於B。在兩兩配對投票表決ABC三個方案中，每一方案都會得兩票，而且方案的優先順序是循環性的，不是遞移性的，也就是A優於B，B優於C，C又優於A。

納森矛盾現象引發社會選擇理論研究中的最重要議題，那就是，團體個別成員的偏好如何組合爲團體的偏好，同時又符合遞移性的要求。能組合個人偏好成團體偏好，又能符合遞移性要求的方法，稱呼爲有「結構」（Constitution）的。如組合成的團體偏好無法符合遞移性要求的方法，就無法稱呼爲具備「結構」（Constitution）。例如，前所提的多數決選舉制度。社會選擇理論發展至今，仍困難重重。其中，最著名的研究成果當推亞拉（Arrow, K.J.）的不可能定理（The Impossibility Theorem）（Arrow, 1963）。這項定理是說在至少有兩人與至少有三種方案可供選擇的情境下，能滿足下列四項條件的「結構」是不可能存在的。換句話說，能滿足下列四項條件的始稱爲「結構」。這四項條件是：第一、團體中，沒有獨裁專橫者；換言之，沒有個人偏好就是團體偏好的現象；第二、團體各個成員的所有偏好應納入考量，且團體偏好必須具備遞移性；第三、假如團體所有成員均認爲A優於B，那麼團體偏好也是A優於B。這項條件也被稱爲柏拉圖原則（Pareto Principle）；第四、假如就所有可能的方案中，刪除某方案時，團體對其餘方案的偏好順序也不變。換言之，某方案被刪前或被刪後，團體對其餘方案的偏好順序均不變。

其次，以前列四項條件中的第四項爲例，採用伯達方法（Borda Method）說明亞拉的不可能定理。所謂伯達方法，它是一種偏好計點的方法。其計點公式爲：7減掉Ri，Ri是團體成員（i）對方案偏好的排序（R）。在不可能定理中，至少要有三個方案，至少兩個人，假如甲對ABC三方案的排序爲123；乙對ABC三方案的排序爲213。那麼，依據伯達方法，甲偏好中的A方案點數是6點（7-1）；B方案的點數是5點（7-2）；C方案的點數是4點（7-3）。乙偏好中的A方案點數是5點（7-2）；B方案的點數是6點（7-1）；C方案的點數是4點（7-3）。甲乙對各方案偏好的點數，分別加總：A方案總點數是11點；B方案總點數也是11點；C方案總點數是8點，所以偏好是A = B > C。依據前列的第四項條件，刪除B方案後，偏好應該是A > C，才符合要求。如果偏好順序變成：A ≦ C，就不符合不可能定理中的第四項條件。

最後，由於規範性理論奠基於理性假設，是理性經濟人應該如何作決策的理論依據，但總體來說，團體決策不像個人決策簡單，其規範性理論的建構也不像個人決策的規範性理論，完整又堅實。

4-11 團體決策與風險：社會心理理論

1. 社會心理理論

個人決策中，規範性理論與描述性理論間的連結強度，極為堅實，但在團體決策中，兩種理論間的連結強度極弱。主要是因為社會選擇理論並未能提供團體「應該如何作」決策的堅實基礎（Morton, 2008）。話雖如此，團體決策的描述性理論，在社會心理學領域卻有相當的進展。

社會心理理論（Social Psychology Theory）主要在描述團體成員的偏好或其改變與團體決策的關聯性。首先，以**決策機制矩陣**（DSMs: Decision Scheme Matrix）顯示個別成員偏好與團體決策的關聯性，參閱表4-5。表中第一欄顯示五位個別成員對A、B兩方案支持的可能情形，這代表個別成員對A、B兩方案的偏好。團體決策可能出現四種結果：D1、D2、D3與D4。D1顯示團體決策是採多數決；D2顯示團體決策以支持的比例高低決定，例如，其中支持A方案的有四位，支持B方案的有一位，所以支持比例分別是0.8與0.2；D3顯示只要至少有一位成員支持某方案，團體決策就是支持那項方案。在此，團體決策支持A案的情形較多，支持B案就只一種情形；D4顯示只有在成員完全有共識的情況下，團體決策才有結果，否則，就會懸而未決。

2. 團體決策的兩極化

張春興（1995）認為團體行為係指在團體目標下，個體受團體影響或個體間相互影響所表現的行為。而前文提及的社會心理理論常用來描述團體行為中的社會影響（Social Influence）（參閱後述）與極端化（Polarization）。社會影響與極端化中，有兩種現象值得留意，那就是**集一思考**（Groupthinking）與選擇偏移（Choice Shift），因為這兩種現象均可能造

表4-5　決策機制距陣

支持情形的分配		D1		D2		D3		D4		
A	B	A	B	A	B	A	B	A	B	懸而未決
5	0	1	0	1	0	1	0	1	0	0
4	1	1	0	0.8	0.2	1	0	0	0	1
3	2	1	0	0.6	0.4	1	0	0	0	1
2	3	0	1	0.4	0.6	1	0	0	0	1
1	4	0	1	0.2	0.8	1	0	0	0	1
0	5	0	1	0	1	0	1	0	1	0

成不適當的團體決策。例如，集一思考可能造成集思未能廣益效應。所謂集一思考是指團體決策在所有團體成員無異議下通過的決策，有人稱「一言堂」現象。集一思考由於對議題並無詳細討論，因此決策可能不很恰當。另一方面，選擇偏移可分兩種極化現象，即**冒險偏移**（Risky Shift）與**謹愼偏移**（Cautious Shift）。冒險偏移係指團體成員中大部分爲冒險者，則團體決策的結果會比個人決策更冒險。反之，會因謹愼偏移產生更謹愼的團體決策。值得留意的是偏移現象的產生，有時會爲了分散責任或卸責，有時是因團體領導人所致，有時是因問題的性質（Wallach *et al.*, 1962, 1964），有時是因團體成員的特性或因成員們的某種情緒所致（Begum and Ahmed, 1986; EI-Hajje and Ahmed, 1997）。

赫格與瓦格漢（Hogg, M.A. and Vaughan, G.M.）利用**自我歸類理論**（Self-Categorisation Theory）解釋冒險偏移與謹愼偏移現象（Hogg and Vaughan, 1998），參閱圖4-12。圖中最上圖顯示團體成員對風險議題的解決方案持贊成意見的分配現象，團體外成員則持中立或反對意見。如果團體內成員認同團體的價值規範（價值規範顯示更極化，在平均意見的左邊，參看中間圖形），則成員會自我歸類（顯示與團體外成員意見不同）更往價值規範方向移動（從贊成意見不那麼集中，往價值規範移動），最

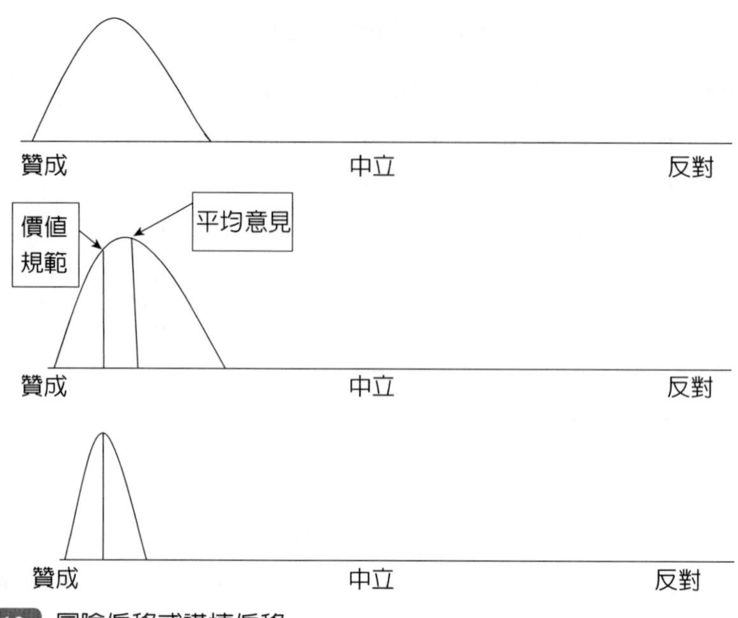

圖 4-12 冒險偏移或謹慎偏移

後，便形成團體更集中與極端的意見（愈冒險或愈謹慎），如同最下方的圖形。

4-12 風險可接受度的決策

1. 風險接受度的含義

風險可不可接受？是管理風險時的重要議題，不論是對個人、企業公司或國家社會都同等重要，只是決策時考慮的因素有繁簡之分。如果風險被認爲可接受，其對應的風險管理手段，會與不可接受風險的管理手段不同。風險可不可接受也會與風險的特性與決策者的能力與意願有關。所謂

風險接受度是指在極端情況下，決策者（包括個人或團體）願意且能承受風險的概念，這會涉及不同風險間的交換（Trade-Off）。爲何願意容忍承受？主要原因是，雖然風險可能帶來損失，但也能帶來獲利。其次，可控制與能容忍的風險值得冒險，不值得轉嫁給別人（例如，保險公司），這其間就可進行風險間的交換。以決策者可能面對的策略風險、財務風險、作業風險與危害風險來看，各類風險值[13]高低與風險接受度間的關聯，參閱圖4-13。

2. 影響風險接受度的變數與概念式

綜合各類文獻（e.g. Chicken and Posner, 1998; Fischhoff *et al.*, 1993），影響風險接受度的變數，以下列風險接受度的概念公式最具一致性。同時，這概念式可適用於各類風險與各種決策位階，決策位階包括國家社會、政府機構、公司整體、公司各單位與個人家庭。這概念式如下：

$$A = K1 * T + K2 * E + K3 * SP$$

A（Appetite）表風險接受度；T（Technical Dimension）表影響風

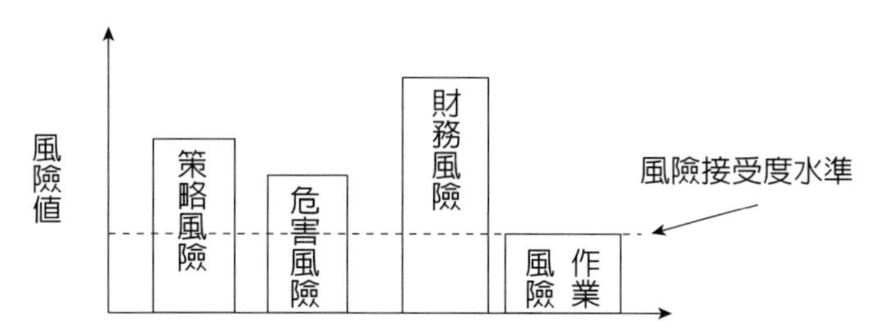

圖 4-13 各類風險值高低與風險接受度間的關聯

[13] 依統計用語，風險值（VaR: Value-at-Risk）是指在特定信賴水準下，特定期間內，最糟糕的損失。

險接受度的技術面變數，也就是是否有控制風險的技術？E（Economic Dimension）表影響風險接受度的財務面變數，也就是控制風險的技術需花多少成本，會產生多少效益，或風險可透過何種風險融資[14]（Risk Financing）方式避險或轉嫁，融資成本需花多少；SP（Social and Political Dimension）表影響風險接受度的人文心理面變數，也就是會涉及在最後決定風險接受度過程的討論中，各類人員對風險的感知與不同的認知（Cognition）；K1、K2、K3爲各面向的權重。

在決定風險接受度時，三面向的變數是互動的，互動最後的淨結果才是風險接受度。決定過程中，所需考慮的主要問題如下：第一、哪些風險或風險組合是決策者不想要或不想承擔的？；第二、哪些機會被錯過？；第三、哪些風險可額外承擔？；第四、要接受這些風險要多少資金？每一主要問題均會涉及前述三個面向變數的全部或一部分。例如，第一個問題的「不想要或不想承擔」，就涉及決策者的意願、偏好、態度與能力問題，進而衍生出，對風險有沒有控制力的問題（涉及技術面變數），夠不夠資金承擔風險的問題（涉及財務面變數），對風險性質了不了解與認知的問題（涉及人文面變數）等。

上述的考慮，舉例說明如後。就應收帳款信用風險而言，首先，考慮想不想要這項風險？或想不想承擔？能主動承擔嗎？此時，可進行評估影響呆帳的所有因子（涉及技術面變數），並分析可採何種控制方法控制呆帳率的發生？在不同控制技術下，可容忍的呆帳發生機率是多少？同時作一評比。其次，評估控制呆帳方法的成本與效益（涉及財務面變數），資金可承擔嗎？以及考慮是否有應收帳款保險（涉及財務面變數）轉嫁風

---

14 簡單說，風險融資是指彌補可能損失的財務操作手段。例如，購買保險，購買期貨等。在管理風險上，與風險控制（Risk Control）並稱風險管理左右雙手。風險控制主要是在降低損失發生機會與發生後嚴重性的縮小。例如，滅火器、火災偵煙器等。

險，保險費需多少？最後，由最終決策責任者（例如，公司的董事會）權衡決定（涉及人文面變數）。

3. 風險接受度決策的困難

前所提制定風險接受度的概念公式兼顧風險的三個面向，也就是風險的實質面向、財務面向與人文面向。費雪耳（Fischhoff, B.）等（Fischhoff *et al*., 1993）認爲風險接受度的決策是相當困難的，其困難主要來自五方面：

第一、來自界定風險接受度問題的不確定性。例如，在決定某公共工程投資專案風險（Project Risk）的風險接受度時，專案風險影響的層面需界定至何種層面，在決定時可能會有不同的看法。公共工程投資專案風險影響層面可包括公共工程成本與效益層面，公共工程風險對民眾可能造成傷害的層面，公共工程風險可能對生態環境的破壞，公共工程帶來的政治與社會效應層面，與公共工程完工時程的掌控。

第二、來自風險事件眞相的認定。這項認定問題可包括什麼是一個風險事件？怎樣認定它是一個風險事件？風險事件眞實性與影響爲何？例如，甲廠斷電機率較乙廠高，那麼甲乙廠斷電事件，視同爲一個風險事件？抑或是兩個風險事件？決策人員意見可能不同。有些風險事件認定過程簡單，有些事件較複雜，風險事件的眞實性有些容易認定，有些極爲困難，這跟風險管理是否具責備文化（Blame Culture）有關，風險事件的影響該考慮至何種層面？

第三、來自決策過程的人爲因素。例如，每個人不同的價值觀會嚴重影響風險接受度的決策與執行。這與風險管理文化的良窳息息相關，有優質文化的團體，風險價值觀較爲一致，也會有較一致性的風險接受度決策。反之，則不然。

第四、來自評估相關因素價值的困難。完整的風險接受度相關決策變數甚多，有些決策變數的價值容易決定，有些極爲困難。例如，自願曝險的額度有多少？這不難決定，但評估風險事件後續影響層面的重要性時，有時會面臨兩難。

第五、來自評估決策品質的困難。評估決策品質的一般方法有：敏感度分析、錯誤理論、融合效度與記錄追蹤。事實上，好的決策結果，並不意味使用了好方法，使用了好方法，並不意味一定產生好結果。對風險接受度的決策而言，事實與價值間是很難完全釐清的，但任何決策方法都假設事實與價值間是可完全釐清的。

4-13 社會影響的角色

1. 社會影響的意義與性質

社會影響（Social Influence）因子影響的不只是個人決策，也影響團體決策。通俗的說，社會影響就是有樣學樣，或趕時髦。張春興（1995）認爲人們的很多社會行爲，是個人與團體間或團體與團體間產生的，因此，個人行爲離不開社會團體關係的現象就稱爲社會影響。顯然，在風險情境中，社會影響因子對人們或社會團體的風險態度與風險行爲均會產生影響，例如，風險訊息串聯（Risk Information Cascade）導致個人或社會的恐慌，進而就會產生風險建構的現象（Kahneman, 2011）。其次，拜電腦、手機科技之賜，透過互聯網、臉書、Line、Wechat、APP等，社會影響力已無遠弗屆，如今人與人的距離只有六個人（參閱第八章），因網路使人們很快能認識陌生人。

2. 社會影響的面向

社會影響有許多面向[15]，此處只說明與風險情境較有關連的**社會學習**（Social Learning）、**社會依賴**（Social Dependence）與**羊群效應**（Following the Herd）。

人們對人、事、物都有認知學習的過程，社會學習理論（Social Learning Theory）是解釋認知學習中很重要的理論。風險情境中也有風險學習（Risk Learning）的過程，例如，透過風險教育訓練學習他人的風險經驗，這也是風險管理中重要的一環。社會學習就是模仿，透過模仿自我增強風險感知與認知，進而影響風險態度與風險行爲。其次，社會依賴（Social Dependence）是人們會依賴他人的想法行事，有許多因素影響此種現象（Warneryd, 2001）。這種依賴傾向的程度則依狀況的改變與他人想法不正確的程度而定。對股票投資人來說，會有依賴股票分析師意見的社會依賴，從而影響其投資的風險行爲。最後，羊群效應則來自訊息串聯與同儕壓力（Thaler and Sunstein, 2009）。前曾提及的風險恐慌造成的風險建構現象就是風險訊息串聯的羊群效應所造成的結果。而人們的風險防範行爲也有透過同儕壓力形成的羊群效應現象，例如，他人叮嚀汽車定期保養，規律的運動防範健康風險等。

社會普通人與理性經濟人只是人們思考系統不同的一個比方，思考不同，態度與行爲就會不同。直覺思考的偏見，可說人們認知上的蛀蟲，不易消除。減少偏見或許可透過心理教育訓練，或可依靠理性設計的AI機器人，幫人們行事。

15 例如，社會支持（Social Support）、社會助長（Social Facilitation）、社會浪費（Social Loafing）等。

其次，人們行為也受框架影響極深，政府或公司可利用此點誘導民眾或員工，達成順利推行政策的目標。

關鍵重點搜查中

1. 在風險情境下，動機就是風險行為的內在作用力，那就是面對風險時，引起人們應對風險的行為，維持該行為並促使該行為朝向風險管理目標進行的內在作用力。
2. 動機有四點性質：
   (1)動機本身是行為的內在作用力。
   (2)動機有維持與導引的作用。
   (3)動機是行為的原因。
   (4)動機是複雜的。
3. 在風險情境中，人們天生就有趨吉避凶的本能，風險會帶來獲利的正誘因與虧損的負誘因，這形成管理風險的動機。
4. 人們對問題索解的思考與推理有兩個系統，也就是可分為定程式思考與推理，屬系統二 與捷思式思考與推理，屬系統一。
5. 代表性捷思原則或稱典型事物原則，這是依訊息的表徵做判斷。此種捷思判斷，通常被人們用來判斷某一事物歸屬於某類別的可能性，那個事物的表徵，是為直覺判斷的依據。
6. 可得性捷思原則或稱範例原則，就是依容易浮現腦海或湧上心頭的事物或記憶，來作判斷。
7. 定錨調整捷思原則或稱刻板印象原則，這是依據數字或訊息呈現方式，也就是錨點，對人們習性的影響作判斷。
8. 代表性捷思原則會產生錯覺與偏見的原因：(1)人們缺乏對先驗機率或基本機率的敏感度；(2)人們缺乏對樣本大小的敏感度；(3)人們常對機會概念，患上錯誤的認知；(4)人們常忽略訊息的可靠性；(5)人們常患效度幻覺；(6)人們常對迴歸概念，患有錯誤的認知。
9. 可得性捷思原則會產生失誤的原因：(1)人們常患重新檢索的偏見；(2)人們

常患尋找效能的偏見；(3)人們常患想像力的偏見；(4)人們常患相關性幻覺。

10. 直覺的定錨效應會發生在促發作用與連結連貫性的自動歷程上，理性的系統二也會產生定錨效應，錨點形式發生在判斷的特意調整過程中。定錨效應容易使我們的判斷失誤，主要是因人們作判斷時，常會調整不足，也常患聯合與獨立事件評估的偏差，以及常受主觀機率分配評估的牽制。

11. 過分樂觀現象，在風險情境裡，或稱主觀免疫現象或稱免傷害感知現象。這種現象主要來自人們都會有控制幻覺。人們不只會過分樂觀，也容易過度自信，也就是對自己的信念過分有信心，通常這也來自以偏概全（WYSIATI）。

12. 人們會有馬後砲現象主要來自動機的後自我迷惑與追溯式悲觀的自我防衛。另一馬後砲來源屬於認知上的偏見重塑 。

13. 期望經常是根據過去經驗，以及對解決問題所需新訊息的權重，綜合一起重塑成爲人們的期望。期望有兩種，一種期望是，無法操之在我，不受自我的影響，這叫或有期望。另一種是，能操控在自己手上的期望，稱作有意的期望。

14. 就風險情境來說，風險訊息的刺激物，經由人們的風險感知與更深層的風險認知心理活動，就會形成外顯的風險態度與風險行爲。一般人風險態度的形成，經由風險經驗的累積，先知後行的歷程，而形成風險態度。

15. 人們的風險態度不外乎有風險規避者，風險中立者與尋求風險者三種。心理學領域則另外將風險態度分成三種水準：(1)風險態度追隨者；(2)風險態度認同者；(3)風險態度內化者。

16. 風險態度與風險行爲間，可用來解釋其關係的至少有四種模式：一是態度影響行爲模式；二是行爲影響態度模式；三是態度與行爲互爲影響的模式；四是自圓其說模式。

17. 風險態度的改變受五種因子所影響，也就是說，風險溝通的對象，誰是風險議題的說服者，本身的性格，風險訊息與議題的呈現的方式，與持續改變風險態度的強度等五項因子。

18. 影響個人風險行爲的決策因子歸類爲個人內在因子與外在環境因子，無論個人決策或團體決策，思考效益與成本以及決定的時機，是重要的。各種內在因子如後：(1)風險行爲的動機；(2)決策者的性格；(3)決策者的風險態度能決定最終的風險行爲；(4)決策者所承受的壓力與情感。外在因子包括文化環境、人口統計環境、社經狀況、社會影響與參考團體。

19. 個人效用曲線可代表人們的風險態度，凹型效用曲線表示個人有風險規避傾向；直線的效用線表個人是風險中立者；凸型效用曲線表示個人喜歡尋求風險。

20. 聖彼得堡矛盾係指預期值極大的決策法則，無法用來解釋人們願意花多少錢參與丟擲一枚硬幣直至人們猜對為止的遊戲。

21. 愛利斯矛盾描述了人們在作實際決策時，不是不考慮機率大小，就是不考慮金錢大小。

22. 確定效應會促使人們在獲利情境下，偏向風險規避行為，而選擇確定可獲利的方案。然而，在損失的情境下，確定效應會促使人們偏向尋求風險的行為，而選擇不確定的方案。反射效應則指當情境改變時，大部分人的選擇行為，也正好相反。

23. 價值函數有三種特質：(1)價值是指人們心中期望的變異值，也就是相對於參考點來說，比參考點「好」的情況，就是獲利；反之，就是損失；(2)人們決策時，對影響心中期望的變異最為敏感，而且敏感度會遞減；(3)人們對喪失金錢價值的敏感度高於獲取同一金錢價值的敏感度，這就是損失厭惡。其次，可能性效應與確定效應間是不對稱的。

24. 人們通常在高機率很可能虧損的情況下，心中雖當作確定會虧損（確定效應），但確定虧損是很難接受的，而損失規避心理與敏感度遞減作祟，會讓人想再賭一把，這也就是沉沒成本謬誤。

25. 簡單說，賣價與買價間，大不同，就是稟賦效應。其次，因損失厭惡的原因，買賣股票的人常不想賣掉獲利不佳的股票（心裡想，賣掉虧很大），卻反而熱衷於賣掉股價正上揚的股票（心裡想，好價錢快賣，快落袋為安），這種現象稱為處置效應。

26. 投資者對投資績效的評估期間愈長，愈能減少損失厭惡，愈會投資在高風險的投資標的，這種投資行為的心理特徵稱為短視損失厭惡。

27. 安於現狀有時是適當的，因在等待時機，但有時會帶來大困擾。

28. 風險均衡的目標水準由四個因子決定：(1)冒險行為的認知效益；(2)謹慎行為的認知成本；(3)冒險行為的認知成本；(4)謹慎行為的認知效益。

29. 風險溫度自動調整模式的假設：(1)每個人均有冒險的傾向；(2)冒險傾向因人而異；(3)冒險的認知效益影響冒險行為的傾向度；(4)風險的認知不僅受

自我經驗的影響，也受他人的影響；(5)個人的決策行為是尋求危險與效益的平衡；(6)冒險度愈高，效益與損失也愈大。

30. 目標基礎決策模式的決策法則依決策情境與決策者設定的目標而定，而與決策方案的最大預期效用或心理價值無關。

31. 健康信念模式是研究個人是否接受健康醫療建議最重要的理論，個人對某種疾病會採取預防行為，主要是預防行為的感知效益要高於感知成本，這種感知主要來自對某疾病發生機會與嚴重性的感知程度，進而接收來自各方訊息，感受到對自身健康會有威脅，才有可能採取醫療建議進行保健的決定，所有過程都會受個人人口統計變項與社會心理變項所影響。

32. 人們根據錢的不同來源，會有不同的評價，分成不同的帳戶，做不同的處理，這就是心理帳戶。心理帳戶有三個要素，最值得留意：(1)就是人們如何感知獲得的資金，如何決定用途與如何評價該資金；(2)就是將資金分配到什麼帳戶；(3)是帳戶清結的次數，也就是心理帳戶多寡的選擇。

33. 影響團體決策行為的因子與影響個人決策行為的因子雷同。所不同者，是在有意義的團體決策下，團體最後的決策者是團體而非個人。其次，決策效應甚為廣泛，它可大到影響跨代群體的福祉，而個人決策效應範圍有限。

34. 賽局理論是說明團體成員互動的策略選擇，它可用來決定參賽者（不論是個人或團體）的最佳反應。社會選擇理論就是由團體所有成員偏好的總合，決定團體事務的一種規範性理論。社會心理理論主要在描述團體成員的偏好或其改變與團體決策的關聯性。

35. 集一思考是指團體決策在所有團體成員無異議下通過的決策現象。另一方面，選擇偏移可分兩種極化現象，即冒險偏移與謹慎偏移。

36. 風險接受度是指在極端情況下，決策者（包括個人或團體）願意且能承受風險的概念，這會涉及不同風險間的交換。

37. 人們的很多社會行為，是個人與團體間或團體與團體間產生的，因此，個人行為離不開社會團體關係的現象，就稱為社會影響。

38. 社會學習理論是解釋認知學習中很重要的理論。風險情境中也有風險學習的過程。社會學習就是模仿，透過模仿自我增強風險感知與認知，進而影響風險態度與風險行為。其次，社會依賴是人們會依賴他人的想法行事，有許多因素影響此種現象。最後，羊群效應則來自訊息串聯與同儕壓力。

腦力激盪大考驗

1. 請思考在貧窮線以下的窮人，是否會有損失厭惡與稟賦效應現象？
2. 台灣勞基法的加班費換補休，你願意嗎？請用前景理論說明你願意或不願意的理由。
3. 夫妻本是同林鳥，爲何災難來時各自飛？請用GBM決策理論解釋此種現象。
4. 請用冒險偏移解釋爲何民進黨執政後，民進黨兩岸關係的團體決策愈來愈極端。
5. 爲何限購的行銷手法，總會造成搶購現象？
6. 請用前景理論說明，爲何免費會吸引人們更花錢？
7. 舉例說明日常生活中框架的魔力。
8. 計程車如改成計時車，能降低車禍發生率嗎？請用RHT決策理論解釋。

參考文獻

1. 張春興（1995）。*現代心理學*。台北：東華書局。
2. 郭翌瑩（2002）。*公共政策決策輔助個案模型分析*。台北：智勝文化公司。
3. Abrams, D. *et al.* (1990). Knowing what to think by knowing who you are: self-categorisation and the nature of norm formation, conformity and group polarization. *British journal of social psychology*. 29. Pp.97-119.
4. Adams, J.(1995). *Risk*. London: UCL Press.
5. Allais, M.(1953). Le comportemeut de I'homme rationnel devant le risqué: critique des postulats et axioms de l'e'cole ame'ricaine. *Econometrica*. 21. Pp.503-546.

6. Arkes, H.R. and Blumer, C.(1985). The psychology of sunk cost. *Organizational behavior and human decision processes*. 35.1. Pp.124-140.
7. Arrow, K. J. (1963). *Social choice and individual values*. New Haven, CN: Yale University Press.
8. Asch, P. *et al.*(1991). Risk compensation and effectiveness of safety belt use laws; a case study of New Jersey. *Policy sciences*. 24. Pp.181-197.
9. Barber, B. and Odean, T.(2001). Boys will be boys. *Quarterly journal economics*.
10. Begum, H.A. and Ahmed, E.(1986). Individual risk-taking and risky shift as a function of cooperation-competition proneness of subjects. *Psychological studies*. 31(1). Pp.21-25.
11. Benartzi, S. and Thaler, R.H.(1995). Myopic loss aversion and the equity premium puzzle. *Quarterly journal of economics*. 110(1). Pp.73-92.
12. Bernstein, P.L.(1996). *Against the Gods-the remarkable story of risk*. Chichester: John Wiley&Sons.
13. Boney-McCoy, S. *et al.* (1992). Perceptions of smoking risk as a function of smoking status. Journal of behavior medicine. 15. Pp.469-488.
14. Breakwell, G.M.(2007). *The psychology of risk.* Cambridge:Cambridge University Press.
15. Bryant, F.B. and Guilbault, R.L.(2002). 「I knew it all along」 eventually: the development of hindsight bias in reaction to the Clinton impeachment verdict. *Basic and applied social psychology*. 24. Pp.27-41.
16. Burger, J.M. and Burns, L.(1988). The illusion of unique invulnerability and the use of effective contraception. *Personality and social psychology bulletin*. 14. P.270.
17. Chicken, J.C. and Posner, T.(1998). *The philosophy of risk.* London: Thomas Telford.
18. Cummins, D. and Weisbart, S.(1978). *The impact of consumer services on independent insurance agency performance*. Glenmont, NY: IMA education and research foundation.
19. Dejoy, D.M.(1989). An attribution theory perspective on alcohol-impaired driving. *Health education quarterly*. 16. Pp.359-372.

20. Dekker, S.W.A.(2004). The hindsight bias is not a bias and not about history. *Human factors and aerospace safety*. 4. Pp.87-99.

21. Doherty, N.A.(1985). *Corproate Risk Management-A finaicial exposition.* New York:McGraw-Hill

22. EI-Hajje, E. and Ahmed, R.(1997). The effect of mood on group decision-making. *Dissertation abstracts international, section B, The sciences and engineering*. 57. Pp.5976.

23. Eiser, J.R. and Arnold, B.W.A.(1999). Out in the midday sun: risk behavior and optimistic beliefs among residents and visitors on Tenerife. *Psychology and health*. 14. Pp.529-544.

24. Fiegenbaum, A. and Thomas,H.(1988). Attitudes towards risk and risk return paradox: prospect theory explanations. *Academy of management journal.* 31. Pp.85-106.

25. Fine, B.J.(1963). Introversion, extraversion and motorvehicle driver behavior. *Perceptual and motor skills*. 12. Pp.95-100.

26. Fischhoff, S. *et al.* (1993). *Acceptable risk.* Cambridge: Cambridge University Press.

27. Fischhoff, S. *et al.* (2005). Evolving judgments of terror risks: foresight, hindsight, and emotion. *Journal of experimental psychology:applied.* 11. Pp.124-139.

28. Fiske, S. T. and Taylor, S. E. (1984). *Social cognition.* Reading: Addison-Wesley.

29. Fontaine, K. and Snyder, L.B.(1995). Optimistic bias in cancer risk perception: a cross national study. *Psychological reports*. 77. Pp.143-146.

30. Forgas, J. P.(1989). Mood effects on decision making strategies. *Australian Journal of psychology*. 41. Pp.197-214.

31. Frewer, L. *et al.* (1994). Modelling the media: the transmission of risk information in the British quality press. *Journal of the institute of mathematics and its applications to industry*. 5. Pp.235-247.

32. Friedman, M. and Savage, L.J.(1948). The utility analysis of choices involving risk. *Journal of political economy*. Vol. 56. Pp.279-304.

33. Gardner, D.(2008). *Risk: The science and politics of fear*. McClelland&Stewart

Ltd.

34. Glendon, A.I. and Mckenna, E.F.(1995). *Human safety and risk management.* London: Chapman and Hall.

35. Hawkins, D.I. *et al.*(1998). *Consumer behavior-building marketing strategy*. 7th ed. New York: McGraw-Hill.

36. Hogg, M.A. and Vaughan, G.M.(1998). Leadership and group decision-making. In: Hogg, M.A. and Vaughan, G.M. ed. *Social psychology: an introduction.* Pp.300-306. London: Prentice-Hall. 2nd edition.

37. Holzl, E. and Kirchler, E.(2005). Causal attribution and hindsight bias for economic developments. *Journal of applied psychology*. 90.Pp.167-174.

38. Janis, I. L. and Mann, L.(1977). *Decision making: a psychological analysis of conflict, choice and commitment*. New York: Free press.

39. Johnson E.J. *et al.* (1992). Framing, probability distortions, and insurance decisions. *Journal of risk and uncertainty*. 7. Pp.35-51.

40. Kahneman, D. and Tversky, A.(1993). Judgement under uncertainty: heuristics and biases. In: Kahneman, D. *et al.* ed. *Judgement under uncertainty: heuristics and biases.* New York: Cambridge University Press. Pp.3-22.

41. Kahneman, D. and Tversky, A.(2000). Prospect theory: an analysis of decision under risk. In: Kahneman,D. and Tversky.A. ed. *Choices, values, and frames*. Pp.17-43. New York:Russell Sage Foundation.

42. Kahneman, D. and Tversky, A.(2000). Advances in prospect theory: cumulative representation of uncertainty. In: Kahneman, D. and Tversky. A. ed. *Choices, values, and frames*. Pp.44-66. New York:Russell Sage Foundation.

43. Kahneman, D.(2011). *Thinking, Fast and Slow*. Brockman, Inc.

44. Karniol, R. and Ross, M.(1996). The motivational impact of temporal focus: thinking about the future and the past. *Annual review of psychology*. 47. Pp.593-620.

45. Katona, G.(1972). Theory of expectation. In: Strumpel, B. *et al.* ed. *Human behavior in economic affairs: essays in Honor of George Katona*. Amsterdam and New York: Elsevier Scientific Publishing Co. Pp.549-582.

46. Kegeles, S. S.(1980). The health belief model and personal health behavior(book

review). *Social science and medicine*. 13. Pp.105-112.

47. Keynes, J. M.(1936). *The general theory of employment, interest and money*. London: Macmillan.

48. Klein, C.T.F. and Helweg-Larsen, M.(2002). Perceived control and the optimistic bias: a meta-analytic review. *Psychology and health*. 17. Pp.437-446.

49. Krantz, D.H. and Kunreuther, H.C.(2007). Goals and plans in decision making. *Judgment and decision making*. 2. Pp.137-168.

50. Lek, Y. and Bishop, G.D.(1995). Perceived vulnerability to illness threats. *Psychology and health*. 10. Pp.205-219.

51. Lichtenstein, S. *et al.* (Nov.1978). Judged frequency of lethal events. *Journal of experimental psychology:human learning and memory*. Vol.4.No.6. Pp.551-578.

52. McCain, R. A. (2004). *Game theory: a non-technical introduction to the analysis of strategy*. Thomson.

53. McClelland, D.C. *et al.*(1953). *The achievement motive*. New York: Appleton Century Crofts.

54. Middleton, W. *et al.* (1996). Give 'em enough rope: perception of health and safety risks in bungee jumpers. *Journal of social and clinical psychology*. 15. Pp.68-79.

55. Mischel, W.(1968). *Personality and assessment*. New York:Wiley.

56. Morton, A. (2008). Group decision. In: Melnick, E.L. and Everitt, B.S. ed. *Encyclopedia of quantitative risk analysis and assessment*. Vol.2. Pp.760-770. Chichester: John Wiley &Sons, Ltd.

57. Nerlove, M.(1983). Expectations, plans and realizations in theory and practice. *Econometrica*. 51. Pp.1251-1279.

58. Odean, T.(1998a). Are investors reluctant to realize their losses. *Journal of finance*. 53. Pp.1775-1798.

59. Palsson, A-M. (1996). Does the degree of relative risk aversion vary with household characteristics? *Journal of economic psychology*. 17. Pp.771-787.

60. Pease, M.E. *et al.* (2003). Memory distortions for pre Y2K expectancies; a demonstration of the hindsight bias. *Journal of psychology: interdisciplinary and*

applied. 137. Pp.397-399.

61. Pohl, R. F. *et al.* (2002). Hindsight bias around the world. *Experimental psychology*. 49. Pp.270-282.

62. Raats, M. *et al.* (1999). The effects of providing personalized dietary feedback: a semi-computerized approach. *Patient education and counseling*. 37. Pp.177-189.

63. Redmond, E.C. and Griffith, C.J.(2004). Consumer perceptions of food safety risk, control and responsibility. *Appetite*. 43. Pp.309-313.

64. Rippetoe, P.A. and Rogers, R.W.(1987). Effects of components of protection-motivation theory on adaptive and maladaptive coping with a health threat. *Journal of personality and social psychology*. 52. Pp.596-604.

65. Rogers, R.W.(1983). Cognitive and psychological processes in attitude change: a revised theory of protection motivation. In: Cacioppo, J. and Petty, R. ed. *Social psychophysiology*. Pp.153-176. New York: Guilford Press.

66. Rosenstock, I. M.(1966). Why people use health services. *Milbank memorial fund quarterly*. 44(3). Pp.94-127.

67. Rosenstock, I. M. *et al.* (1988). Social learning theory and the health belief model. *Health education quarterly*. 15. Pp.175-183.

68. Samuelson, W. and Zeckhauser, R.(1988). Status quo bias in decision making. *Journal of risk and uncertainty*. 1. Pp.7-59.

69. Savage, l.J.(1954). *The foundations of statistics*. New York: Wiley.

70. Shefrin, H. M. and Statman, M.(1985). The disposition to sell winners too early and ride losers too long. *Journal of finance*. 40. Pp.777-790.

71. Simon, H.(1955). A behavioral model of rational choice. *Quarterly journal of economics*. 69. Pp.99-118.

72. Stahlberg, D. and Maass, A. (1998). Hindsight bias: impaired memory or biased reconstruction? *European review of social psychology*. 8. Pp.105-132.

73. Taleb, N.N.(2010). *The Black Swan-the impact of the highly improbable.*

74. Thaler, R.H.(1980). Toward a positive theory of consumer choice. *Journal of economic behavior and organization*. 1. Pp.39-60.

75. Thaler, R.H.(1985). Mental accounting and consumer choice. *Marketing science.*

4. Pp.199-214.

76. Thaler, R.H. and Sunstein, C.R.(2009). *Nudge-improving decisions about health, wealth and happiness*. London: Penguin Books.

77. Tykocinski, O.E. *et al.* (2002). Retroactive pessimism: a different kind of hindsight bias. *European journal of social psychology*. 32. Pp.577-588.

78. van der Velde, F.W. *et al.* (1992). Risk perception and behavior: pessimism, realism, and optimism about AIDS-related health behaviors. *Psychology and health*. 6. Pp.23-38.

79. Wallach, M.A. *et al.* (1962). Group influence on individual risk-taking. *Journal of abnormal social psychology*. 65. Pp.75-86.

80. Wallach, M.A. *et al.* (1964). Diffusion of responsibility and level of risk-taking in groups. *Journal of abnormal social psychology*. 68. Pp.263-274.

81. Warneryd, K-E (2001). *Stock-market psychology-how people value and trade stocks*. Cheltenham: Edward Elgar.

82. Weinstein, N.D.(1980). Unrealistic optimism about future life events. *Journal of personality and social psychology*. 39. Pp.806-820.

83. Weinstein, N.D.(1982). Unrealistic optimism about susceptibility to health problems. *Journal of behavioural medicine*. 5.4. Pp.441-460.

84. Weinstein, N.D(1984). 「Why it won't happen to me」: perceptions of risk factors and susceptibility. *Health psychology*. 3. Pp.431-457.

85. Weinstein, N.D(1987a). *Understanding and encouraging self-protective behavior*. New York: Cambridge University Press.

86. Weinstein, N.D(1987b). Unrealistic optimism about susceptibility to health problems: conclusions from a community-wide sample. *Journal of behavior medicine*. 10. Pp.481-500.

87. Weinstein, N.D. *et al.* (1991). Perceived susceptibility and self-protective behavior. *Health psychology*. 10. Pp.25-33

88. Whalen, C.K. *et al.* (1994). Optimism in children's judgment of health and environmental risks. *Health psychology. 13*. Pp.319-325.

89. White, M.P. *et al.* (2004). Risk perceptions of mobile phone use while driving.

Risk analysis. 24. Pp. 323-334.

90. Wilde, G.J.S.(1988). Risk homeostasis theory and traffic accidents: propositions, deductions and discussion of dissension in recent reaction. *Ergonomics*. Vol. 31(4). Pp.441-468.

[illegible] Studies, 34 Pp. 425-451.

[illegible] (1988). Risk, uncertainties and traffic accident [illegible] perspective, and discussion of its [illegible] recommendations. [illegible], 31(4), Pp. 41-458.

第五章

人為疏失與風險

學習目標

1.了解人因與可靠度間的關聯。

2.認識各種人爲疏失的類型。

3.了解如何偵測人爲疏失。

4.了解人爲疏失的作業風險應對。

5.認識壓力與風險間的關聯。

/知錯能改，善莫大焉/

對人而言，犯錯是正常，但犯錯，不改，就異常。因人們決策判斷失誤或犯錯，引發的災難事故相當多。其中，很多事故從表面上看，是機械物質原因，但從某個角度看，事後嚴格說，很多是**人爲因素**（Human Factor）。同時，有些災難事故，須歷經長久的追蹤調查，其眞相才能大白。看看鐵達尼（Titanic）號的例子，就知道。鐵達尼號沈船後，一直有人持續調查，因這些人相信，設計奇佳的鐵達尼號，即使因人爲疏失，撞上冰山，也不會快速沈船，導致這麼多人死亡。如今眞相大白，那就是鐵達尼號出發前，船艙發生過悶燒（原因或許是物質因素，也或許是人爲因素），但不允許聲張（最新的人爲因素），嗣後，外加人爲判斷疏失，撞上冰山，才快速下沈[1]。有句話說「意外不是意外」，其意涵即指很多災難或風險事故與人爲疏失脫離不了關係。

5-1 人因與可靠度

人因是人爲因素的簡稱。就風險的觀點言，人爲因素主要探討人爲疏失（Human Failure）與風險間的關聯。研究人們疏失的著名心理學者理森（Reason, J.）畫過兩張槍靶圖（Reason, 1995），說明固定錯誤（Constant Error）與變動錯誤（Variable Error）的差異。在此，只列彈著點，不列槍靶圖。甲乙分別開槍射擊，射擊後，各彈著點都落入靶圖內，但點分布不同（參閱圖5-1），甲的彈著點中，有一點落入靶心，但彈著點很分散，乙的彈著點都偏離靶心，但彈著點很集中。

如你是射擊教練，請問你會挑誰當學生？是甲還是乙？甲沒犯很大的固定錯誤（至少有一發子彈命中靶心），但卻犯很大的變動錯誤（其他四

1 根據2017年1月9日下午5:50，台灣寰宇新聞台的報導。

圖 5-1 彈著點分布圖

顆沒命中靶心的子彈，彈著點太過分散），乙則犯很大的固定錯誤（完全沒有命中靶心），但犯很小的變動錯誤（彈著點很集中）。答案最好選乙，因彈著點集中度高，只要稍加糾正，每發子彈命中靶心的機會比甲更可期待。換句話說，選乙，是因乙的可靠度會較甲高，乙射擊時，手很穩，但甲容易發抖。從此例中，我們可認爲甲因可靠度低，人爲疏失的機會高，可能導致發生風險事故（此例中，甲的彈著點落入靶圖外的機會較乙大）的機會也會比乙高。

1. 人為疏失與風險事故

每個人都有他的家庭生活與工作職場生活，任何生活中，人們面對的環境、活動因子與會影響健康及安全的個人行爲特質，都是廣義人因概念的範疇。狹義的**人因**概念只限於工作職場生活。家庭生活會因這些因素的互動，產生風險事件，例如，近年台灣新北市新店區安康路民宅發生的家用瓦斯氣爆災害。同樣，人們在職場工作生活中，也會因這些因素的互動，造成各類風險事件的發生。這其中與人因概念最有直接關聯的風險事件，就是**作業**或稱**操作風險事件**（Operational Risk Event）。當然，人因也是其他各種風險事件的來源。

就狹義的人因概念來說，人因觀念涉及三個問題：一是個人特質與

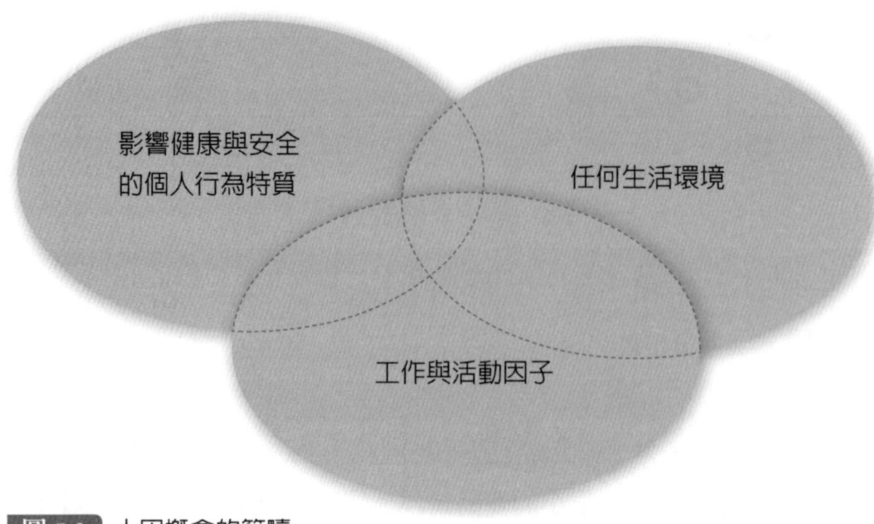

圖 5-2 人因概念的範疇

工作性質間，如何配適的問題，也就是什麼樣的工作適合那種人做；二是在什麼樣的組織環境工作；三是工作與組織環境對人的健康與安全行爲有何影響的問題。眾多災難的成因，就是這種個人（Individual），工作（Job）與組織環境（Organization）間，互動產生的後果。例如，Three Mile Island（核能，1979）；King's Cross Fire（運輸業，1987）；Clapham Junction（運輸業，1988）；Herald of Free Enterprise（運輸業，1987）；Union Carbide Bhopal（化學業，1984）；Space Shuttle Challenger（太空，1986）；Piper Alpha（境外油田，1988）；Chernobyl（核能，1986）；Texaco Refinery（化學業，1994）。除了這些較大的災難事件外，平常發生的**未遂事件**（Near Miss）或一些異常事件（Incident），也涉及人因的問題。

其次，理森（Reason, J.）針對上述Chernobyl 核災事故做了一番詳細的分析，並指出Chernobyl 核災完全是人爲疏失造成（Reason, 1987）。主因是反應爐的設計不當，操作人員進行不當的測試並發生多種錯誤，與測試太過匆促且時間不足。同時，理森（Reason, J.）也針對這些人爲疏失提出了兩點心理上的解釋，值得留意：第一、人們在處理複雜系統問題時，常以單向直線系列方式，思考問題的因果，而不是以輻射網絡方式，思考問題的因果。換言之，各問題間是互動互爲影響的，不是單向單純的甲問題影響乙問題；第二、操作人員的集一思考（參閱第四章）現象，導致一系列的誤解或稱搞錯（Mistake）或違背（Violation）安全的規定。

最後，人爲疏失是可能產生風險事故的來源；相反的，人們面臨風險情境時，也容易造成疏失。而造成人爲疏失最爲典型的原因分別是個人因子、工作因子和組織環境因子（HSE, 1999）：

(1)屬於個人因子部分，包括：個人技術與才能低落、過於勞累、過於煩悶沮喪和個人健康問題。

(2)屬於工作因子部分，包括：工具設備設計不當、工作常受干擾中斷、工作指引不明確或有遺漏、設備維護不力、工作負擔過重和工作條件太差。

(3)屬於組織環境因子部分，包括：工作流程設計不當，增加不必要的工作壓力；缺乏安全體系；對所發生的異常事件反應不當；管理階層對基層員工採單向溝通；缺乏協調與責任歸屬；健康與安全管理不當；安全文化缺乏或不良（參閱第七章）。

2. 可靠度與人為疏失

系統可靠度（Reliability）包括機械的可靠度（Mechanical Reliability）與**人的可靠度**（Human Reliability），兩者的乘積即爲系統可靠度的大小。例如，機械可靠度爲0.9，人的可靠度爲0.8，則系統可靠度爲0.72。兩者的關聯可參閱圖5-3。

機械可靠度涉及機械規格的設計、建造與維護運轉過程。如Rm = 1，代表完全可靠；如Rm = 0，代表完全不可靠。可靠度的反面，就是不可靠（Unreliability），也就是會造成故障或失效（Failure），以符號「F」表示。因此，F = 1-Rm。一部機器可以由好幾個零組件構成，因

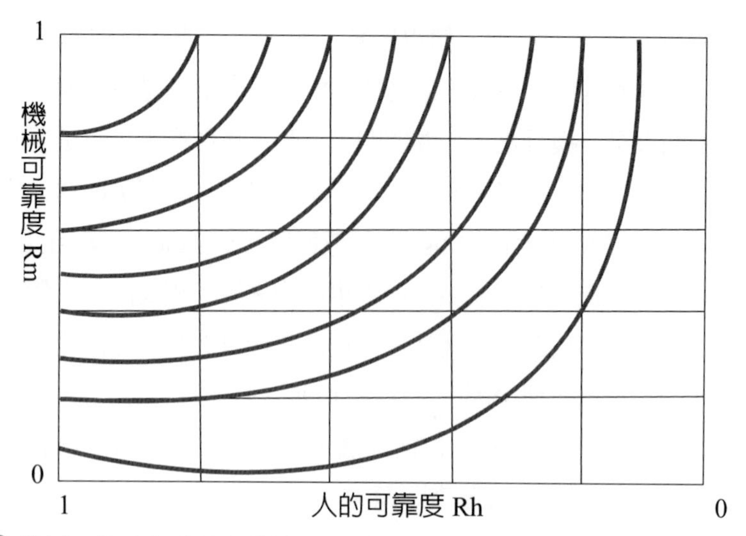

圖 5-3 機械可靠度與人的可靠度之關聯

此，一部機器的可靠度Rm = R1×R2×R3×……Rn（零組件可靠度是互爲獨立）（Cox and Tait, 1993）。此外，機械故障（意即不可靠），不一定代表危險，需視情況而定。在工業安全領域，可靠度與安全息息相關，但兩者實質作業內容不同。例如，復聯分析（Redundancy Analysis）屬可靠度的作業範圍；危害分析（Hazard Analysis）爲安全作業範圍。

另一方面，所謂人的可靠度係指特定狀況下，特定期間內，完美工作績效（即人爲疏失等於零）的機率（Park, 1987）。以數學符號表示，Rh = 1-HEP。其中，Rh表人的可靠度，HEP是人爲疏失機率（HEP: Human Error Probability）。人爲疏失機率等於人爲疏失件數除以可能發生的總件數。八種評估人的可靠度技術[2]（Cox and Tait, 1993）中，以前列公式最

---

[2] 例如，THERP, Time Reliability, TESEO, Confusion Matrix, SLIM, SHARP。詳細可參閱英國核能廠安全顧問委員會（ACSNI: Advisory Committee on the Safety of Nuclear Installations）人因研究小組第二次報告（1991）：*Human reliability assessment-a critical overview*。

爲常用。理森（Reason, J.）認爲人爲疏失起因於不安全的動作（Reason, 1995），閱圖5-4。人爲疏失機率的分布，閱圖5-5。

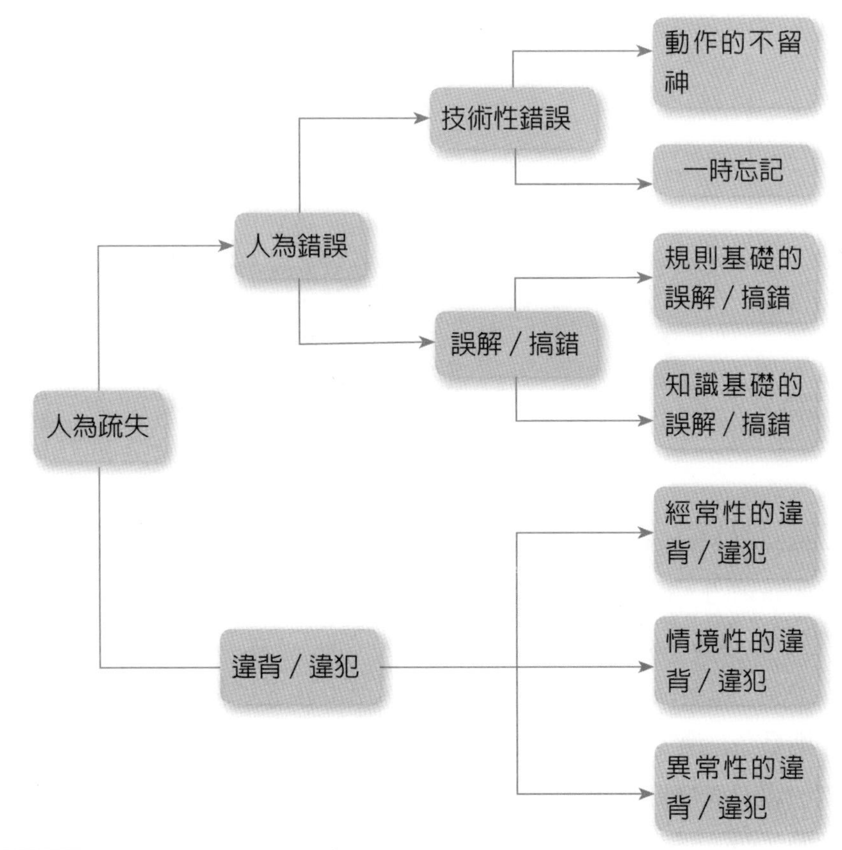

圖 5-4 人為疏失類型與原因

依上圖說明每一類型與原因。圖中人爲疏失（Human Failure）分兩種，一爲**人爲錯誤**（Human Error），另一爲違背或稱犯規（Violation）。前者是，非故意地偏離標準或規範，進而產生不利後果，例如，疏忽某項該有的動作；後者，則屬有意地違反標準或規範，例如：超速開車。人爲錯誤又分爲技術型錯誤（Skill-Based Errors）與誤解或稱搞錯（Mistakes）。技術型錯誤又分爲動作的不留神（Slips of Action）與一時忘記

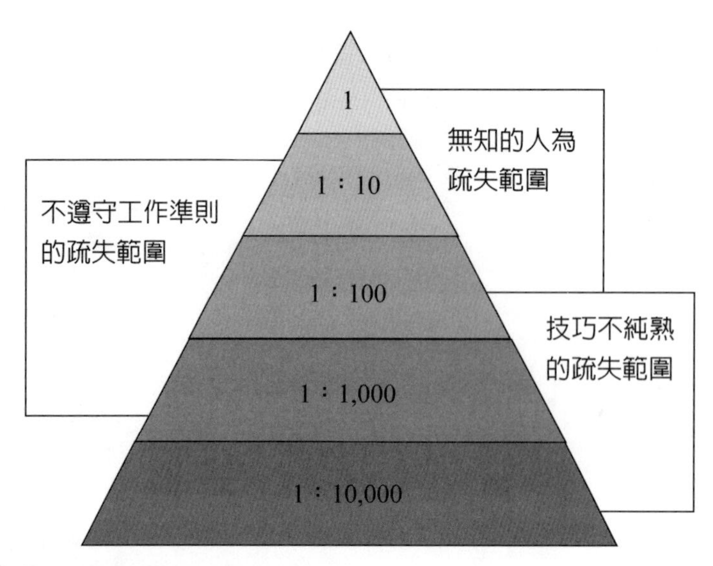

圖 5-5 各類人為疏失發生機率的分布

（Lapses of Memory）。前者，如該關燈，但一不留神，變開燈；後者，如忘記該鎖門。搞錯又分爲規則型的搞錯（Rule-Based Mistakes）與知識型的搞錯（Knowledge-Based Mistakes）。前者，如習慣右邊開車，突換成左邊開（像英國汽車駕駛座是在右邊，所以靠路左邊開車，台灣汽車駕駛座則是在左邊，所以靠路右邊開車）引發的失誤；後者，如診斷錯誤。其次，違背或稱犯規又分三種，一爲經常性的（Routine）犯規，二爲情境性的（Situational）犯規，三爲異常性的（Exceptional）犯規。

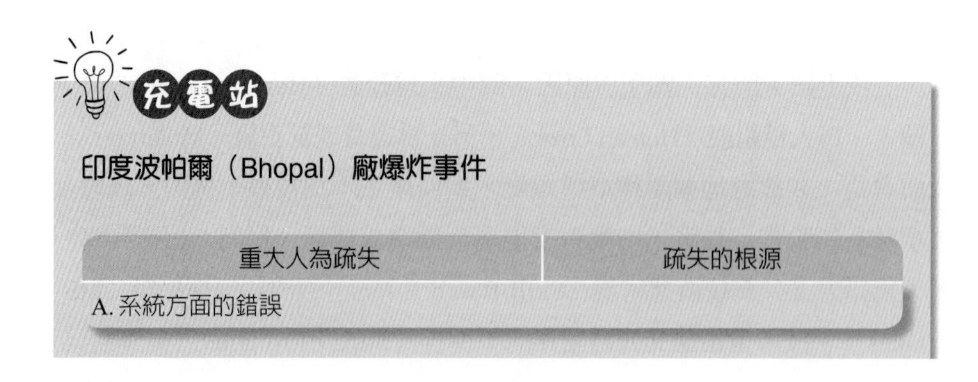

充電站

印度波帕爾（Bhopal）廠爆炸事件

重大人為疏失	疏失的根源
A. 系統方面的錯誤	

重大人為疏失	疏失的根源
核准高風險工廠坐落在人口稠密區	政府與公司管理層的失策
不重視系統安全，安檢後忽略改善	公司管理層的失職
即使之前發生過六次工安事故，但安全防護並未改善	政府安檢與公司管理人員的失職
化學物質MIC（Methyl Isocyanate）每日儲存量超標十倍	公司管理層失職
沒有完善的居民疏散計畫	政府與公司管理層失職
置換大規格化學物質MIC儲存槽時，其防護措施並未升級	公司管理層失職
過度依賴經驗不足的操作與監督人員	公司管理層失職
忽略清洗MIC管線的安全警告	公司管理層失職
未對外釋放MIC處理作業的訊息	公司管理層失職
B. 操作人員方面的錯誤	
操作與維護人員減少	公司管理層失職
僱用未經訓練的人員監督MIC廠	公司管理層失職
當MIC槽一旦失壓時，重新充壓	管理層與操作人員失職
當MIC槽充壓失效時，卻下令清洗	管理層與操作人員失職
未留意MIC槽壓力失常等操作人員方面的錯誤	管理層與操作人員失職
C. 硬體設施方面的錯誤	
去雜質的能量不足	設計失當
冷卻器無法運作	維修不當
對壓力的上升，沒有自動感應裝置	設計失當
壓力指示器無法顯示等硬體設施方面的錯誤	維修不當

波帕爾（Bhopal）廠爆炸的社會成本

美國聯合碳化（Union Carbide）化學公司在印度的波帕爾（Bhopal）廠於1984年爆炸後，造成的社會成本，包括2,500人死亡，瓦斯的危害影響當地四分之一以上的居民。當時美國許多律師前往印度負責巨額的索賠官司訴訟。

3. 工作表現與錯誤類型

錯誤是重大的人為疏失，錯誤的研究，最早從1881年心理學者蘇李（Sully, J.）出版《錯覺／幻覺》（*Illusions*）一書開始（Reason, 1995）。嗣後，出現自然科學研究法，緊接著，認知科學領域出現眾多研究成果。在認知科學領域，除了第三章與第四章所提的捷思思考判斷，有限理性等概念，與人們的錯誤有關外，拉斯瑪森（Rasmussen, J.）的工作表現層級（Performance Level）概念，也與錯誤研究有所關聯（Rasmussen, 1983）。

▶ 錯誤類型與錯誤形式

錯誤的分類基礎主要有三種（Reason, 1995）：一種是依可觀察的行為表象來分類，例如，省略掉（Ommision）；另一種依情境背景來分類，例如，動作的不留神；最後一種是概念式的分法，是以涉及錯誤產生的認知機制為基礎來分類，這種分類基礎屬較深層的心理層次，不容易觀察，但研究成果是最豐碩的，它可使我們了解錯誤最深層的基本原因。

按最後一種的分類基礎，有必要明確區分**錯誤類型**（Error Type）與**錯誤形式**（Error Form）的差別。所謂錯誤類型與人們一連串行動的認知階段有關，它們之間的關聯閱下表5-1。

表5-1　錯誤類型與認知階段

認知階段	錯誤類型
計畫階段時的認知	誤解／搞錯
儲存階段時的認知	一時忘記

表5-1　（續）

認知階段	錯誤類型
執行階段時的認知	不留神

其次，錯誤形式與錯誤類型無關，它是指在所有認知活動中，重複出現的失誤。例如，這兩樣東西太像了，拿錯零件。一般我們說的，一錯再錯或偶而犯錯就是錯誤形式，這不管在哪個認知階段均可能發生。最後，錯誤形式主要有，與類似及太像有關的錯誤形式（Similarity Bias）以及與頻率或出現次數有關的錯誤形式（Frequency Bias），這主要來自認知不足（Cognitive Underspecification），也會與第四章的直覺判斷偏見有關。

▶ 工作表現與錯誤類型間的區分

拉斯瑪森（Rasmussen, J.）的工作表現層級概念，對應三種錯誤類型，其關聯如下表5-2。

表5-2　工作表現層級與錯誤類型

工作表現層級	錯誤類型
技術層級的表現	技術型錯誤：不留神與一時忘記
規則層級的表現	規則型的誤解／搞錯
知識層級的表現	知識型的誤解／搞錯

上表每一層級的工作表現，均可反過來說，例如，技術層級的表現，上班日常的開車，如果注意力集中，沒恍神，順利開車到班（其他不順利因子不考慮），代表工作表現良好。

其次，三種錯誤類型，可以八個角度來觀察其差異，詳見下表5-3。

▶ 一般錯誤模型系統（GEMS）

拉斯瑪森（Rasmussen, J.）的工作表現層級概念，與三種錯誤類型

表5-3　三種錯誤類型的比較

觀察角度	技術型錯誤	規則型錯誤	知識型錯誤
活動型態	發生在日常性工作	發生在解決問題時的活動	
注意力	沒留意手上正進行的工作時	注意在與所要解決的問題之其他相關議題上時	
認知控制模式	屬於自動直覺認知模式		屬於有限意識理性認知模式
錯誤類型的可測性	大部分可測		不一定可測
錯誤數值與發生錯誤機會的次數相比	通常錯誤數目多，但占發生錯誤機會的次數比例低		錯誤數目少，但占發生錯誤機會的次數比例高
情境因子的影響	低度到中度區間，主要受內在本質因子的影響		高度，外來因子影響大
偵測的難易度	容易偵測且快速	難度高，常需藉助外力幫忙	
與改變錯誤的關係	改變不容易	何時與如何改變，無法知道	通常不準備改變

間，可透過**一般錯誤模型系統**（GEMS: Generic Error-Modelling System）融合，其間的動態關係，如下圖5-6。

其次，理森（Reason, J.）整理出在各層級工作表現中，相關的疏失形態：

(1)屬於技術層級工作表現的疏失：

①不留意：包括感知混淆、受到干擾而忽略等。

②過度留意：包括重複、逆轉、省略。

(2)屬於規則層級工作表現的疏失：好規則的誤用與應用了壞規則。

(3)屬於知識層級工作表現的疏失：心不在焉、過分自信、月暈效應等直覺偏見、問題的因果太複雜等。

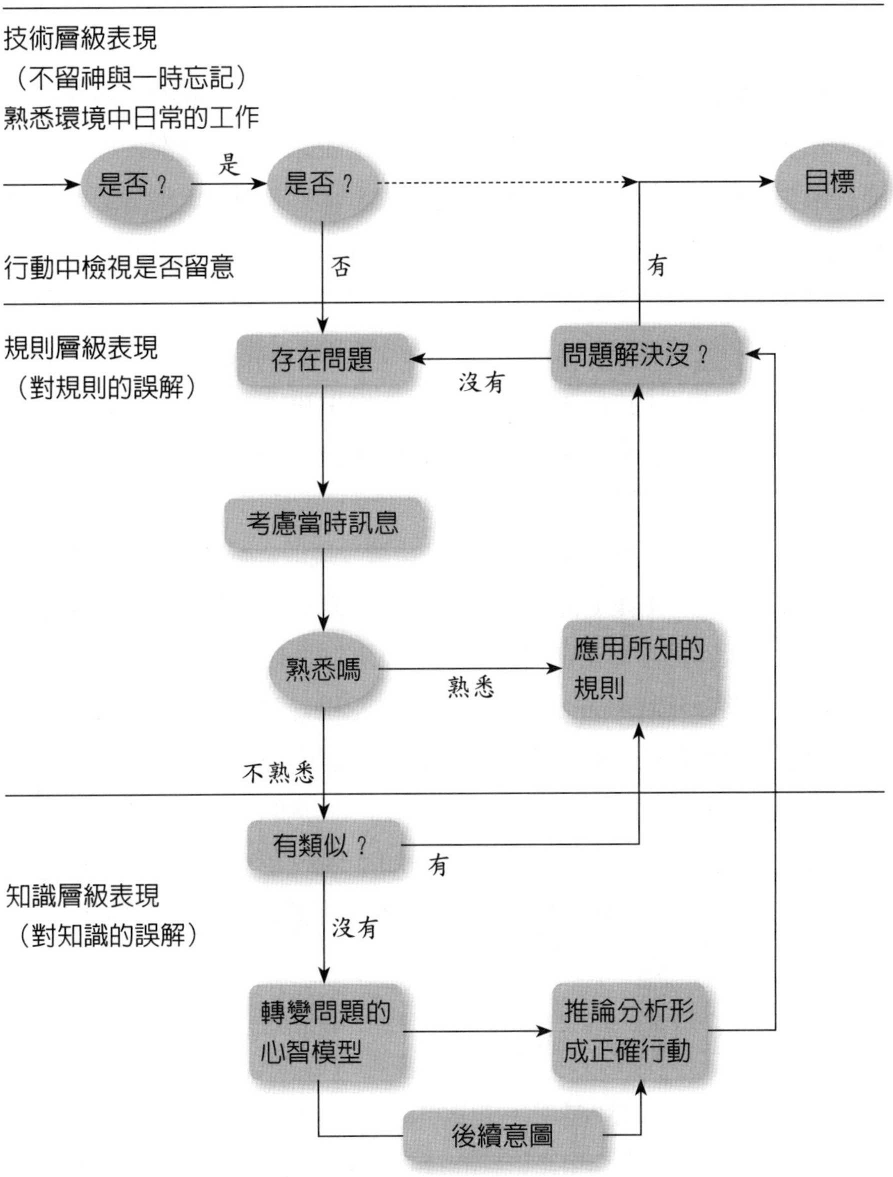

技術層級表現
（不留神與一時忘記）
熟悉環境中日常的工作

是否？ 是 是否？ 目標

行動中檢視是否留意

否 有

規則層級表現
（對規則的誤解）

存在問題 沒有 問題解決沒？

考慮當時訊息

熟悉嗎 熟悉 應用所知的規則

不熟悉

有類似？ 有

知識層級表現
（對知識的誤解）

沒有

轉變問題的心智模型 推論分析形成正確行動

後續意圖

圖 5-6 一般錯誤模型系統圖

4. 犯規

犯規就是違背規則或規章或規定，就是人們做了不可接受或不該做的事，它能夠被當成冒險的一種形式。破壞規則帶來的是處罰，也就成風險的來源。犯規有時是情境所迫（情境式違背），例如：爲避免嚴重塞車，違規走單行道；有時是爲圖方便省時，故意爲之（異常式違背），例如，插隊買票；有時是壞習慣使然（經常式違背），例如，常不打方向燈超車。其次，犯規有時無法避免，這稱爲**無可避免的犯規**（Unavoidable Violations）現象。例如，送貨員工在公司時間規定下，要完成送貨，但外在因素制約下，無法在公司規定時間內完成，這時就會出現爲完成送貨超時的「無可避免犯規」現象。

其次，第一次犯規如被視爲必然，後續犯規則會屢見不鮮，此時組織優質的風險文化（Risk Culture）（參閱第七章）就會制約減少這種心態的存在。犯規當然無需是無可避開的，也可以是有意爲之，但不必然會引發傷害。理森（Reason, J.）等認爲這種犯規有兩種形式，一種是前所提的經常習慣性犯規，另一種是「適當性」犯規（The Optimising Violation）（Reason *et al.*, 1994）。後者，例如，開車的人違規超速，不盡然是爲儘快到達目的地，而是爲了享受刺激的快感。最後，犯規有時可看做可容許、可被接受，並被認爲是適當的反應，尤其在緊急情況需立即應變下，更不能墨守成規。

5. 面對風險情境時的人為疏失

前曾提及，人爲疏失是產生風險的來源，前面各項內容，主要是聚集在人爲疏失本身性質與類型及影響的探討。本項則反過來說明，人們面對風險情境時，容易導致人爲疏失的情況，其原因無非是人們面對風險情境時，風險本身容易影響人們的決策判斷與行爲方式，這種方式與面對無風險情境時，可能會不同，進而容易引發人爲的疏失。風險易釀成錯誤常因人們的恐懼害怕心理。例如，醫療人員在高壓高風險醫療處理的情境時，出錯機會相對容易發生（Grasso *et al.*, 2005）。航空飛行也有類似的情況（Deitz and Thoms, 1991）。風險易釀成錯誤不必然與風險經驗有關，也就是說，即使有豐富經驗的人在面對日常風險時也會出錯。

其次，風險感知不同，引發的錯誤率（Error Rate）或許有些差異，雖然未經實證，但可認爲風險感知愈高，犯錯率可能性愈大（Breakwell, 2007）。例如，年輕駕駛人對來自自我駕駛行爲的風險感知通常低於他人駕駛行爲引發的風險感知，前者稱爲**主動的危險因素**（Active Hazard），後者稱爲**被動的危險因素**（Passive Hazard）。意外事故則常被人認爲與被動的危險因素有關（Deery and Love, 1996）。有趣的是，酒駕者常認爲喝酒後更會開車也認爲更安全，主要是因酒駕者常將前兩個危險因素低估，自認更能掌控，然而許多事實表明車禍常與酒駕有關。有研究表明，自己開車時，自認可掌控，冒險開快車的傾向高，當乘客時，則擔心司機開快車，會請司機開慢些，因無法掌控（Horswill andMcKenna, 1999b）。

6. 錯誤傾向與錯誤期待

一般總認爲，經常搞錯或誤解規則的人就是有**錯誤傾向**（Error-Prone）特質的人，但研究發現認爲有這種特質是種錯覺，因爲沒有證據可證明存在這種人格特質。事實上，錯誤的發生主要是與生活習性、不同的情境與異常情況有關，而不是某個人有這種人格特質（Breakwell, 2007）。

其次，另一個很普遍的觀點是**錯誤期待**（Motivated-Error），例如，某位員工被主管分派做極危險的工作，這位員工可能潛意識裡希望工作出個小差錯（當然不希望發生大災難或傷亡），讓主管能把他調開，別做這種危險工作，這種心理就是錯誤期待。這是有趣的研究類別，史旦（Stein, J.G.）的國際談判研究，描述了一個國家如何利用錯誤期待心理，合理化國家政策（Stein, 1988）。

5-2 人為疏失與作業風險應對

對組織團體來說，人爲疏失對其營運績效，會產生重大影響，例如，著名的霸菱銀行（Baring Bank）倒閉事件，就是交易員里森（Leeson, N.）利用8888帳戶從事舞弊，最後導致霸菱銀行倒閉。類似因人爲疏失作業風險事件，使組織團體陷入危險風暴的案例，可說層出不窮。換句話說，組織團體如何應對人爲疏失作業風險是不可忽視的課題。其次，作業風險雖然涉及員工行爲、管理過程與制度設計的問題，但終極而言，就是人爲疏失問題。

1. 人為疏失偵測

應對人爲疏失，如能在疏失發生前，事先偵測到，那是最理想的結果。根據理森（Reason, J.）的主張，偵測人爲疏失有三種方法，一個就是靠自我警覺，一個就是靠周遭的線索，最後靠外力協助，這外力包括科技儀器與他人。這三種方法要能有效，最重要的還是組織團體要有優質的安全或風險文化（Safety or Risk Culture）（詳閱第七章）氛圍。

▶ 偵測疏失的方法

首先，在優質的安全或風險文化氛圍下，員工的自我警覺性強，自我矯正的可能性高，其過程無非是透過訊號進出的腦海迴路，偵測到疏失的訊息，進而進行自我矯正，這迴路過程，見圖5-7。

這迴路過程，有如上下電梯，要到樓下，按⬇是進入腦海的參考訊號，但經由腦海迴路發現，按了⬆，自我進行糾正重按。

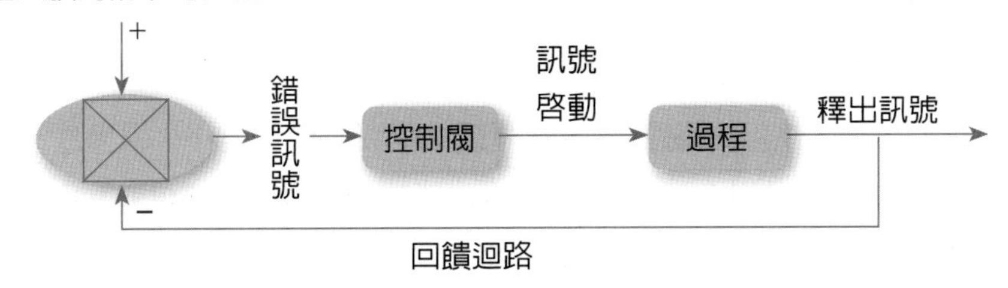

圖 5-7 自我警覺腦海迴路圖

其次，靠周遭線索偵測疏失。例如，靠牽制、靠警告語句、靠跟別人聊等。最後，外力協助靠儀器，例如，電腦中打錯英文字時，字下方會出現紅色線或靠別人的提醒。

▶ 錯誤偵測率與錯誤類型

根據研究（Rizzo, *et al.*, 1986），整體來說，錯誤類型與錯誤總數，相對的百分比是，技術型錯誤（SB）爲60.7%，規則型錯誤（RB）是27.1%，知識型錯誤（KB）占11.3%。至於相對應的錯誤偵測率，分別是技術型錯誤偵測率是86.1%，規則型錯誤偵測率73.2%，知識型錯誤偵測率 70.5%，見圖5-8，也就是說，技術型錯誤高，而被偵測到的比率也高，也符合表5-3所示。

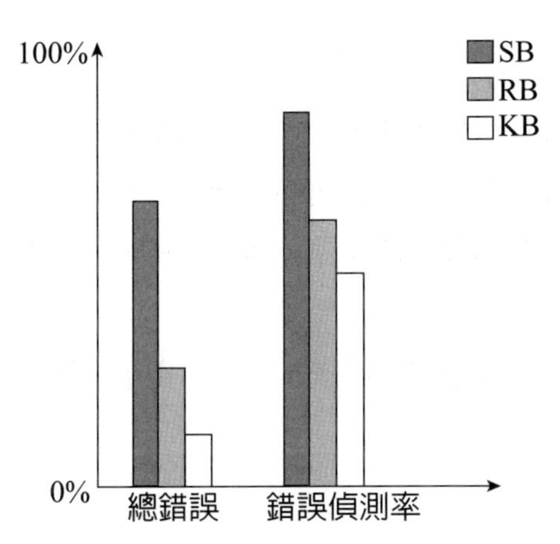

圖 5-8 錯誤偵測率

2. 人為疏失作業風險應對─控制與融資

人爲疏失作業風險應對主要分**風險控制**（Risk Control）與**風險融資**（Risk Financing），風險控制旨在降低損失發生機會與縮小嚴重度，對人爲疏失作業風險控制來說，就是降低作業時錯誤發生的機會與其影響的嚴重性。風險融資則屬彌補損失的財務融資安排，因風險控制無法完全消除人爲疏失。

就風險控制來說，首先，重視**人因工程設計**（Ergonomic Design）。人因工程設計是關於人們與使用事物介面間，配適程度的一種設計。看下圖5-9的設計，就容易混淆，產生錯誤。

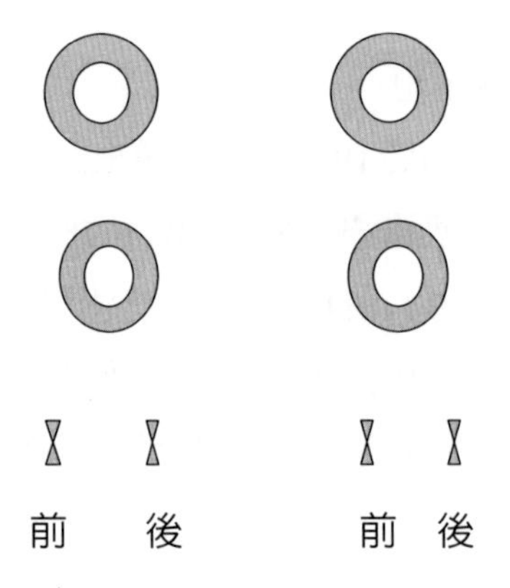

圖 5-9 介面設計

上圖的設計容易產生錯誤，人因工程就是要盡量消除錯誤的來源。其次，改變工作流程，改善警示標語的設計與評估人的可靠度。就警示標語來說，眞正會遵守警示標語的比例不多，見圖5-10，如何提高也是人因工程須留意的。

其次，善用智能決策支援系統，例如：電腦支援系統提供What if一連

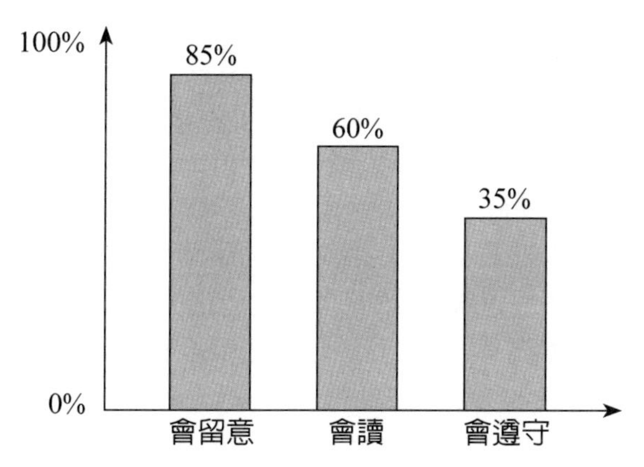

圖 5-10 警語效果

串提醒的問題。活用記憶輔助工具，並且建置人爲疏失的關鍵風險指標[3]（KRI: Key Risk Indicator）。最後，重視教育訓練。

另一方面，重風險融資的各類保險保障，尤其責任保險與保證保險。人爲疏失容易引發各類風險與災難，其中法律責任與契約責任風險在作保險融資安排時，更不可漠視，可利用的責任保險與保證保險可包括：一般責任保險、公共意外責任保險、雇主責任保險、汽車責任保險、履約保證保險、員工誠實保證保險等。

如何確保遊覽車駕駛的警覺心

A. 遊覽車駕駛的人為疏失問題所在

遊覽車駕駛常常長途長時間開車，最容易因疲勞缺乏警覺，引發人為疏

[3] KRI與大家較熟悉的KPI（Key Performance Indicator）不同。KPI是落後指標；KRI是領先指標，KRI是控制作業風險的重要工具。

失釀成事故。遊覽車駕駛常因輪班，日夜顛倒，睡眠不足，公司為了安全想修改駕駛輪班表，確保駕駛的警覺心，那麼該如何改善？

B. 改善辦法

1.按照生理時鐘重新設計輪班表，並減少連續駕駛天數。

2.駕駛座重新依人體工程設計，增加舒適度降低長途開車的疲勞。

3.駕駛休息室設置舒適搖椅與有助於恢復疲勞的娛樂設施。

4.實施輪班工作的教育訓練，教導如何適應輪班生活，管理睡眠與家庭生活如何調適等。

5-3 壓力與風險

嚴格說，壓力（Stress）與壓覺（Pressure）有差別，前者完全是心理感受，或稱壓力感，後者則以感覺為基礎的心理感受，例如，重物壓你手上的感覺，就是壓覺。每人都有壓力與壓覺，只是程度有別，如無特別說明，此處都用壓力一詞。

壓力有來自工作的、有來自家庭的、有來自學業的與來自其他方面等。壓力下，人們的情緒會緊張、焦慮、恐慌，決策判斷容易失準，工作上也容易疏失，長期壓力下，也會產生健康問題，面對危機時，壓力也大。因此，壓力自然與風險有關聯。

1. 壓力的意義與模型

▶ 壓力的意義

壓力在心理學上，有三種解釋：一種是指客觀環境中存在的威脅性刺激，例如，地震或火災等危害風險（Hazard Risk）；一種指的是反應型態，就是威脅性刺激引起的反應型態，簡稱壓力反應型態；最後一種指的是刺激與反應間的互動關係（張春興，1995）。此處如無特別說明，偏向採用第三種的解釋。

刺激與反應間的互動過程中，會涉及人們的認知活動，如認知上可克服威脅，對該人們來說，就不構成壓力。其實壓力對人們而言，有壓力反而能有所成就，這是正向的壓力，不是壞事，英文稱「Eustress」，例如，努力讀書給自己適度壓力。很多壓力則是負面的，這對人們會導致身心不良，英文稱「Distress」。其次，壓力可以測量，這稱爲壓力感，例如，生活上壓力感最大的是，配偶亡故，其次是，離婚，夫妻分居。生活上輕微的涉訟事件，反而壓力感最小（Holmes and Rahe, 1967）。

▶ 壓力模型

刺激與反應間的互動關係，可視爲簡單的因果互動關係，壓力來源與經由環境的調節，視爲「原因」這一方，生理、心理、行爲的反應與克服壓力的方法，視爲「結果」這一方，這種因果的互動過程，見下圖5-11（Glendon and McKenna, 1995）。

首先，觀察左邊的壓力因子，有來自工作上的，生活上的，也有來自心理的挫折，或衝突等等各方面，這些壓力因子，會經由環境獲得調節。例如，工作中另一伴的體恤，同事的安慰等或讓壓力減緩或還是無法紓解。

其次，看圖右邊的結果，產生生理的反應。例如，患心臟病等。或產生心理的反應。例如，燥鬱症、焦慮等。或行爲上做出極端的行爲。例如，自殺等。最後，克服治療壓力，可靠瑜伽訓練消除或靠心理醫生治療等方式。

▶ 工作職場的壓力來源

對職場員工來說，減輕其工作壓力，進而增進生產力，是人因工程設計（Ergonomic Design）上與組織人事部門，提升員工心智福祉（Mental

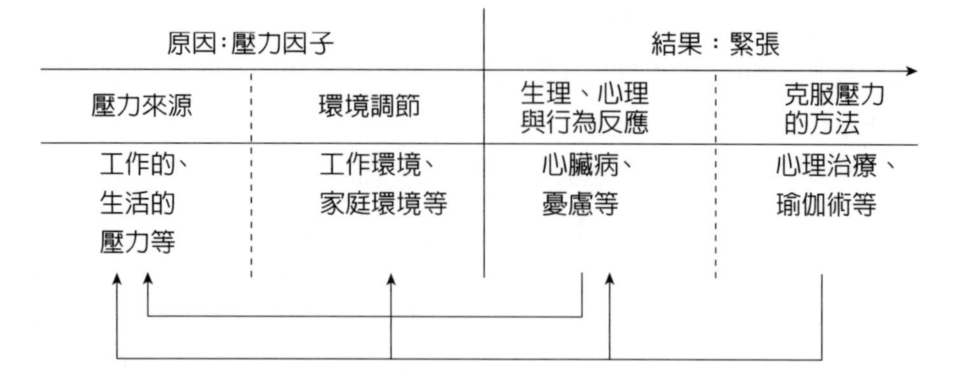

圖 5-11 一般壓力模型

Well-Being)的重要工作，也就是工作上，考慮人因的設計，人事部提出完善的壓力管理（Stress Management）計畫，是使員工工作暢快，心情愉快的利器。如果組織無法善用這些利器，組織也會像人一樣，變成不健康、不良的組織。員工工作壓力的來源，根據下圖5-12，依序說明。

首先，最左上方，組織與社會心理曝險因子係指組織團體的性質引發的壓力來源，例如，慈善團體與化學工廠本質上，前者對員工壓力小，後者壓力大。至於社會心理曝險因子指的是社會氛圍引發的，例如，這行業工資低會受人看不起或這種行業被汙名化也受人看不起，這就構成對員工的直接壓力。最右上方的工作上的外部問題涉及員工外部的交友與感情等，而與工作無直接關聯的因素，也會間接形成壓力。綜合這兩個因素，可能形成員工心理的不平衡，或因其工作需要與解決問題能力間的不搭配，就更會構成心理重大壓力。其次，工作超時過勞或閒散也會成員工壓力的來源，外加工作上沒有發表意見的機會，這些壓力經驗就形成生產力消退，工作表現欠佳，長期累積下來，員工身心疲乏、身體受傷害，導致不健康、生活品質差，最後也就影響組織變成不良組織。

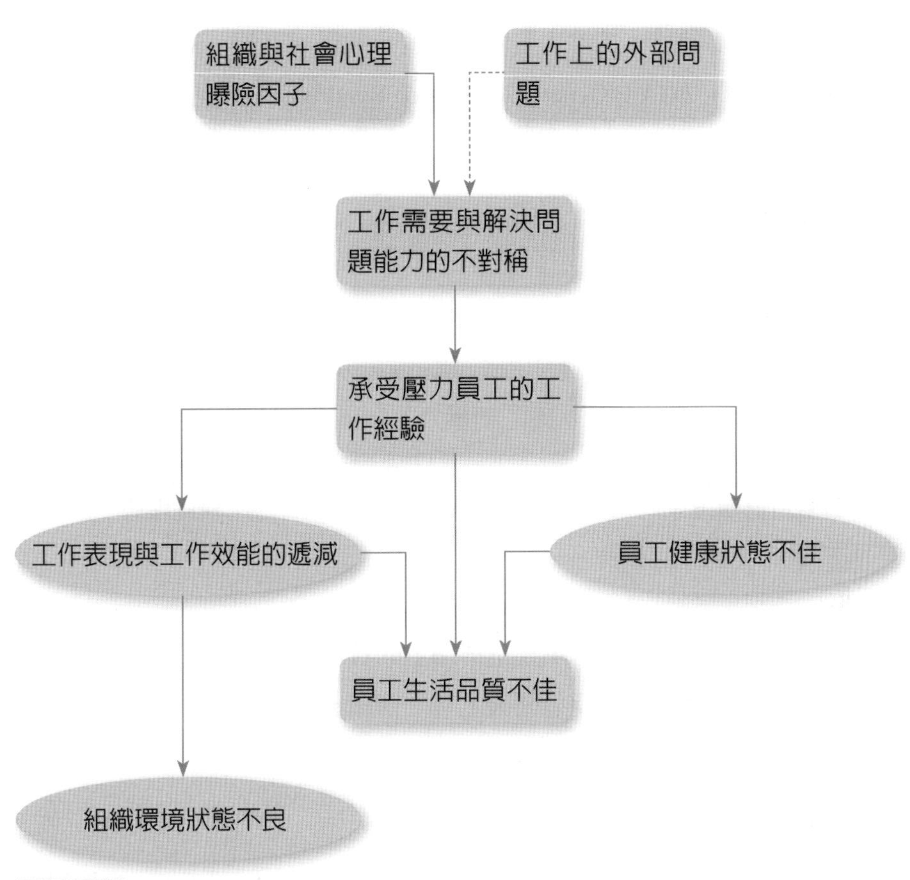

圖 5-12 員工工作壓力的來源

2. 壓力下的身心反應

人們面對壓力時，身心均會有所反應，也就是生理與心理的反應。同時，壓力也會有長短，短期壓力，對人傷害不大，過於長期的壓力，對人的身心傷害就較大。

▶ 生理與心理反應

壓力下，生理的反應，不是攻擊，就是逃避，也就是應急反應。生理的反應會有一段適應期，隨著時間會出現幾個階段，是爲警覺反應階段、抗拒階段與衰竭階段，加拿大著名的生理心理學家賽黎（Selye, H.）稱爲**一般適應症候群**（GAS: General Adaptation Syndrome），見圖5-13。

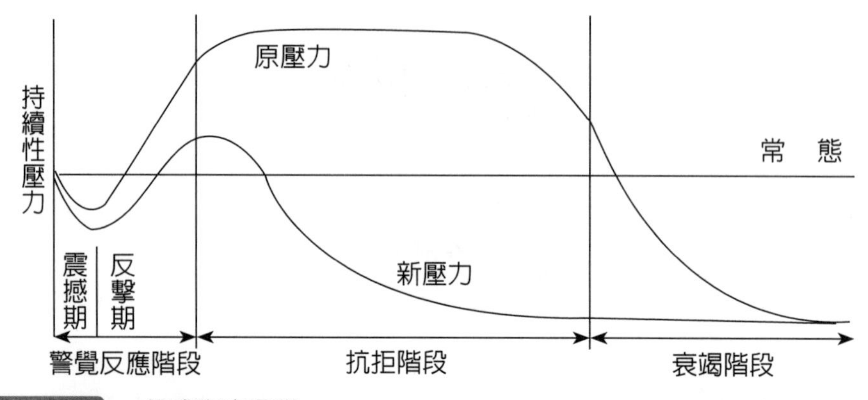

圖 5-13　一般適應症候群

其次，心理上的反應，主要是情緒上的負面反應，任何人均希望沒壓力下工作生活，這情境可能只聞天上有。情緒上出現的負面反應，例如，焦慮、緊張、恐懼、憂鬱、冷漠等。

▶ 壓力與工作表現

心理學家葉克斯（Yerkes, R.M.）與杜德遜（Dodson, J.D.）曾做過心理壓力、工作難易度與工作表現好壞間關聯性的實驗，發現如果工作簡單，要給高的壓力，表現才能好，工作太難時，盡量不給壓力或給輕微的壓力，工作表現就會好，如果工作難易適中，壓力適中就好，這稱爲**葉杜二氏法則**（Yerkes-Dodson law），見圖5-14。

其次，從各種球賽看地主隊的表現，也可知道心理壓力對工作表現的影響，在勢均力敵下，通常地主隊決賽勝率低於50%，見圖5-15與圖5-16。圖中顯示初賽時，地主隊勝率都很高，複賽次之，決賽時最低。

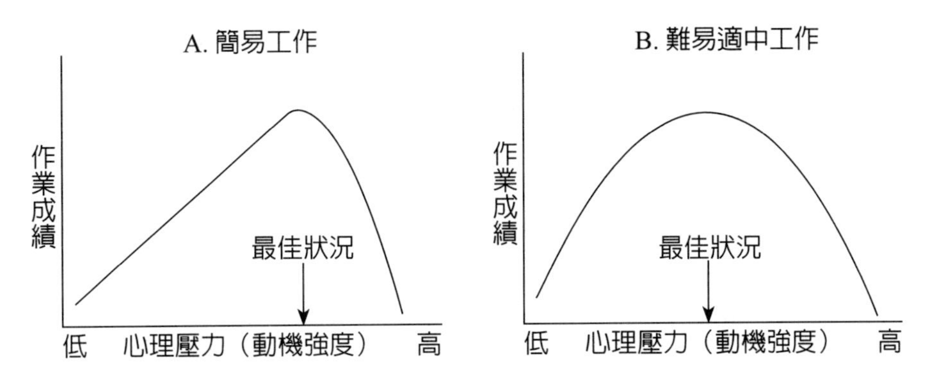

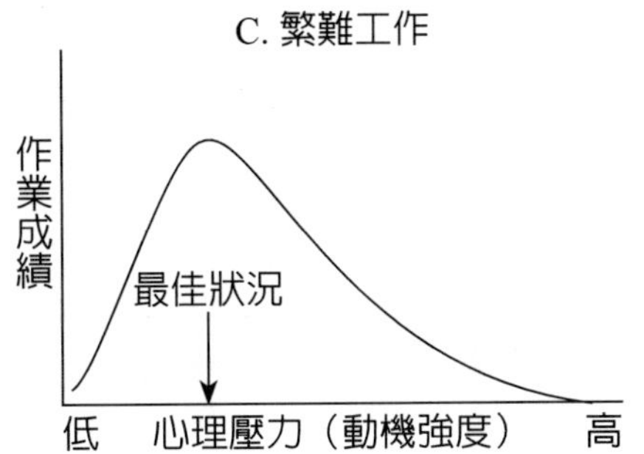

圖 5-14 工作表現與壓力

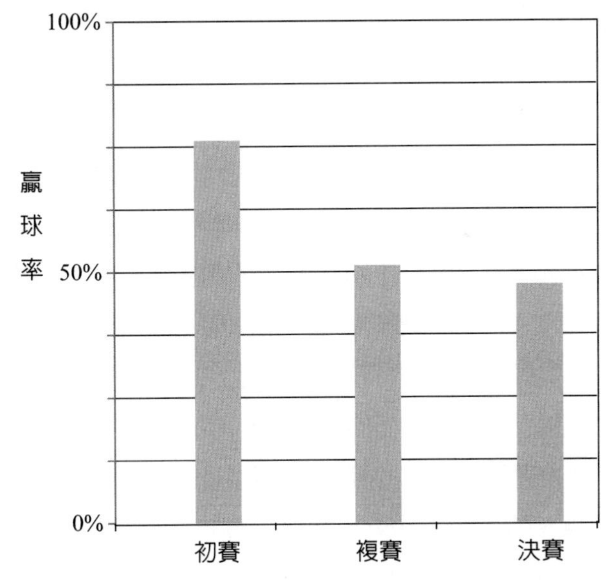

圖 5-15 地主隊勝率（棒球）

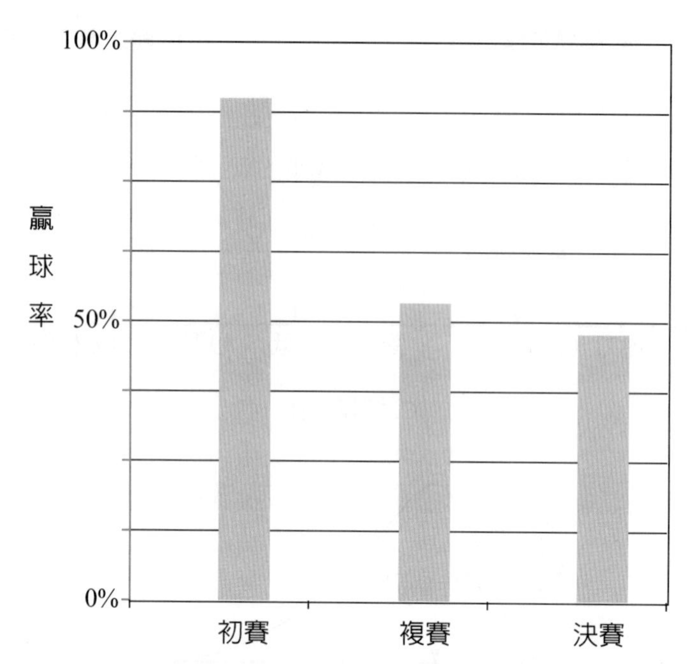

圖 5-16 地主隊勝率（籃球）

3. 壓力與健康風險

▶ 性格、壓力與健康

壓力下影響身心，如再加個人性格因素，那麼壓力與身心健康的關係，就難說。根據張春興（1995）的說法，壓力不一定影響健康，如有影響的話，壓力可能是影響健康的直接或間接原因。個性達觀開朗的人比內向愛鑽牛角尖的人，更能減除壓力對身心健康的影響，而且適度的壓力對人們，也不是不好。因此，可較肯定的說，性格、壓力與健康間，都有其關聯，但此種關聯，如是負面的，則有其前提要件。

其次，壓力與健康間，心臟病、消化性潰瘍與免疫系統破壞，均經證實與壓力有關（張春興，1995）。至於性格與健康間，美國心臟學會在1981年就將A型性格，列爲人們罹患心臟病的重要危險因子，當然罹患心臟病還有家庭遺傳、個人體質與生活習慣等因子。

▶ 創傷壓力症候群（PTSD）

壓力與健康間，近年來，**創傷壓力症候群**（PTSD: Post-Traumatic Stress Disorder）備受重視（Glendon and McKenna, 1995）。創傷壓力症候群是人們面臨極度異常情況下，長期形成的精神壓力造成，例如，小孩面對婚姻暴力，或女孩被強姦或人們遭受綁架、拷問、刑求或人們經歷戰爭與天災地變災難形成的壓力，長期生活在此陰影下，就易罹患創傷壓力症候群。職場工作意外也會導致員工罹患此症。罹患此症的症狀，包括對任何事無感、有自殺傾向、長期失眠、憂鬱焦慮等症狀。

4. 如何克服壓力

壓力都是落在人們身上，要克服它，必須靠自己與外力協助，當然，也不能保證可完全消除壓力，但至少能減緩。

▶ 自我釋壓

個性決定命運，也決定你我的健康，前面曾提的A型性格與心臟病，就是最佳注解。按照佛洛伊德（Freud, S.）的說法，每個人都有本我（id），自我（ego）與超我（super-ego）。其中除「本我」是天生的外，自我與超我都可靠學習與修練，成爲達觀與心胸開闊之人，進而改變性格。要達成此境界，是有可能，但也不是每人均可辦到。

其次，能成爲達觀與心胸開闊之人，當面對工作壓力時，自然是退一步海闊天空，懂得看開，釋壓。排解工作壓力，消除緊張、焦慮，很多方法，例如，找人聊開，或做做瑜伽或出國旅遊或改變日常生活型態等，都是好方法，如還是解除不了，得找心理醫生諮詢。當面對感情壓力時，不要鑽牛角尖，要懂得「三草」定律[4]中的一草——「天涯何處無芳草，何

[4] 兔子不吃窩邊草，好馬不吃回頭草，天涯何處無芳草，總共出現三次「草」

必單戀一枝花」。

最後，提醒一句，面對任何事，個人可控制處理者，就放心、不用操心，無法控制處理者，煩惱操心也沒用，所以天天要開心，壓力感就無，才是處世王道。

▶ 外力協助與支持

針對工作壓力，克服壓力，須尋求外援。最重要的外援，當然來自工作中的組職團體，尤其組職團體中的人事部門。人事部門針對員工要有完善的壓力管理計畫，例如，完善的輪班與輪休計畫；健康提升計畫，例如，上班時做健康操；制定員工**協助方案**（EAP: Employee Assistance Programme），例如，組織內部設置心理治療師。這些固然會增加運營成本，但其報酬也高。根據統計，美國企業投資一塊錢在員工協助方案，平均可獲得三塊錢報酬（Glendon and McKenna, 1995）。其次，來自**社會支持**（Social Support）網絡，也就是組職團體外的各類社會資源，例如，各種健康中心，心理諮詢中心等。

人為疏失會引爆各種風險事件，而疏失原因眾多，也最不容易防範。其次，人們在壓力下，雖然不一定犯錯，但長期壓力下，還是會影響人們的身心健康。因此，管理任何風險，人因可靠度的提升，應可說是重中之重。

字，故稱三草定律。

關鍵重點搜查中

1. 人因涉及三個問題：(1)個人特質與工作性質間，如何配適的問題；(2)在什麼樣的組織環境工作；(3)工作與組織環境對人的健康與安全行爲有何影響的問題。
2. 人爲疏失最爲典型的原因分別是：
   (1)個人因子部分：①個人技術與才能低落；②過於勞累；③過於煩悶沮喪；④個人健康問題。
   (2)工作因子部分：①工具設備設計不當；②工作常受干擾中斷；③工作指引不明確或有遺漏；④設備維護不力；⑤工作負擔過重；⑥工作條件太差。
   (3)組織環境因子部分：①工作流程設計不當，增加不必要的工作壓力；②缺乏安全體系；③對所發生的異常事件反應不當；④管理階層對基層員工採單向溝通；⑤缺乏協調與責任歸屬；⑥健康與安全管理不當；⑦安全文化缺乏或不良。
3. 人的可靠度係指特定狀況下，特定期間內，完美工作績效的機率。人爲疏失分兩種，一爲人爲錯誤，另一爲犯規。
4. 錯誤類型與人們一連串行動的認知階段有關，錯誤形式與錯誤類型無關，它是指在所有認知活動中，重複出現的失誤。錯誤類型包括技術型錯誤、規則型錯誤與知識型錯誤。
5. 犯規是違背規則或規章或規定，就是人們做了不可接受或不該做的事，它能夠被當成冒險的一種形式。
6. 人們面對風險情境時，風險本身容易影響人們的決策判斷與行爲方式，這種方式與面對無風險情境時，可能會不同，進而容易引發人爲疏失。風險易釀成錯誤常因人們的恐懼害怕心理。
7. 經常搞錯或誤解規則的人就是有錯誤傾向特質的人。錯誤期待是人們可能潛意識裡希望工作出個小差錯（當然不希望發生大災難或傷亡），讓主管能把他調開，別做這種危險工作，這種心理就是錯誤期待。
8. 偵測人爲疏失有三種方法，一個就是靠自我警覺；一個就是靠周遭的線索；最後靠外力協助。
9. 風險控制旨在降低損失發生機會與縮小嚴重度，風險融資則屬彌補損失的財務融資安排。

10. 壓力有三種解釋：一種是指客觀環境中存在的威脅性刺激；一種指的是壓力反應型態；最後一種指的是刺激與反應間的互動關係。

11. 創傷壓力症候群是人們面臨極度異常情況下，長期形成的精神壓力造成。

腦力激盪大考驗

1. AI智能人的出現就不會有（或仍會有）人爲疏失，你（妳）的理由何在？
2. 有壓力更容易產生人爲疏失嗎？你（妳）的理由何在？
3. 課業壓力繁重，該如何減壓？
4. 公司對人爲疏失的作業風險該如何應對？
5. GEMS能說明什麼？PTSD是什麼？
6. 甲成績時好時壞，乙成績平穩，哪位可靠度高？

參考文獻

1. 張春興（1995）。*現代心理學*。台北：東華書局。
2. ACSNI: Advisory Committee on the Safety of Nuclear Installations(1991). *Human reliability assessment-a critical overview.*
3. Breakwell, G.M.(2007). *The psychology of risk*. Cambridge: Cambridge University Press.
4. Cox, S.J. and Tait, N.R.S.(1993). *Reliability, safety and risk management-an integrated approach.* Oxford: Butterworth-Heinemann.
5. Deery, H.A. and Love, A.W.(1996). The effect of a moderate dose of alcohol on the traffic hazard perception profile of young drink-drivers. *Addiction.* 91. Pp.815-

827.

6. Deitz, S.R.E. and Thoms, W.E.E.(1991). *Pilots, personality, and performance: human behavior and stress in the skies*. New York: Quorum Books.

7. Glendon, A.I. and McKenna, E.F.(1995). *Human safety and risk management.* London: Chapman & Hall.

8. Grasso, B.C. *et al.*(2005). What is the measure of a safe hospital? Medication errors missed by risk management, clinical staff, and surveyors. *Journal of psychiatric practice*. 11. Pp.268-273.

9. Holmes, T.H. and Rahe, R.H.(1967). The social readjustment rating scale. *Journal of psychological review*. 75. Pp.242-259.

10. Horswill, M.S. and McKenna, F.P.(1999b). The effect of perceived control on risk taking. *Journal of applied psychology.* 29. Pp.377-391.

11. HSE(1999). *Reducing error and influencing behaviour*.

12. Park, K.S.(1987). Human reliability. *Advances in human factors/ergonomics.* Amsterdam: Elsevier.

13. Rasmussen, J.(1983). Skills, rules, knowledge: signals, signs and symbols and other distinctions in human performance models. *IEEE transactions: systems, man & cybernetics.* SMC-13. Pp.257-267.

14. Reason, J.(1995). *Human error.* Cambridge: Cambridge University Press.

15. Reason, J. (1987). The Chernobyl errors. *Bulletin of the British Psychological Society.* 40. Pp.201-206.

16. Reason, J. *et al.* (1994). *Bending the rules: the varieties, origins and management of safety violations.* Leiden: Rijks Universiteit Leiden.

17. Rizzo, A. *et al.*,(1986). Human error detection processes. In: Mancini, G. *et al.*, eds. *Cognitive engineering in dynamic worlds.* Ispra, Italy: CEC joint research centre.

18. Stein, J.G.(1988). International negotiation a multidisciplinary perspective. *Negotiation Journal*. 4. Pp.221-231.

第六章

情緒與風險

學習目標

1.認識情緒的性質與理論。

2.了解風險可能引發的各種情緒。

3.認識情感捷思的作用。

4.了解偏好逆轉現象。

/只要是人，都有喜、怒、哀、樂與七情六慾/

人們的情緒（Emotion）與情感（Affect）在風險評估與風險決策行爲過程中，扮演何種角色？有句話「情不自禁」正說明了，情緒的影響力。很多時候，人們面對選擇決策時，第一個反應可能就是情緒或情感，尤其涉及與人有關的決策，例如，做裁員決策時。人們在日常生活中，也都會有情緒，時好時壞，均屬正常，但如果常處於極端的情緒，就不正常，心理學稱患了情感症（Affective Disease），也就是憂鬱症、躁鬱症與躁狂症。情緒與情感會連動，情緒與動機也有關，但有所不同，情感會影響態度，也就是對某人、事、物的喜歡與厭惡，就會影響對那人、事、物的態度。在風險心理領域裡，傳統上，透過風險認知，主導解釋風險評估與風險決策，然而，近年來，情感捷思（Affect Heuristic）的研究，已對傳統由風險認知主導的地位，形成重大挑戰。也就是說，解釋風險評估與風險決策，現在學術領域，已形成情緒與認知兩個不同的系統。本章首先說明情緒的性質與情緒理論，其次，說明情感捷思（Affect Heuristics）與各情緒狀態，在風險評估與風險決策行爲中扮演的角色。

6-1 情緒的性質與理論

佛家說：「人生如苦海」，也就是說人的一生，苦這個負面情緒，多於歡樂正面的情緒。據文獻記載（張春興，1995），歡樂、開心的情緒占七分之二，苦、不愉快的情緒占七分之五。

1. 情緒的性質

情緒就是人們受到刺激（包括人、事、物，這其中就含括可能的傷害或災難風險）時，引發的身心激動狀態。情緒一來，對身心與行爲的影響力極大且不易把持與控制。平常時期，最明顯的例證，無非是看成人片的性興奮，這種性興奮情緒的影響力極大，無法控制就可能成強姦犯，即使行為可控制，但凡人心跳已極快速，有項限制級預測性興奮的實驗（Ariely, 2009），即可說明這種情緒狀態。

其次，情緒的概念有四種含義，值得留意（張春興，1995）：

第一、所謂情緒，當然是由刺激引起，它不是自發性的。例如，聽聞配偶死亡，就大哭，配偶死亡的訊息就是刺激。

第二、情緒是個人主觀的體驗。喜、怒、哀、樂，只有個人能體會其滋味或辛酸，旁人頂多透過察言觀色的感知或認知得知，其中滋味，則無法體驗。也因此，情緒很難客觀測量，只能採用內省式的自述量表法來研究。

第三、情緒來時，掌控不易。個人處於情緒狀態時的身心與行為反應，當事人難控制，審訊犯人的測謊器，即基此設計。

第四、情緒與動機有連帶關係，但兩者也有別。例如，飢餓的生理需求，引發要吃的動機，酒足飯飽後的快樂滿足，就是情緒。情緒與動機的差別就在於，動機源自內外在需求，情緒則來自刺激。再者，情緒是一時的，動機則是持久的。

2. 情緒的表達

人是情緒性的動物，人們情緒的表達，主要在臉部與肢體，故有「察言觀色」一詞。**情緒表達**（Emotional Expression）是指人們將其情緒透過行為表現於外，讓別人知道其心理感受，進而達到溝通目的。

▶ 臉部表情

人們各種臉色（參見下圖6-1），就是臉部表情，例如，愁眉苦臉，眉飛色舞，橫眉豎眼，開懷大笑等。這些都代表人們一時的情緒。針對災難風險，看了地球末日影片，心生恐懼感，情緒就可能被促動，形諸於臉部。電影院中，偶聽聞驚叫聲，也就不足為奇。

圖 6-1 人的各種臉色代表情緒

根據文獻（張春興，1995），除了一出娘胎的哭聲外，人們出生後四個月，即可經由臉部，表達出情緒，其中，恐懼的情緒發展較晚，約需六個月。

▶ 肢體語言

人與人間交流，傳遞的全部訊息中，55%來自肢體語言，7%來自語調，38%來自聲音，可見觀察肢體語言大可了解人的心理情緒，甚至個性與國籍。所謂**肢體語言**（Body Language）是指經由人體的各種動作，代替語言達到溝通的目的，廣義的肢體語言包括臉部表情，狹義的肢體語言則僅指身體與四肢動作所代表的意義。例如，手心向下握手的人很霸道，走路低頭的人代表沮喪、心事重重，坐姿成兩腿交叉成「4」字型的，大概可判斷他（她）是德國人。從肢體語言中，也可觀察人與人間的親密程度，如果兩人很親密，那麼相隔距離近0.5公尺（情侶更近），如是陌生人則相距達三公尺以上。人們面臨風險情境時，同樣會產生各種不同的肢體語言。

3. 情緒理論

對一般情緒，心理學上有四種主要的理論解釋，分別是詹郎二氏理論（James-Lange Theory），坎巴二氏理論（Cannon-Bard Theory），斯辛二氏理論（Schachter-Singer Theory）與相對歷程理論（Opponent-Process Theory）（張春興，1995）。

▶ 詹郎二氏理論、坎巴二氏理論與斯辛二氏理論

心理學功能主義創始人是美國心理學家詹姆斯（James, W.），他首創反常識的情緒理論，也就是說一般對情緒的解釋，是人會笑是因快樂，人會哭是因爲傷心，人戰慄是因恐懼，但詹姆斯（James, W.）卻主張，人快樂是因爲笑，人傷心是因爲哭，人恐懼是因戰慄。這種反其道的情緒解釋理論，強調的是，情緒由身體生理變化引起，而不是由外在刺激引起。之後，丹麥心理學家郎奇（Lange, K. G.）也提出類似反其道的情緒解釋理論，也就合稱爲詹郎二氏理論。這理論因引發太多爭議，反對詹郎二氏理論的坎巴二氏理論 ，於焉興起。

針對詹郎二氏理論的解釋，美國生理學家師徒，老師坎農（Cannon, W.B.）與其弟子巴德（Bard, P.）經由實驗驗證了詹郎二氏理論是錯誤的，因情緒固然有生理變化，但單靠生理變化，難斷定發生何種情緒，例如，同樣是心跳，到底是興奮、恐懼還是憤怒的情緒？這就難斷。也因此，這兩位師徒建立了坎巴二氏理論。簡單說，坎巴二氏理論是認爲情緒起因於刺激的感知，而生理變化與情緒同時發生。

最後，斯開特（Schachter, S.）與辛格（Singer, J.）認爲人們對刺激的感知與對生理變化的感知（自己覺得如何的意思），才形成情緒，這是斯

辛二氏理論，又稱爲情緒二因論。這理論對生理變化感知的主張是坎巴二氏理論所忽略的。

▶ 相對歷程理論

除前列三種情緒理論外，另外一種新的理論稱爲情緒相對歷程理論，它有別於前三種理論，該理論主要著眼於情緒變化的歷程，俗諺「苦盡甘來或樂極生悲」，是對該理論最好的注解，參閱下圖6-2。

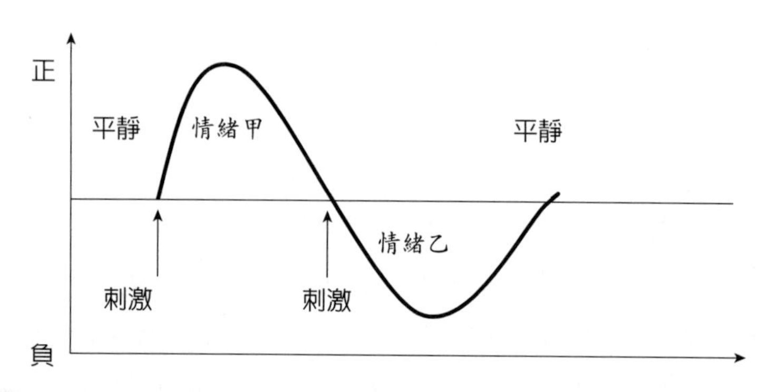

圖 6-2 情緒相對歷程理論

情緒相對歷程理論是基於情緒狀態時生理上會產生特殊變化的假設，也就是人腦職司情緒的部位，會發生正反向的相對作用，痛苦情緒隨而伴生快樂情緒，反之亦然，如上圖顯示。人類生活行爲上，太多這種例證，例如，高空彈跳、三溫暖浴、使用信用卡、抽菸等。

6-2 各種情緒與風險

情緒是人們面臨某人、事、物時的一種心情狀態，有別於對那人、事、物固著的情感，雖然情感與情緒有關，但仍有別。在風險領域中，人們的情緒狀態如何影響風險感知與風險行爲，是值得留意的課題。

1. 憂慮與風險

憂慮的心情容易導致困擾、過度關注與放鬆不下的情緒。同時，憂慮會影響認知，也已被確認（Leventhal, 1984），它可解釋自我與他人的行爲。某人、事、物的危害會擴大人們的憂慮情緒，巴龍（Baron, J.）等發現風險感知機率愈高，憂心愈強，特別是普羅大眾（Baron *et al.*, 2000）。憂慮是針對未來，產生的一種現在情緒，有句話說，「人無遠慮，必有近憂」，是最好的注解。面對未來的風險，人們會憂慮，自是自然。也很明顯，憂慮與後悔的情緒自是不同，後悔是針對過去所作所爲，事後產生的情緒。事前對風險有所擔憂，人們自然會趨吉避兇，事後後悔沒投保，一般人也會記取教訓，所以就管理風險的決策來說，憂慮與後悔的情緒是可能改變風險行爲決策的。此外，人們經歷憂慮的次數愈多，一般來說，對某特定風險就會愈留意。其次，伯格史特龍（Bergstrom, R.L.）與麥科（McCaul, K.D.）針對是否可根據憂慮情緒，預測人們在911恐怖攻擊後，搭飛機的意願？他們的研究旨在探討憂慮情緒在風險行爲決策中扮演的角色。研究結果（Bergstrom and McCaul, 2004）表明，憂慮情緒是預測搭飛機意願的強烈指標。

▶ 情緒與感知孰先？

情緒可說是一時的，感知則不同（參閱第三章），但有關聯。感知與情緒在評價風險（參閱圖1-1）時，何者爲先？也是心理學領域興趣的課題。蘭德默（Rundmo, T.）利用結構方程（SEM：Structural Equation Model），採用兩個對照組，分析探討了這有趣的話題（Rundmo, 2002）。一組設計是先有情緒，才有風險評價；另一組設計是先有風險評價，才有情緒。簡單說，風險評價是風險感知的心理過程（參閱圖1-1），所以蘭德默（Rundmo, T.）的研究可換句話說，人們在評價風險時，情緒與感知何者爲先？結果表明，一般來說，人們在評價風險時，是情緒先導引感知，也就是說，人們針對評價的風險，會先產生整體印象與情緒，之後才產生感知風險的心理過程，尤其對風險的情感層面，更影響後續的感知，這個對風險的情感常屬於負面的情緒，也就是種憂慮。皮特斯（Peters, E.）等也發現，相對於風險感知來說，對醫療疏失的憂慮情緒是預測人們事先採取預防行爲的較佳指標（Peters *et al.,* 2006）。

▶ 「好擔心」的現象

依前述，適度的憂慮對管理與評價風險有正面作用，但過度憂慮的**好擔心現象**（The Worried-Well）可能適得其反。好擔心並不意味著人們的實際風險行爲一定不理性，而是指人們存在著非理性的心態。這種心態，容易引發其實沒事，但還是好擔心的現象（Breakwell, 2007），例如，告訴病人說其實沒病，但病人不相信，因其生理現象跟其他病人很像導致他（她）很擔心自己得了什麼病，醫生可能開個安慰劑給他（她），其實安慰劑可能就是維他命丸。再如，某人HIV測試是陰性，沒得愛滋病，但還是很擔心患上愛滋病，要求反覆測試的現象。另外一種好擔心現象就是**集體精神官能症候群**（Mass Sociogenic illness），例如，傳染病流行期間，這種好擔心的現象症候群就容易存在。美國在1988 年加州發生過男性退伍軍人的毒性瓦斯集體精神官能症候群現象。這種集體精神官能症候群其實與健康風險的醫學證據無關，而是與認同及信念有關，認同與相信別人也跟自己症狀一樣，從而過度憂慮，所產生的集體憂慮現象。然而，目前心理學領域，還不了解什麼因素促成這種好擔心現象（Breakwell, 2007）。

2. 後悔與風險

後悔通常是事後感覺引發的情緒，是回想的概念，但在風險領域，有心理學者創新了一種「**預期後悔**」（Anticipated Regret）的概念。例如，人們會選擇迴避某項風險，是因事先已預期到，如果從事那個風險的活動，後果一定不好，會悔之莫及，因此就會迴避，這種事先可設想得到的後悔感覺，就是預期後悔的概念。研究顯示（Van der Pligt and Richard, 1994; Richard *et al.*, 1996），成年人會不會從事危險性行爲，會因預期後悔而選擇克制。霸克（Bakker, A.B.）等的研究也表明，當人們對不用保險套有預期後悔想法時，那麼實際「敦倫」（古語，性行爲的意思，但用在夫妻關係上）時，更願意用保險套（Bakker *et al.*, 1997）。預期後悔也可用來預測人們財務風險活動的深度，也就是預期後悔如果強烈，那麼活動減少（Zeelenberg and Beattie, 1997），例如，投資股票，就會少投資些，想賭，但賭小，別賭太大。同樣，預期後悔也可用來解釋人際關係與消費行爲等現象（Zeelenberg, 1999）。

3. 害怕、生氣、暴怒與風險

情緒在人們**自我保護行爲**（Self-Protection Behavior）的重要性，一直以來被忽略，尤其對某人、事、物情感引發的生氣、暴怒與害怕的情緒，研究文獻並不多。文斯坦（Weinstein, N.D.）等針對人們想起颶風時，害怕的情緒是否會激勵採取自我保護的行爲進行研究，結果發現，人們採取自我保護的行爲，不是害怕情緒的激勵，但抗災努力失敗因而沮喪時，會出現害怕的情緒（Weinstein *et al.*, 2000）。其次，研究顯示（Lerner and Keltner, 2000），害怕會使人們對風險做出悲觀的判斷，生氣反而使人們對風險做出樂觀的判斷。因害怕而悲觀，那麼採取自我保護行爲的意願就可能低，渴望的是，別人的協助。費雪耳夫（Fischhoff, B.）等的研究，則發現害怕會使人提升感知風險，這也是人們會接受更多防範風險政策的原因；生氣則會降低感知風險，也因而會對風險做出樂觀的判斷（Fischhoff *et al.*, 2005）。

其次，針對暴怒與風險間的關聯，杉得曼（Sandman, P.）的**暴怒模式**（Outrage Model）融入了人們對風險感知的因子，並主張暴怒是普通民眾與專家群間，對風險評價會有所差別的主要理由（Sandman, 1989）。如果民眾被迫面對有毒害的風險而引發對身心的嚴重傷害，同時這種風險是掌握在有權力制定公共政策的人員手中，並以不公平的方式分配給不應承擔該風險的民眾，此時被迫面對有害風險的民眾，必然發生暴怒的情緒。暴怒與生氣並不完全是相同的情緒表現，面對有毒害的風險固然會生氣，但民眾之所以會暴怒主要是掌握權力的人制定了不符合社會公平正義的公共政策。例如，台灣新北貢寮區民對興建核四廠的暴怒抗議。同樣的，企業應防範重大危機對民眾的損害，但卻因缺乏倫理道德與社會公平正義的責任感，防範上產生疏失，那就會引發民眾的暴怒情緒。因此，企業也好，政策制定者也好，應該在管理風險的政策上多加考慮如何降低民眾的暴怒並列入重大危機管理計畫中。

4. 恐慌、恐怖與風險

恐慌（Panic）與恐怖（Terror）會影響人們對風險的感知與決策，例如，美國在911恐怖攻擊後，許多民眾對搭飛機旅遊的感知風險提高，改開車旅遊，但諷刺的是，因改變旅遊方式，改開車，其死亡人數反而超過數年前同期間的平均死亡人數（Gigerenzer, 2006）。其次，格拉斯（Glass, T.A.）研究1984至1994年十年間，美國與墨西哥受害民眾遭受巨災時的反應，發現受害民眾不必然產生恐慌的情緒，反而以集體行動採取自救行為，彌補政府緊急救援的不足（Glass, 2001）。事實上，心理學領域仍缺乏大量具體數據說明恐慌、恐怖與風險感知間如何關聯（Breakwell, 2007）。

從隨手塗鴉的情緒中，看人的內心

隨手塗鴉喜歡畫花或太陽的人，大多個性脆弱，想像力豐富。

隨手塗鴉喜歡畫簡單線條與人物，此時可能很無助或想逃避責任。

隨手塗鴉喜歡畫方形或三角形的人，這種人有明確信念與目的，不易上當。

隨手塗鴉喜歡畫圓圈或螺旋線的人，說明此人憂鬱或寂寞孤獨。

隨手塗鴉喜歡畫銳角和勻整橢圓形的人，很可能正感到無聊。

隨手塗鴉喜歡畫十字形的人，很可能苦惱、自責。

隨手塗鴉喜歡畫象棋棋盤的人，可能此人陷入為難的境地。

隨手塗鴉喜歡畫格子的人，此人可能缺乏自信心。

6-3 情感捷思

有情感（Affect）就會有情緒反應，例如，父母對子女受他人欺凌時，難免有情緒反應，因對子女有情感。情緒常深藏在人們的直覺裡與**情感捷思**（Affect Heuristic）中，同時，它在人們腦海中對訊息的認知與解讀過程中，也扮演重要角色。情感捷思對任何人、事、物，均會貼上某種程度的情感標籤，形成表徵（Representation），進而影響風險判斷與決策。扎優克（Zajonc, R.B.）強烈認爲情感是決策與判斷的重要因素，因情感是面對刺激物時的第一個反應，之後，情感會主導訊息的處理與判斷（Zajonc, 1980），這有如前曾提及的月暈效應。扎優克同時認爲人們對所有事物（當然包括風險）的感知，都含情感因素。例如，看到一棟房子，是好棒、好美的房子，這就含情感。情感在決策判斷的角色，有一著名的假說，那就是達嘛希歐（Damasio, A.R.）提出的**生理肉身標記假說**

（Somatic Marker Hypothesis）（Damasio, 1994）。這種假說是指當人們對某事物，其生理感覺是正向興奮的，就會被誘引，如果是負向冷酷的，就會發出警告，有這種生理感覺就能增強決策判斷的精準性，如果缺乏，決策判斷就容易失準。

情感捷思在判斷與決策上固然重要，然而，一直以來，心理學領域認爲人們對風險的感知、認知才是主導判斷與決策的重要因子，情感捷思扮演的角色以及情感與感知、認知間如何交互作用，研究文獻並不多見。國際風險感知權威斯洛維克（Slovic, P.）與其他研究者則針對各類涉及風險與效益的科技活動，利用兩種研究方法，得出情感捷思是造成感知風險與感知效益間呈反向關係（參閱第三章）的重要因素（Finucane, *et al.*, 2000）。同時，他們也發現提供風險與效益各自不同的訊息對情感好壞下的影響也不同，簡單說，訊息如何提供，可操控人們在情感好壞下，做出不同的決策判斷，參閱下圖6-3。

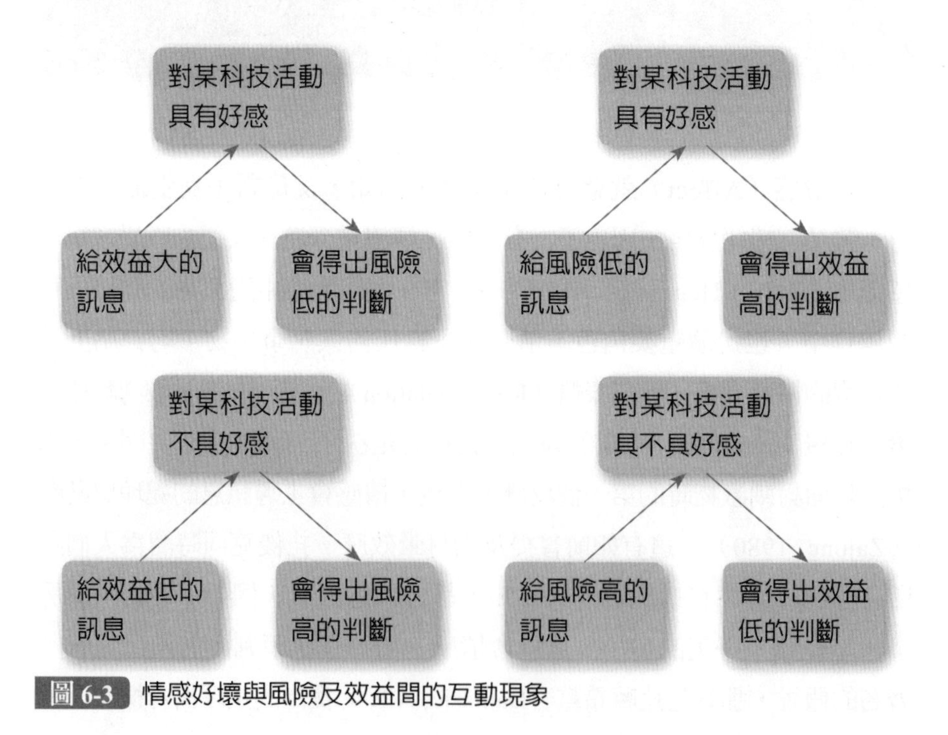

圖 6-3 情感好壞與風險及效益間的互動現象

從上圖可知，人們在對各種科技具有好壞不同情感時，會因不同的風險效益訊息，產生不同的感知與決策判斷，這也印證情感捷思在風險感知與決策判斷中，有其重要地位。

另一方面，情感捷思與**慰藉假說**[1]（The Consolation Hypothesis）交互下，是否購買保險的決策，經由實驗證明，均有關鍵性的影響。簡單說，人們會投保不一定依循理性經濟人的思維作決策，很多時候是依對保險印象情感的好壞與預期安慰（Anticipated Consolation）心理，而決定購買保險（陸劍清與鄒咏辰，2016）。換言之，購買保險是為了求得心安（參閱第四章前景理論）。

你（妳）是傑奇醫生（Dr.Jekyll），還是海德先生（Mr.Hyde）？

「絕妙的鬼怪故事」作者羅伯・史蒂文生（Robert Louis Stevenson）說過一句話「每個人其實都是雙面人」。這句話道出了情緒在人們行為中扮演著極為重要的角色，因為太重要，所以人們要懂得控制情緒，如果失控，就會如書中所說的恐怖故事，平時極溫文儒雅的傑奇醫生，馬上變成殘酷如魔鬼的海德先生。情緒失控會使人獸性大發，失去人性，因每個人都是雙面人。2007年1月8日的洛杉磯時報報導過一項研究發現，單獨開車的青少年肇事率比成年人高出40%，但車上如有另一位青少年，肇事率會提升兩倍，如還有第三名青少年，肇事率會再度提升一倍。這說明多名青少年一起時，容易產生激情，造成不安全駕駛，以致肇禍，樂極生悲就是這個道理。因此，情緒在人們行為中的角色，不容忽視。

---

1 慰藉假說跟人們喜歡某項標的有關，愈喜歡的，如果失去愈痛苦，精神上所需的安慰或慰藉就愈強烈。這可用來解釋人們為何要買保險與損失發生後向保險人進行索賠意願的心理。參閱陸劍清與鄒咏辰（2016）。*保險心理學*。北京：清華大學出版社。

6-4 偏好逆轉

當人們對某項目單獨評估或與其他項目聯合比較評估時，就很容易出現**偏好逆轉**（Preference Reverse）現象，同時過程裡與情緒的反應及前提及的WYSIATI現象有關。這種偏好逆轉的結果偏離了理性經濟人的思維。心理學領域曾提出一種實驗設計，分別由兩組人看兩種場景的陳述：

場景甲：搶劫發生在某人常去的商店，結果他（她）被槍擊中。

場景乙：某人常去的商店因辦喪事沒營業，他（她）就跑去別家店買東西，結果因搶劫被槍擊中。

實驗結果發現：看到場景乙的那組人認爲的賠償金，高出看到場景甲那組人所認爲的賠償金太多，但兩種場景同時請受試者看時，結果認爲賠償金應該一樣，因賠多少與地點無關，同樣都是一條命。情緒中的後悔或悔恨、懊惱以及WYSIATI現象對只看場景乙的人來說，產生了強烈的反應，認爲該賠很多。但讓他們同時看兩場景時，又不這麼認爲了，這就是偏好逆轉。第一個偏好逆轉是1970年代初期被發現的，嗣後出現不少案例（Kahneman, 2011）。

其次，著名的芝加哥大學華人教授奚愷元曾提出**評估能力假說**（Evaluability Hypothesis）也證明單獨評估或與其他項目聯合比較評估時，存在偏好逆轉現象。他舉兩本字典當例子：

甲字典：1993年版，含10,000個字，看起來像新的。

乙字典：1993年版，含20,000個字，書皮破了，其他也看起來像新的

結果發現，單獨評估時，偏好甲字典，聯合評估時，反而偏向乙字典，因乙字典含的字數多，書皮破無所謂，字多才重要。

最後，值得留意的是單獨或聯合評估也不完全會出現偏好逆轉現象，康納曼（Kahneman, D.）認爲類別是關鍵因素，同一類別單獨或聯合評估時會出現偏好逆轉，但不同類別時，偏好就會混淆不穩定（Kahneman,

2011）。例如，喜歡蘋果還是雞排？因蘋果與雞排是不同的類別。如果問喜歡蘋果還是西瓜？那就會存在偏好逆轉。偏好逆轉現象，也可在風險情境下做心理實驗，例如，喜歡投資股票還是共同基金？這屬於同樣的投機風險（這是可能獲利或虧損的風險，是人們喜歡的風險）類別。或問厭惡車禍風險還是火災風險？這屬於同樣的純風險（這是只有可能損失的風險，是人們不喜歡或厭惡的風險）類別。

突破盲點大聲公

人都有情緒，面對風險情境時，同樣出現各種情緒。對風險貼上情感標籤時，就容易影響人們的風險判斷與行爲，同時也會影響人們的偏好。

關鍵重點搜查中

1. 情緒就是人們受到刺激時，引發的身心激動狀態。
2. 情緒的概念有四種含義：(1)情緒是由刺激引起，它不是自發性的；(2)情緒是個人主觀的體驗；(3)情緒來時，掌控不易；(4)情緒與動機有連帶關係。
3. 情緒表達是指人們將其情緒透過行爲表現於外，讓別人知道其心理感受，進而達到溝通目的。
4. 人與人間交流，傳遞的全部訊息中，55%來自肢體語言，7%來自語調，38%來自聲音。肢體語言是指經由人體的各種動作，代替語言達到溝通的目的，廣義的肢體語言包括臉部表情；狹義的肢體語言則僅指身體與四肢動作所代表的意義。
5. 情緒相對歷程理論是基於情緒狀態時生理上會產生特殊變化的假設，也就是人腦職司情緒的部位，會發生正反向的相對作用，痛苦情緒隨而伴生快樂情緒，反之亦然。

6. 憂慮與後悔的情緒是可能改變風險行爲決策的。人們經歷憂慮的次數愈多，一般來說，對某特定風險就會愈留意。
7. 人們在評價風險時，是情緒先導引感知，也就是說，人們針對評價的風險，會先產生整體印象與情緒，之後才產生感知風險的心理過程，尤其對風險的情感層面，更影響後續的感知。
8. 好擔心並不意味著人們的實際風險行爲一定不理性，而是指人們存在著非理性的心態。這種心態，容易引發其實沒事，但還是好擔心的現象。
9. 集體精神官能症候群其實與健康風險的醫學證據無關，而是與認同及信念有關，認同與相信別人也跟自己症狀一樣，從而過度憂慮，所產生的集體憂慮現象。
10. 預期後悔是因事先已預期到，如果從事那個風險的活動，後果一定不好，會悔之莫及，因此就會迴避，這種事先可設想得到的後悔感覺，就是預期後悔的概念。
11. 害怕會使人們對風險做出悲觀的判斷，生氣反而使人們對風險做出樂觀的判斷。因害怕而悲觀，那麼採取自我保護行爲的意願就可能低，渴望的是，別人的協助。恐慌與恐怖會影響人們對風險的感知與決策。
12. 情感是決策與判斷的重要因素，因情感是面對刺激物時的第一個反應，之後，情感會主導訊息的處理與判斷。
13. 情感捷思是造成感知風險與感知效益間呈反向關係的重要因素。同時，提供風險與效益各自不同的訊息對情感好壞下的影響也不同，簡單說，訊息如何提供，可操控人們在情感好壞下，做出不同的決策判斷。
14. 生理肉身標記假說是指當人們對某事物，其生理感覺是正向興奮的，就會被誘引，如果是負向冷酷的，就會發出警告，有這種生理感覺就能增強決策判斷的精準性，如果缺乏，決策判斷就容易失準。
15. 評估能力假說是指單獨評估或與其他項目聯合比較評估時，會存在偏好逆轉現象。

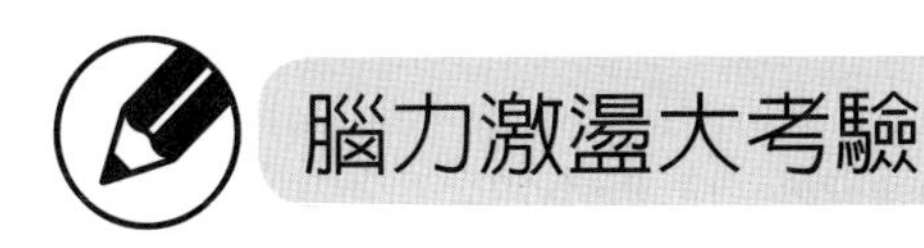

腦力激盪大考驗

1. 當你（妳）接電話時，對方聲音很急促，你（妳）認為對方可能處於何種情緒狀態？
2. 台灣中油桃園廠發生意外，居民為何會抗議？請說明與情緒有關的原由。
3. 風險的存在會給人們帶來某種情緒；相反的，人們對風險也會產生情感，請說明其意義。
4. 海豚可能滅絕，烈日下工作的勞工患皮膚癌比例高。現有人提議個別成立基金拯救海豚與勞工，請問你（妳）願意捐給哪個基金？為何？

參考文獻

1. 張春興（1995）。*現代心理學*。台北：東華書局。
2. 陸劍清與鄒咏辰（2016）。*保險心理學*。北京：清華大學出版社。
3. Ariely, D.(2009). *Predictably irrational.*
4. Bakker, A. B. *et al.* (1997). The moderating role of self-efficacy beliefs in the relationship between anticipated feelings of regret and condom use. *Journal of applied social psychology.* 27. Pp.2001-2014.
5. Baron, J. *et al.* (2000). Determinants of priority for risk reduction: the role of worry. *Risk analysis*. 20. Pp.413-427.
6. Bergstorm, R.L. and McCaul, K.D.(2004). Perceived risk and worry: the effects of 9/11 on willingness to fly. *Journal of applied social psychology*. 34. Pp.1846-1856.
7. Breakwell, G.M.(2007). *The psychology of risk*. Cambridge: Cambridge University Press.
8. Damasio, A.R.(1994). *Descartes' error: emotion, reason, and the human brain.* New York:Avon.

9. Finucane, M.L. *et al.* (2000). The affect heuristic in judgments of risks and benefits. *Journal of behavioral decision making*. 13. Pp.1-17.

10. Fischhoff, B. *et al.* (2005). Evolving judgments of terror risks: foresight, hindsight, and emotion. *Journal of experimental psychology*: applied. 11. Pp.124-19.

11. Gigerenzer, G.(2006). Out of the frying pan into the fire: behavioural reactions to terrorist attacks. *Risk analysis*. 26.2. Pp.347-357.

12. Glass, T.A.(2001). Understanding public response to disasters. *Public health reports.* 116. Pp.69-73.

13. Kahneman, D.(2011). *Thinking, fast and slow.*

14. Lerner, J.S. and Keltner, D.(2000). Beyond valence: toward a model of emotion-specific influences on judgment and choice. *Cognition and emotion.* 14. Pp.473-493.

15. Leventhal, H.(1984). A perceptual-motor theory of emotion. *Advances in experimental social psychology*. 17. Pp.117-182.

16. Peters, E. *et al.*(2006). Why worry? Worry, risk perceptions, and willingness to act to reduce medical errors. *Health psychology.* 25. Pp.144-152.

17. Richard, R. *et al.*(1996). Anticipated regret and time perspective: changing sexual risk-taking behavior. *Journal of behavioural decision making*. 9. Pp.185-199.

18. Rundmo, T.(2002). Associations between affect and risk perception. *Journal of risk research*. 5. Pp.119-135.

19. Sandman, P.(1989). Hazard versus outrage in the public perception of risk. In: Covello, V.T. *et al.*, eds. *Effective risk communication.* Pp.45-49. New York:Plenum Press.

20. van der Pligt, J. and Richard, R.(1994). Changing adolescents' sexual behaviour: perceived risk, self-efficacy and anticipated regret. *Patient education and counseling.* 23. Pp.187-196.

21. Weinstein, N.D. *et al.* (2000). Preoccupation and affect as predictors of protective action following natural disaster. *British journal of health psychology.* 5. Pp.351-363.

22. Zajonic, R.B.(1980). Feeling and thinking: preferences need no interences.

American psychologist. 35. Pp.151-175.

23. Zeelenberg, M. and Beattie, J.(1997). Consequences or regret aversion 2: additional evidence for effects of feedback on decision making. *Organizational behaviour and human decision processes.* 72. Pp.63-78.

24. Zeelenberg, M.(1999). Anticipated regret, expected feedback and behavioural decision making. *Journal of behavioural decision making*. 12. Pp.93-106.

Psychology, 25, pp.151-175.

Zeelenberg, M. and Beattie, J. (1997). Consequences of regret aversion 2: Additional evidence for effects of feedback on decision making. Organizational Behavior and Human Decision Processes, 72, pp.63-78.

Zeelenberg, M. (1999). Anticipated regret, expected feedback and behavioral decision making. Journal of Behavioral Decision Making, 12, Pp.93-106.

第七章

文化與風險

學習目標

1.認識文化的概念，與文化及風險間的關聯。

2.了解風險的文化建構理論、群格分析法與其應用。

3.了解風險管理文化與其類型，以及優質風險文化的條件。

4.認識驚奇理論與如何改變文化。

5.了解文化、心理與健康風險的關聯。

/ 文化是軟實力，但卻是硬道理 /

文化與風險間，有何關聯？看一本著作名稱，立即知道兩者間，有關聯。那就是風險的文化建構理論（The Cultural Construction Theory of Risk）創建人道格拉斯（Douglas, M.）與韋達斯基（Wildavsky, A.）合著的《風險與文化》（*Risk and Culture*）一書（Douglas and Wildavsky, 1982）。大陸歸化人說「買樹梢」，就是買期貨；新疆維吾爾人說「念尼卡經」，就是舉辦婚禮；成都人說「那個男的很母豆」，就是那個男的很娘，舉止像女人；台灣年輕人說「你很機車」，那就是你很怪、很荒謬。凡此種種，都是文化的表現，正所謂一方水土，養一方人。簡單說，文化就是人們的生活方式，對組織團體來說，就是組織團體成員們的辦事方式。

其次，文化與心理學常有個界線，前者爲社會學界所主張，常認爲一切社會現象都是文化。雖然心理學與社會學界間，難得交談，但研究風險心理的學者們，已漸接受風險的文化建構理論（Lupton, 1999）。心理的直覺與經驗文化會影響人們對風險的判斷。例如，躺在美麗海灘曬太陽，腦海中舒服的感覺來源，就是經驗與文化，這種舒服的感覺是直覺的反應與從周遭學來的經驗與文化，從而影響人們對罹患皮膚癌風險的判斷。再如，同樣吃火腿，對虔誠的猶太教徒來說，會覺得噁心，因此，對食物中毒風險的判斷會與他人不同。另外，文化因子也很容易經由人們的可得性捷思，影響風險的感知與判斷，從而影響人們的風險態度與行爲。因爲愈容易想到的事，會與心理學的記憶強度與注意力集中度有關，而引導記憶與注意力的就是文化（Gardner, 2008）。最後，本章就風險的文化建構理論及其應用，風險管理文化（Risk Management Culture）與其類型，驚奇理論（Theory of Surprises）與風險文化的改變，文化、心理與健康風險的關聯，分別說明之。

7-1 文化的概念

語言、方言、行爲、生活方式等等都是代表不同民族與國家社會的文化，但要對「文化」概念，嚴謹地下一致性的定義，則難上加難。正如文化專家威廉斯（Williams, R.）所言，英文裡有兩三個複雜的字，文化正是其中之一（Williams, 1976）。文化的定義數量奇多，此處僅說明文化的概念內涵。

1. 文化三要素

文化這個概念含有三個要素，那就是**信念**（Belief）、**價值**（Value）**與規範**（Norm）。其中信念涉及眞、假。有云相信它就是眞的，不相信就是假的。或云眼見爲眞。哲學家認爲我們都生活在自認爲眞實的世界裡。顯然，信念力量極大（例如，宗教與政黨），會影響人們的行爲與生活各個層面。其次，價值則涉及好、壞，同時價值會重塑人們認定的眞相（Fischhoff *et al.*, 1993），果眞如此，就會產生「羅生門」現象。價值好或壞影響人們行爲極深，價值受扭曲，容易產生極端偏差的行爲。最後，文化要素中的規範涉及對、錯。規範具體的表現就是法律，行爲違法就是錯，行爲合法就是對。然而法律與其他行爲規範，不同國家社會各異，所以有時對或錯是相對的概念。這三個要素放在風險的情境裡，就與風險感知判斷，風險態度與行爲，深度相關。另一方面，文化概念與動物和農作物的栽種培養以及宗教崇拜有關，十六世紀開始，文化概念則泛指人們心靈與舉止的教養（Smith, 2001）。大陸常稱某人沒文化，意即沒教養，沒學歷。大陸旅館住宿填表中有「文化」一欄，即指需填寫客人的教育程度。

2. 文化的用法與理解方式

根據文化領域的專家威廉斯（Williams, R.）對當前有關文化的用法，提出三種（Smith, 2001）：第一種是涉及個人、群體或社會的知識、精神與美學；第二種是涉及各式各樣的知識與藝術以及文創產物，此用法就等同「文藝」（The Arts）；第三種是涉及一個民族、群體或社會的整體生活、活動、信仰和習俗。另外，人類學家克魯伯（Kroeber, A.）與克拉孔（Kluckhohn, C.）則整理出六種對文化的定義與理解方式（Kroeber and Kluckhohn, 1952）：

第一、描述性定義：這種定義可理解爲文化是所有社會生活的整體。

第二、歷史性定義：這種定義可理解爲文化是代代相傳的遺產。

第三、規範性定義：這種定義可理解爲文化是一種規範或價值。

第四、心理學定義：這種定義可理解爲文化是解決問題的裝置，可使人們交流學習尋求物質或情感的需求。

第五、結構性定義：這種定義可理解爲文化是各個獨立層面間具有的組織化關聯性。

第六、發生學定義：這種定義可理解爲文化是人類互動而產生，而以代代相傳的產物視爲文化的延續。

最後，總結而言，文化是獨立於物質的，是精神的，是具有自主性的，比較文化時盡量保持價值中立，雖然文化有優劣之別。

7-2 風險的文化建構理論

針對風險的建構理論，在第二章曾提及，有三種，那就是社會建構理論，文化建構理論與統治理論。這其中，文化建構理論是風險建構理論的代表，主因是不像統治理論的主張，那麼極端，也不像社會建構理論的主張，離現實主義的傳統風險理論那麼近。還有一個原因是，前提及的，心理學領域較爲認同文化對風險感知與判斷的影響。

風險的文化建構理論或可簡稱爲風險文化理論（The Cultural Theory of Risk），但與後述的風險管理文化（Risk Management Culture）（可簡稱爲風險文化Risk Culture）概念上是不同的。前者是強調一個國家社會團體組織的文化概念、條件、類型，如何決定那個國家社會團體組織風險的過程。換句話說，國家社會團體組織的文化概念、條件、類型，會決定那個國家社會團體組織接受何種風險或形塑何種風險，或拒絕何種風險。簡單說，就風險的文化建構理論來看，風險是由文化所建構的。至於後者是指國家社會團體組織成員對風險的了解，對風險的價值與信念所形成的文化氛圍而言，風險管理文化不是強調風險如何被建構的過程，同時，風險管理文化與所謂的組織文化間，性質也有異（閱後述）。其次，同樣在第二章曾提及主觀風險與客觀風險的概念。主觀風險在即使客觀風險不存在的情況下，也會存在。這主要是因每人的風險意識強度不同，對風險的熟悉與控制程度不同，如此就會產生每人對風險是否客觀存在，認定上的不同，且會伴隨著不同的風險感知與判斷。例如，搭飛機的客觀風險明顯低於開車，但人們可掌控開車的風險，卻全然無法掌控搭飛機的風險，即使搭飛機的客觀風險爲零，但主觀風險依舊存在。這種風險的主觀認定與風險的建構概念息息相關，且兩者都採相對主義看待風險。

1. 文化建構理論的風險議題

風險的文化建構理論有四項研究議題，在第二章也曾提及。茲再列示並說明如後：

首先，第一個研究議題是，爲何某些危險被人們當作風險，而某些危險不是？（Why are some dangers selected as risks and others not?）。針對這項議題，首先要認識危險與風險間的不同。危險是客觀存在的情境概念，風險在相對主義看來，它是主觀認定的一種機會概念或是符號或是建構的群生概念，也正如第二章所提國際風險感知權威斯洛維克（Slovic, P.）所說「危險是客觀存在的，所有的風險都是主觀風險」。舉個例，車後座擺汽油桶，這是客觀存在的危險，但車主是否認定有火災發生的機會，每位車主主觀想法不同，有的不在意，有的認爲有可能。同樣對群體而言，社會文化條件不同，相同的危險在不同群體看來，有些群體就會當做風險，有些則否。例如，廢棄物會傷害人體，但非洲部落民眾與美國民眾間，是否當成健康風險，則會不同。正如髒鞋子踩進髒亂的房間，人們不會覺得髒，但踩進乾淨的房間，頓時覺得髒。髒亂或乾淨的房間代表不同的社會文化條件。

其次，第二個議題是，風險被視爲踰越文化規範的符號時，它是如何運作的？（How does risk operate as a symbolic boundary measure ?）。針對這個議題，首先要了解風險在文化建構理論中的定義。在文化建構理論中，風險是指未來可能偏離社會文化規範的現象。根據該定義，風險是群體認定的符號，該符號在群體內如何運作，可透過文化理論中的符號互動論（Symbolic Interactionism）、標籤理論（Labeling Theory）與現象學（Phenomenology）從事研究。例如，同樣是同性戀行爲，爲何台灣社會如今還是很難法制化，而當作風險看待，同性戀團體常被貼標籤，但在合法的英美國度，則否。這個標籤符號在台灣社會文化條件下，是如何形成、如何運作的。

第三個議題是，人們對風險反應的心理動態過程是什麼？（What are the psychodynamics of our responses?）。前曾提及，文化會透過可得性捷思引導人們的記憶與注意力，進而影響人們的風險感知與判斷。這中間引導的過程，涉及深層的心理動態過程。

最後，第四個研究議題是，風險所處的情境是什麼？（What is the situated context of risk?）。情境包括五個面向，那就是物品、場合、人們、社會組織與概念訊息（王海霞，2015）。因此，風險所處的情境即指客觀存在的危險（相當於物品）、何種社會（相當於場合）、社會大眾（相當於人們）、社會組織系統（相當於社會組織）與風險訊息（相當於概念訊息）。這五個面向的互動也就決定了，何種社會會存在何種風險的問題。另外，值得留意的是，這四個議題間，也存在連動性。例如，風險所處的情境不同會與第一議題的選擇何種危險當作風險有關。嗣後，就連動影響第二與第三個研究議題。

2. 道格拉斯與風險的文化建構

文化理論中的涂爾幹（Durkheim, E.）學派對儀式、分類與神聖事物有其重要觀點，而風險的文化建構理論創建人道格拉斯（Douglas, M.）則是涂爾幹學派人類學代表人物之一。她關注分類系統、危險與風險間的關係。她與韋達斯基（Wildavsky, A.）合著的《風險與文化》（*Risk and Culture*）（1982）以及她另一著作《社會科學基礎的風險可接受性》（*Risk Acceptability According to the Social Sciences*）（1985）對傳統風險管理的思維與方法衝擊很大。主要是因為風險的文化建構理論，不僅提供了新的理論基礎，它的群格分析（GGA: Grid-Group Analysis）模式也提供了，從事社會團體行為實證分析的另類可能。嗣後，眾多人文學者支持風險文化理論。例如，希瓦斯（Schwarz. M）、湯普生（Thompson M.）與亞當斯（Adams J.）等。

道格拉斯（Douglas, M）對心理學者的風險感知研究成果，提出不同的見解，並強調文化的重要性。首先，她對心理學與風險客觀論，也就是實證論基礎的風險理論，在對人們風險行為研究中採用的理性（Rationality）與有限理性（Bounded Rationality）假設甚不以為然。理性假設的結果意指所有違反此假設的行為與認知，均被視為不理性（Irrational）或非理性（Non-rational），且不理性被視為認知上的病態。對此，道格拉斯（Douglas, M.）不認為有理性與不理性的問題，她認為那是社會文化與倫理道德問題（Douglas, 1985）。再者，道格拉斯（Douglas, M.）對人們在不確定情況下的捷思推理法（Heuristics）亦另有見地，此法有別於程序法則與機率法則（參閱第三章）。她認爲捷思是文化現象，它有很清楚的社會功能與責任。依此觀點，她認爲風險不是個別的（Individualistic）概念而是群生的（Communal）概念。群生概念含有相互的義務與預期，因而風險可被視爲一種文化符號。每一群體用群生概念設定自己的行爲模式與價值衡量尺規，違反群體的行爲模式與價值衡量尺規，即被群體解讀爲風險（Douglas, 1985）。

道格拉斯（Douglas, M.）對於風險，強調的是文化相對主義。**文化相對主義**[1]（Cultural Relativism）的概念，係指不同團體文化間，對什麼是風險，概念上有別。同時，對風險是否可被接受，團體間也有別。傳統的風險理論完全忽略倫理道德文化因子。然而，每個社會有它的倫理道德文化習性。風險議題會有爭議，是社會對風險的政治、道德與唯美判斷衝突的結果。例如，台灣的核四爭議，涉及的是不同政黨間，對核四風險政治判斷的衝突，涉及社會不同團體間，對核四風險道德判斷的衝突，與涉及非核家園是否唯美，取捨上的衝突。這些衝突現象，傳統風險理論無法解釋。

其次，道格拉斯（Douglas, M.）在另一著作《純潔與危險》（*Purity and Danger*）（1966）中，用「自我」與「身體」爲比方，說明純潔、汙染與危險的概念。之後，這些概念被她用來闡述風險的文化建構理論。每個人均有自我要求的標準，不論標準爲何，這個標準區隔了自己與別人的不同，行徑怪異違反社會常態或文化規範的人，可能被視爲危險人物。每個社會像是個自我，每個社會也有自己的規範，這個規範也區隔了不同的

---

1 文化相對主義與文化唯我主義（Solipsism）互爲對稱，參閱Rayner, S. (1992). Cultural theory and rsik analysis. In: Krimsky, S. and Golding, D. ed. *Social theories of risk*. Westport:Praeger. Pp.83-115.

社會。換言之，社會與自我一樣有區隔內外的標準規範或稱為**符號疆界**[2]（Symbolic Boundary）。

另一方面，每個人的身體內部有調理與控制的機能，能將食物中有益與毒害身體的部分加以區隔。有益的部分被吸收，毒害的部分則排出體外。換言之，身體內部有將食物歸類的機能。同樣，每個社會有它的內部文化規範，這個文化規範也有將人們行徑歸類的功能。前稱的危險人物，道格拉斯（Douglas, M.）將其稱為「汙染人物」（Polluting People）。道格拉斯借用「環境汙染」（Environmental Pollution）一語，來比方成**社會汙染**（Social Pollution）現象。例如，亂倫通姦與外遇等現象，但每個社會有它不同的文化規範系統，亂倫通姦與外遇是否被視為那個社會的汙染現象，每個社會間有別。被那個社會的文化規範系統歸類為「汙染人物」時，那就是那個社會的風險。因此，文化論者所謂的風險，係指踰越社會文化規範的現象，這個風險概念中，有責任、犯罪、情緒與感覺的含義（Lupton, 1999）。

最後，責難（Blame）也是風險的文化建構論者強調的觀念。道格拉斯（Douglas, M.）與韋達斯基（Wildavsky, A.）在《風險與文化》（1982）一書中，陳述環保團體為了加強團員對團體的忠誠度，藉由環境運動將產業與政府機構，視為應受責難的「敵人」。換言之，依據環保團體的文化規範，產業與政府機構的行為被其文化規範歸類為風險現象且應受責難。相反地，政府機構為了加強社會控制，也會因環保團體違背其法律文化規範，責難環保團體。這種責難對個人言，可能是為維持自我的權威，對任何團體與全體社會言，不管是責難團體內部成員，抑或是責難外部「敵人」，均是為了維持團體或社會內部的聚合力。

---

2 符號疆界是符號互動論（Symbolic Interactionism）的用語，符號互動論屬文化理論的一種。

純潔與汙染——新疆維吾爾族與猶太教徒

道格拉斯強調純潔與汙染在社會生活中，有極為重要的地位。不潔淨就是不在其位的事物，跨越符號疆界的事物，就會被認為受到汙染，令人覺得噁心不舒服。新疆維吾爾族的婦女有許多禁忌，禁忌就是符號疆界，就是分類系統。例如，打水井時，婦女不能靠近，否則，打不出水。新娘不能吃婆家的飯，否則，婆家會被吃窮。遵守這些禁忌的婦女是純潔的；反之，是不潔淨或受汙染的女人。道格拉斯用可食用與不可食用的分類，說明了猶太教徒為何禁忌吃豬肉。因豬隻不符合分蹄動物草食反芻的分類規則，故不可食用。山羊是分蹄動物草食反芻的，所以可吃羊肉。

7-3 群格分析模式與文化類型

道格拉斯（Douglas, M.）在其《自然的象徵》（*Natural Symbols*）（Douglas, 1970）與《文化偏見》（*Cultural Bias*）（Douglas, 1978）兩本著作中，認爲分類系統、宇宙觀、社會價值和社會形態間，有密切的關聯，並提出群格分析模式。

1. 群格與組織團體文化類型

群格分析模式是依據**團體內聚合度**（Group Cohesiveness）的強弱，也就是「群」（Group）的強弱，以及**團體內階層鮮明度**（Prescribed Equality），也就是「格」（Grid）的鮮明程度，將文化分爲四種類型：一是聚合度弱與階層不鮮明的團體，屬於**市場競爭型文化**（Individual-ist）；二是聚合度強但階層也不鮮明的團體，屬於**平等型文化**（Egalitarian）；三是聚合度強與階層極鮮明的團體，屬於**官僚型文化**（Hierarchist）；四是聚合度弱與階層鮮明的團體，屬於**宿命型文化**（Fatalist），參閱圖7-1。爲利於實證分析，量化團體內聚合度的強弱以及團體內階層的鮮明度是有必要的（Gross and Rayner, 1985）（參閱後述）。

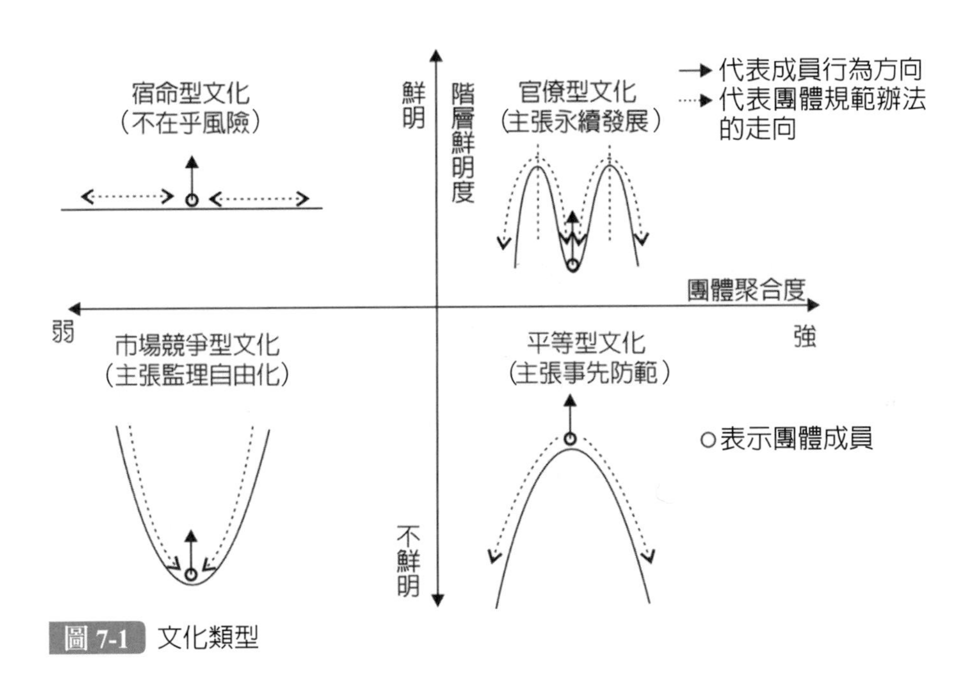

圖 7-1 文化類型

上圖中的圓球代表不同文化類型團體中的成員。不同團體中成員的行爲則取決於團體的規範辦法。實線箭頭代表成員行爲方向，虛線箭頭代表團體規範辦法的走向（例如，寬鬆或嚴緊）。從圖中虛實箭頭方向可看出，市場競爭型文化團體成員的行爲自由度高，團體規範辦法寬鬆，鼓勵任何創新行爲。平等型文化團體成員的行爲自由度爲零，成員行爲只能照團體規範辦法走，否則，將遭受處罰。官僚型文化團體成員的行爲自由度居中；換言之，符合團體規範內的行爲被鼓勵，允許其自由；反之，不符合團體規範內的行爲需接受處罰。宿命型文化團體成員的行爲自由度，則靠運氣。

其次，亞當斯（Adams, J.）採取道格拉斯宇宙觀與社會團體間關聯的觀點，將文化的不同與個人、團體及社會對自然宇宙的看法連結一起。大體上，自然宇宙與人之間的關係，東方的看法傾向天人合一哲學，西方則傾向天人二元論。人對「天」（即自然宇宙）的看法有四類（Adams, 1995）：一、視自然宇宙，是「慈悲的」、「祥和的」與「不輕易發怒的」；二、視自然宇宙，是「易發怒的」、「情緒不穩的」與「沒有慈悲心的」；三、視自然宇宙，是「能控制情緒的」與「能適度的容忍」；四、視自然宇宙，是「神祕不可知的」。亞當斯將自然宇宙是「慈悲的」對應爲市場競爭型文化類型者對自然宇宙的看法，此文化強調個別競爭力，自由市場中的企業體歸屬這類型。自然宇宙是「易發怒的」則對應平等型文化類型者對自然宇宙的看法，此文化強調社會公平正義，一般環保團體歸屬此類。自然宇宙是「能控制情緒的」則對應官僚型文化類型者對自然宇宙的看法，此文化對任何事物（包括風險）的感知、認知均以規章制度爲依據，政府機關團體歸屬此類。自然宇宙是「神祕不可知的」則對應宿命型文化類型者對自然宇宙的看法，此文化不在乎任何事物（包括風險），聽天由命，生活全靠運氣。

另一方面，上述四種不同文化類型的人們對風險的看法，對風險的價值信念，就自然形成四種不同的風險管理文化或稱風險文化。這四種文化類型的人對風險監理的主張與行爲模式亦不同（Adams, 1995; Rayner, 1992）。市場競爭型文化類型者認爲風險呈趨均數回歸現象（Mean Reverting）；換言之，像鐘擺一樣，風險造成的後果，最終仍回歸常態。這類人對風險的看法，是樂觀的。對風險監理則主張自由化（Deregulation），行爲上不喜受到任何管制。平等型文化類型者認爲風險是危險的，而主張風險監理上均應作好事前的防範（Precautionary），行爲上只接受合理的說服，否則，很難改變其行爲模式。官僚型文化類型者認爲風險是可控制的，而以永續發展（Substainable Development）的概念，看待風險監理，行爲上強烈受到規章制度的約束。宿命型文化類型者認爲風險是無法預測的，生活的好壞都是碰運氣，不在意風險，完全聽天由命。這四種類型的人，各屬於不同文化的群體。以不同的臉譜爲代表，繪製成圖7-2。

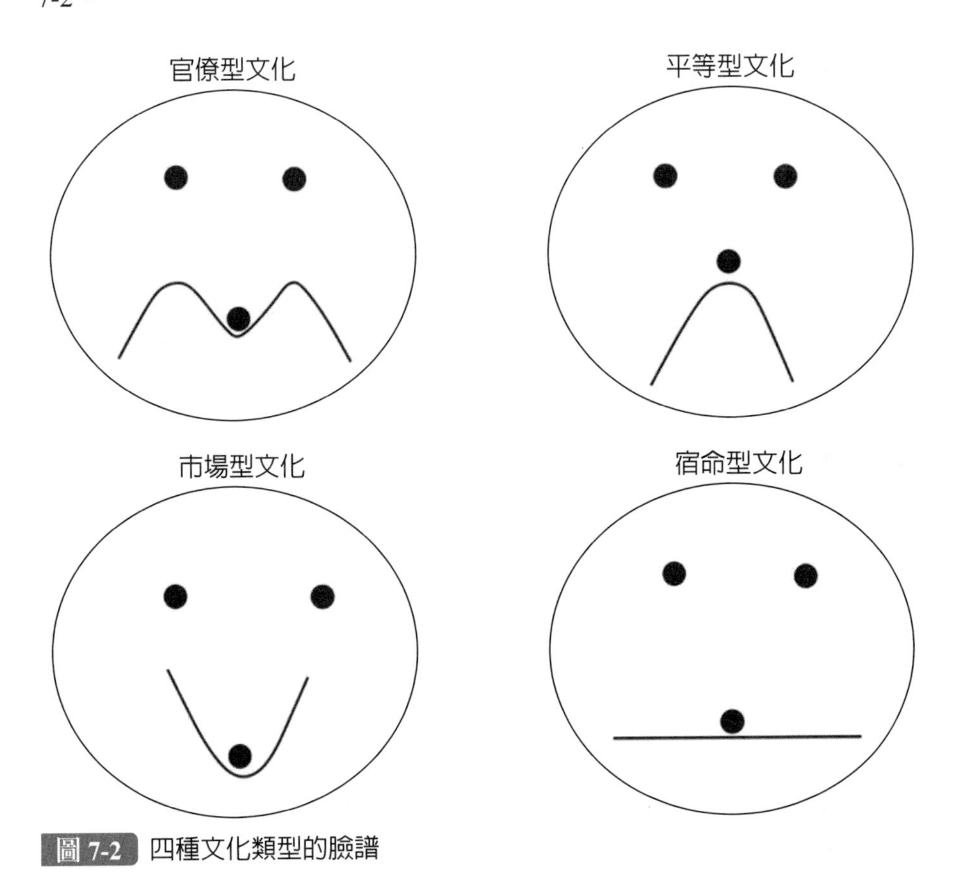

圖 7-2 四種文化類型的臉譜

其次，依據群格分析模式，任何社會或社會中的不同團體均可被歸屬於上述四種文化類型之一。每一文化類型自有其不同的文化規範，依文化建構論的風險含義，某些危險由於違背社會的文化規範，因此，這些危險自然被這個社會視爲風險，但同一危險在別的社會，不見得違背那個社會的文化規範，是故，危險雖相同，但這個社會卻不將其視爲風險。例如，環境汙染在先進國家已有他們自己的法律規範與環境規範，違反這些規範，自然是這些國家在意的風險，但在低度開發與部落社會裡，環境汙染卻不是社會關注的風險議題。最後，同一社會國家有眾多不同的團體，每一團體的文化規範間，自不相同，同一危險，有些團體視為風險，有些團體則否。例如，同性戀現象對同志團體言，不被視爲風險，因同性戀行爲符合同志團體的文化規範，但同性戀行爲可能違背了宗教等衛道團體的道德文化規範，同性戀現象自然成爲這些團體的風險議題。針對不同團體的行爲走向，以及團體對風險監理的訴求，依團體的文化類型，吾人大體上可事先測知。這些訊息或許可成爲政府制定風險溝通策略時的重要參考。

2. 群格計量與EXACT模式

風險的文化建構理論主要觀察總體社會或其中的任何團體。任何社會團體構成的因子可用數學符號表示，哥洛斯與雷諾（Gross, J.L. and Rayner, S.）稱其爲EXACT模式（Gross and Rayner, 1985）。EXACT分別代表五個因子：「E」表在特定觀察期間，可能成爲團體成員的群體。這些群體的成員在觀察期內，尚未正式成爲該團體的成員；「X」表在特定觀察期間，團體內所有成員的集合；「A」表在特定觀察期間，團體內所有成員互動次數的總合；「C」表在特定觀察期間，成員從事團體事務時，職務角色的總合數；「T」表特定觀察期間。依民族誌[3]（Ethnography）研究方法，對團體成員間，互動次數的觀察，可了解團體的聚合度，也就是群的強弱。對成員從事團體事務時，職務角色的觀察，可了解團體內階層的鮮明度，也就是格的鮮明程度。文化人類學者透過民族誌中的田野工作（Fieldwork）方法，對團體活動加以觀察、記錄與分析，

---

[3] 民族誌是一種質化研究方法，其目的是在發現知識，而非驗證理論，其依靠的是發現的邏輯。其目的是要發現行爲者所建構的社會眞實（Social Reality）。參閱劉仲冬（1996），民族誌研究法及實例，在胡幼慧主編，*質性研究—理論、方法及本土女性研究實例*。第173至193頁。台北：巨流圖書公司。

可判別團體的文化類型。哥洛斯與雷諾（Gross, J.L. and Rayner, S.）則進一步發展出一套可量化團體聚合度與階層鮮明度的方法，用以計算群格點數（參閱Gross與Rayner所著《衡量文化》一書的附錄BASIC電腦程式）（Gross and Rayner, 1985）。

▶ 團體聚合度的量化

團體聚合度量化的指標包括：成員間的緊密度（Proximity）；成員間關係的轉移度（Transitivity）；成員參與該團體活動的頻率（Frequency）；成員參與該團體活動範圍的大小（Scope）與成爲該團體成員的難度（Impermeability）。所有的指標均以特定期間來觀察。首先，說明成員間的緊密度，符號「Prox(xi)」表個別成員與其他成員間的緊密度，符號「Prox(X)」表整個團體的緊密度。個別成員與其他每位成員均有互動時，緊密度最高，其值爲「1」。根本沒有互動，緊密度值爲0。假設經由觀察、記錄與分析，某團體五位成員的互動情況，如圖7-3。

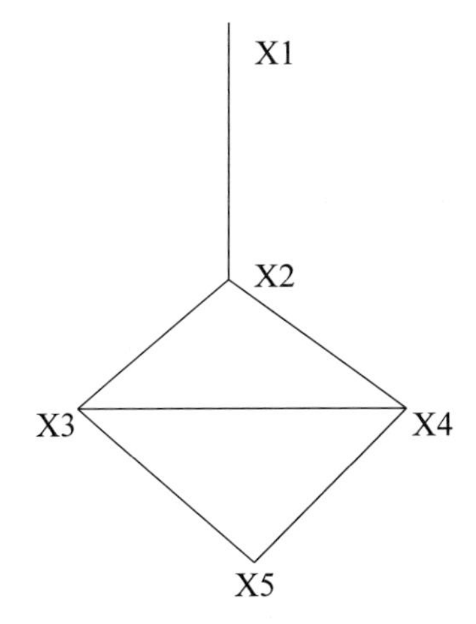

圖 7-3 團體五位成員的互動

依據圖7-3，計算各成員緊密度值，並加以平均後，即可得整個團體緊密度的值，參閱表7-1。

表7-1　團體緊密度值

	X1	X2	X3	X4	X5
X1	--	1	2	2	3
X2	1	--	1	1	2
X3	2	1	--	1	1
X4	2	1	1	--	1
X5	3	2	1	1	--
合計	8	5	5	5	7
平均（除以4）	2	1.25	1.25	1.25	1.75
轉換為各別成員緊密度值	Prox(x1)	(x2)	(x3)	(x4)	(x5)
（1除以平均值）	0.5	0.8	0.8	0.8	0.57
團體緊密度值Prox(X)：1/5×（0.5+0.8+0.8+0.8+0.57）或（0.5+0.8+0.8+0.8+0.57）÷5 = 0.694					

各成員緊密度值的計算，首先觀察圖7-3，取每一成員間連結線的最低數目。在此注意，成員本身是不列入計算。例如，x1與x5間可能有四條線（即x1x2x3x4x5或x1x2x4x3x5），也可能三條線（即x1x2x3x5或x1x2x4x5）。因此，成員x1與成員x5間之距離，採「3」。同理，計得成員間的距離。另一方面，由於緊密度值是介於0與1之間，平均距離值轉換為個別成員緊密度值時，以「1」除以個別成員的平均距離值即得。團體緊密度值則是個別成員緊密度值的平均值。

其次，計算成員間關係的轉移度，符號「Trans(xi)」代表各成員間的轉移度。符號「Trans(X)」代表整個團體的轉移度。轉移度的計算以數學中，甲等於乙，乙等於丙，所以甲等於丙的想法而來，但用在觀察社會現象時，則不是像數學這麼簡單。例如，甲跟乙常互動，乙跟丙也常互動，但並不代表，甲跟丙一定有互動。如果甲跟丙有互動，則稱爲完整的轉移（Complete Transitivity），完整的轉移數目愈多，轉移度值會愈高。如果甲跟丙沒有互動，則只能稱爲有連結（Connection）關係，但不完整。依此邏輯，吾人以每一成員爲開始點，觀察與該成員有關係的另兩位成員。換言之，以每三位成員爲一組，觀察圖7-3，其結果顯示於表7-2。整個團體的轉移度值是0.306。

表7-2　團體的轉移度值

成員	連結關係	連結關係完整與否	轉移度值Trans(xi)
x1	x1x2x3	否	0/2 = 0
	x1x2x4	否	
x2	x1x2x3	否	
	x1x2x4	否	
	x2x3x4	是	1/5 = 0.2
	x2x3x5	否	
	x2x4x5	否	
x3	x2x3x5	否	
	x2x3x4	是	2/4 = 0.5
	x1x2x3	否	
	x3x4x5	是	
x4	x1x2x4	否	
	x2x3x4	是	2/4 = 0.5
	x2x4x5	否	
	x3x4x5	是	
x5	x2x4x5	否	
	x2x3x5	否	1/3 = 0.33
	x3x4x5	是	
Trans(X)：1/5×（0+0.2+0.5+0.5+0.33）或（0+0.2+0.5+0.5+0.33）÷5 = 0.306			

然後，吾人進一步計算，成員參與該團體活動的頻率與活動範圍的大小。每位成員參與該團體活動的頻率，以符號「Freq(xi)」表示。整個團體成員活動的頻率則爲各成員活動頻率值的算術平均數，以符號「Freq(X)」表示。各成員參與該團體活動的頻率，爲個別成員實際用於團體活動的時數除以可用於團體活動的時數，以符號「i/a-time(xi)」表示個別成員實際用於團體活動的時數。符號「alloc-time(xi)」表示個別成員可用於團體活動的時數。換言之，Freq(xi) = i/a-time(xi)/ alloc-time(xi)。另外，每位團體成員都有可能不只參加一個團體。因此，每位團體成員參與該團體的活動次數除以參與所有不同團體活動的總次數，是爲個別成員參與該團體活動範圍值。符號「unit i/a number(xi)」表示每位團體成員參與該團體的活動次數。符號「total i/a number(xi)」表示每位團體成員參與所有不同團體活動的總次數。個別成員參與該團體活動範圍值Scope(xi) = unit i/a number(xi)/ total i/a number(xi)。活動範圍值如等於1，表示這位成員只參與該團體的活動，至於其他團體的活動，這位成員雖是其會員，但均不參與活動。活動範圍值若爲0，表示這位成員均不參與該團體的活動。

最後，計算成爲該團體成員的難度。該指標不像前述四項指標，前述四項指標是先計算每一成員的指標值後，再計算其算術平均數，作爲該團體的指標值。然而，難度指標是以「1」減掉申請成爲該團體成員的通過率（Entry Ratio）表示，以符號表示爲 Imperm(X) = 1-entry ratio(X)。所有以上五項團體指標值的算術平均數即爲該團體的聚合強度，意即「團體的聚合度值 = 1/5乘(Prox(X)+Trans(X)+Freq(X)+Scope(X)+Imperm(X))」。

▶ 階層鮮明度的量化

階層鮮明度主要考量工作職務角色的問題。團體中有些職務需一定資格，有些職務是公開遴選的，有些職務是上級指派的。另外，有些職務間是對等的關係，有些職務間是不對等的關係。團體成員的工作責任與獎懲的歸屬，有些由上級主管決定，有些由委員會決定，有些成員則身兼數職。團體內階層鮮明度即以工作職務角色的四項特質來衡量：第一、職務的專業度（Specialization）；第二、職務不對等（Asymmetry）的比例；第三、指派（Ascription）職務的比例，此爲職務授與度（Entitlement）；第四、主要職務工作責任（Accountability）的強度。首先，說明專業度。此值愈高表示該團體內階級與工作劃分愈明顯。團體內階級專業度值是先計算每位成員在特定觀察期的專業度值後，所有成員專業度值的算術平均數，符號「Spec(xi)」表每位成員的專業度值，它是「1」減掉成員擔當的職務數除以所有團體內的職務總數。符號「# role(xi)」表成員擔當的職務數，符號「# role(C)」表所有團體內的職務總數。換言之，Spec(xi) = 1-# role(xi)/ # role(C)。團體內階級專業度值「Spec(X) = Spec(xi)總數／成員總數」。

其次，說明職務不對等與授與度。職務不對等比例是指成員間因職務關係互動的情形。成員間職務對等時，互動會較頻繁；反之，較少。因此，不對等比例如爲0，代表階級程度不明顯；反之，不對等比例爲1，則階級鮮明度最高。例如，某團體只有甲乙丙丁四位成員，成員甲與乙職務對等，甲與丙也職務對等，但甲與丁職務不對等。那麼，甲的不對等值爲1/3。換言之，與甲互動的成員總數當分母，職務不對等數當分子。顯然，丁的不對等值是3/3 = 1。該團體不對等值爲(1/3+1/3+1/3+1)/4 = 0.5。每位成員因職務關係與其互動的其他成員數，以符號「Valence(xi)」表示。互動中職務不對等總數，以符號「asym(xi, xj)」表示。因此，每位成員的不對等值是「 asym(xi, xj)/ Valence(xi)」。團體不對等值（Asym(X)）是「成員的不對等值總計除以所有成員總數」。至於職務授與度也是先計算每位成員所任職務（有些職務，公開競選；有些職務，上級指派）中，由上級指派的職務數除以該成員所有職務的總數，以符號表示成「Entitlement(xi) = # ascribed roles(xi)/# roles(xi)」。整個團體的職務授與度值（Entitlement(X)）是所有成員的職務授與度值的算術平均數。

最後，說明主要職務工作責任的強度。每位成員因職務互動時，會有主從職務責任之分。本指標是在計算每位成員負主要職務責任的程度值。每位成員負主要責任的程度值之算術平均數是爲該團體工作責任的強度值（Acc(X)）。例如，在甲乙丙丁構成的團體中，甲因職務與乙丙丁，均有互動，但這其中，只有當甲與乙丙互動時，甲是負主要責任。因此，甲的主要責任的程度值是2/3。換言之，每位成員於互動時，負主要責任的總數除以所有互動的總數，以符號表示每位成員主要責任的程度值爲「Acc(xi) = # acc/roles(xi, xj)/#roles(xi, xj)」。所有四項指標值的算術平均數即爲該團體階層鮮明度值，意即1/4乘（Spec(X)+Asym(X)+Entitlement (X)+Acc(X)）。階層鮮明度值與團體聚合度值即可決定該團體在圖7-1座標上的位置。

7-4 風險管理文化與組織團體文化

1. 意義與性質

道格拉斯（Douglas, M.）的群格分析法，產生的團體文化類型，可用來解釋人們對風險的看法、信念價值與風險態度及風險行爲，這些統稱爲**風險管理文化**或簡稱**風險文化**。另外，安全管理（Safety Management）是風險管理的一環，「**安全**」一詞指的是對風險可接受程度的主觀判斷，因此安全文化（Safety Culture）概念（參閱後述）可視爲風險管理文化概念的一部分。依據英國風險管理專業研究機構IRM（Institute of Risk Management）所提的風險文化架構來看，組織團體的風險文化是受到組織團體成員對風險具有的信念價值與知識、成員的倫理觀與行爲以及組織文化所影響（IRM, 2012），參閱圖7-4。

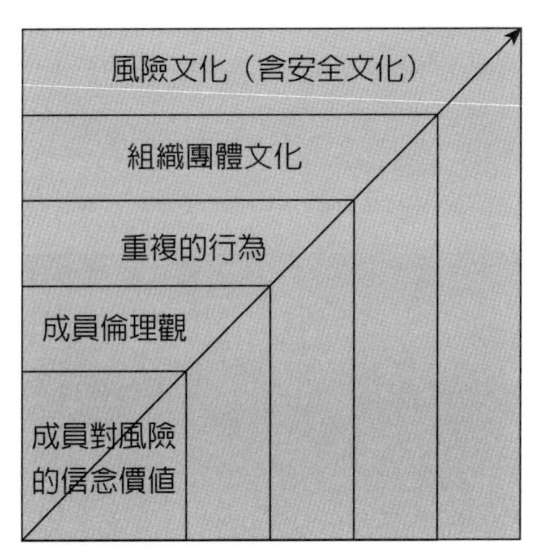

圖 7-4 IRM 風險文化架構（經本書調整）

2. IRM風險文化構面與雙S模型

▶ IRM風險文化構面

IRM風險文化可由四大構面、八大指標加以觀察（IRM, 2012）。四大構面包括高層的風險論調（Tone at the Top）、組織團體的風險治理（Risk Governance）、組織團體的風險管理能力（Risk Management Competency）與風險管理決策（Decision Making for Risk Management）。其中，高層的風險論調可透過兩項指標觀察，那就是**風險領導力**（Risk Leadership）與處理負面消息（Dealing with Bad News）的方式；組織團體的風險治理也有兩項指標，那就是責任（Accountability）與透明度（Transparency）；風險管理預算資源（Risk Management Resources）與風險管理技術（Risk Management Skills）則屬於組織團體風險管理能力的兩項指標；最後，明智合理的決策（Informed Risk Decisions）與報酬（Reward）是風險管理決策的兩項指標。參閱圖7-5。

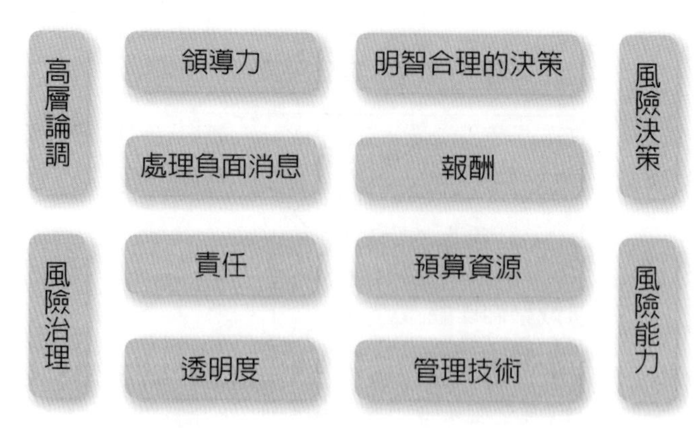

圖 7-5 IRM 風險文化構面

▶ 雙S模型

針對組織團體文化類型，除道格拉斯（Douglas, M.）經由群格分析歸類的類型外，還存在許多文化類型的劃分標準，其中雙S模型的劃分標準，與道格拉斯的群格模式間，有異曲同工之妙。雙S模型的雙S指的是**團體的社會性**（Sociability）與**團體的凝聚力**（Solidarity）（Goffee and Jones, 1998）。所謂團體的社會性泛指團體成員間是否友善，工作環境是否人性化，團體是否重視成員工作之餘的社交集會活動等。如果答案是正面的，那就表示該團體重人性化，社會性高。團體的凝聚力則指成員工作績效是否達標，團隊工作是否齊心齊力等，如果答案也是正面的，就代表該團體重工作與績效，凝聚力強。根據這雙S指標，組織團文化可劃分成四種文化類型，那就是**社區型**（Communal）**文化**、**社交型**（Networked）**文化**、**離散型**（Fragmented）**文化**與**血汗型**（Mercenary）**文化**。工作求績效又重社會公益的組織屬於社區型文化，例如，營利又重公益的公司；重社會公益輕工作績效的組織屬社交型文化，例如，一些慈善團體、環保團體等；輕公益只求績效的組織屬血汗型文化，例如，一些壓榨勞工的企業團體；輕公益又輕績效的組織屬離散型文化，例如，一些管理不良的公司等。參閱下圖7-6。

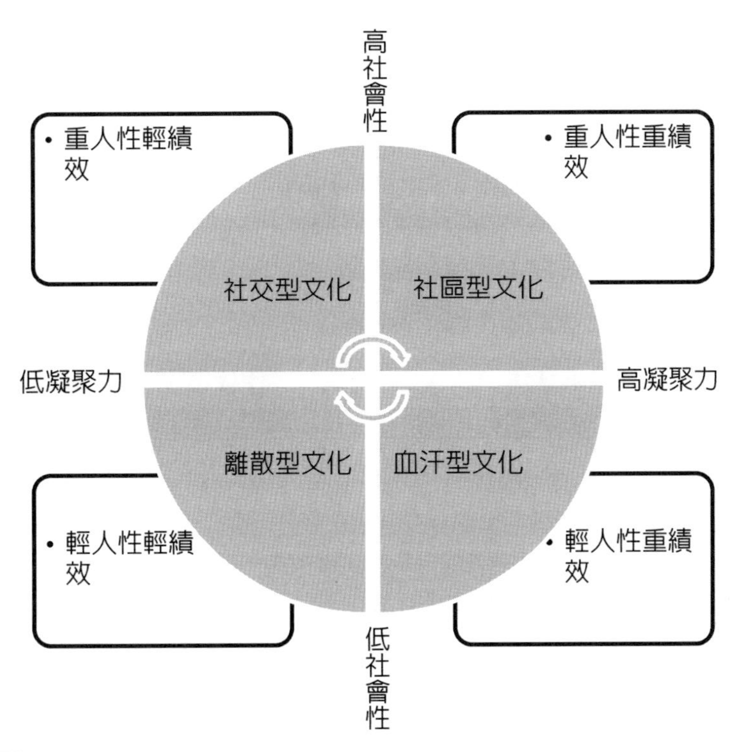

圖 7-6　雙 S 模型的文化類型

▶ 安全文化

安全管理性質上是風險管理中的風險控制，因此安全管理是風險管理的一環。舉世矚目的車諾比爾事件（The Chernobyl Accident發生在1986年）發生後，**安全文化** 的概念於焉興起。這種文化概念只局限於安全管理領域。它融合了人們的安全價值觀與信念，對健康與安全的關懷，與對安全的態度與行爲。「良好」的**安全文化**（Safety Culture）包括三大要素：第一、要俱備克服災難的社會文化規範；換言之，安全價值觀與信念要融入於社會文化規範中；第二、要有形諸於外的安全態度與行爲；第三、對安全要能時刻省思（Pidgeon, 1991）。「良好」的安全文化不僅有助於人爲作業疏失的減少，也有助於提升管理風險的績效。

其次，根據克普（Cooper, M. D.）的安全文化模式（Cooper, 1996），可評估組織團體的安全文化，該模式可參閱圖7-7。

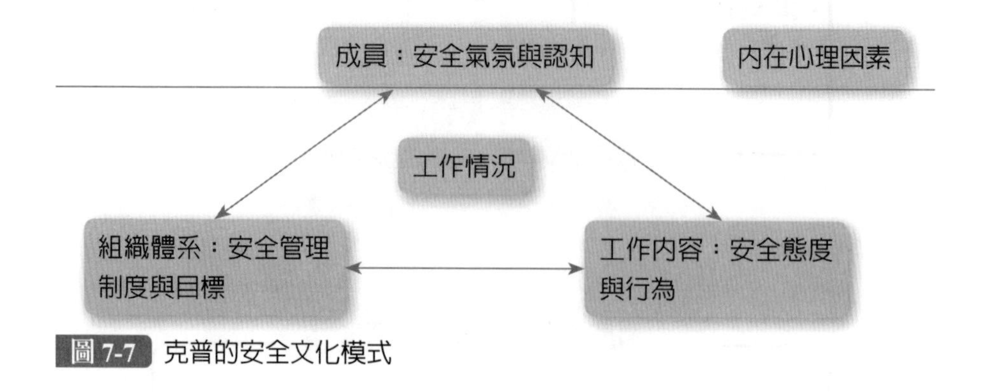

圖 7-7 克普的安全文化模式

安全文化評估主要包括三個項目：第一項、安全管理制度評估；第二項、**安全氣氛**（Safety Climate）評估；第三項、組織成員安全行爲評估。首先，簡要說明安全管理制度評估。安全管理制度評估可分上中下三層，上層重高階管理層對安全政策目標的明確度，是從組織體系角度觀察。中層重中階管理層對工作監督是否落實，是從工作內容立場觀察。下層重成員行爲是否安全，是從成員認知層面觀察。評估方法可以自我評估的方式進行，也可藉用外力評估。安全管理制度評估可以簡單的問卷進行，以「是」、「否」與「不知道」三種方式，設計每一評估項目。評估項目分四類：第一類屬安全管理政策與行政制度；第二類屬安全概念是否落實於職場中的問題；第三類屬技術與人因的觀察；第四類屬員工對安全問題了解的程度。最後，以回答「是」的總數除以回答「是」與「否」的總數，即可了解安全管理制度的健全度。安全管理制度的健全度可區分爲如下五級：極佳（81-100%）、佳（61-80%）、普通（41-60%）、劣（21-40%）與極差（0-20%）。

其次，安全氣氛的評估可用李克特（Likert）五點尺規設計問卷。以很同意與很不同意兩種極端態度設計而成。每一題目的字數最好不超過十五個字。同時，注意句子的完整性。另外，盡量用日常用語撰寫。安全氣氛評估的項目可歸納爲：(1)管理人員的行動；(2)安全對員工的制約；(3)員工認知性風險的高低；(4)工作步調的要求；(5)對事故原因的了解度；(6)工作壓力效應的了解；(7)安全溝通的成效；(8)緊急應變的成效；(9)安全訓練的重視度；(10)安全人員位階的高低。另一方面，安全氣氛評估也要留意影響安全氣氛的外在因子。例如，市場情勢不利時，成員對工作的認知。成員安全行爲的評估可由局外觀察者評估。同樣，設計一張評估表格。就評估項目設計三欄：「安全欄」、「不安全欄」與「無需觀察欄」。每欄記錄的方式各有不同。例如，觀察者想要觀察，當駕駛人要轉彎時，是否有按喇叭。如觀察十位駕駛人的結果，這些駕駛人當要轉彎時，他（她）們均會按喇叭，則在「安全欄」寫「1」。在「不安全欄」寫「0」。如果十位駕駛人中有七個不按喇叭，則於「不安全欄」寫「7」，在「安全欄」寫「0」。評估項目內容，並非這位觀察員要觀察的項目時，則於「無需觀察欄」，寫「1」。最後，以安全欄總計除以安全與不安全欄合計數即爲安全行爲比例。

值得留意的是，近年來，國際上已建構完成**安全文化評鑑準則**（AS-COT: Assessment of Safety Culture in Organization Team）。這項準則主要是根據七項安全文化指標建構而成。這七項安全文化指標包括：第一、安全文化的認識程度；第二、良好安全績效制約公司的程度與改善安全績效的持續性；第三、良好安全績效是否爲公司終極目標；第四、對事故發生的原因了解度如何；第五、影響安全績效的因素有否認眞檢視；第六、安全績效有否定期稽查；第七、公司是否爲學習型組織。

最後，經由上列評估結果，組織團體安全文化極差時，應分短中長期措施改善安全文化。短期措施上，包括強化領導，系統整合與建構周全的風險控制制度。中期措施上，包括加強管理資訊系統與安全稽核系統。長期措施上，包括加強安全宣導與訓練，強化安全文化調查與改善安全行爲。

3. 風險管理與優質文化

任何組織團體管理風險，就是想掌控未來任何的可能，這自然與其他管理功能截然不同。因此，組織團體最高層責無旁貸的強力支持，是有效風險管理的必要條件。風險管理優質文化氛圍的建構與提升，則是組織團體最高層的首要任務，也是有效風險管理的充分條件。組織團體最高層透過下列問題的Q&A（IRM, 2012），即可知道組織團體風險文化品質的現況。

第一、組織最高層風險管理的氛圍如何？同時，組織針對應對風險的方式以及對成員風險行為的預期，有一致性、合理性與持續性的機制嗎？

第二、組織如何建立有效且充分的風險管理人員責任機制？

第三、組織現行文化會產生何種風險？為了達成目標，組織需要何種風險文化？以及組織成員能在不擔心受怕的心境下，放心公開談論風險嗎？

第四、面對風險議題與兩難的風險決策時，如何體現組織的價值？以及組織會定期討論這類風險議題嗎？

第五、組織結構、管理過程與獎勵辦法在風險文化建構過程中，產生何種作用？

第六、為了確保學習與記取教訓，組織如何積極尋找內外部發生過的風險事件或未遂事件案例？面對各利害關係人的質疑時，組織是虛懷若谷地接受指教，還是自認為都是對的？

第七、組織如何應對耳語或來自其他管道散播的訊息？這種訊息的散播，最近一次是發生在什麼時候？

第八、組織如何激勵適當的冒險行為，同時對失衡的風險行為（不是過於冒進就是過於保守）有何對策？

第九、對新進成員如何使其快速融入組織文化中，同時如何維持成員的風險態度與行為與組織的期待一致？

第十、組織如何支持各階層的風險意識與風險管理技能訓練與發展，同時對最高層成員又有何相關計畫？

▶ IRM優質文化條件

文化是否有優劣之分，或許有人認為不應分優劣，但對風險管理來說，是極為重要的，蓋因有優質的風險文化（Good Risk Culture），才能有效地實施成熟的風險管理機制，否則將窒礙難行。英國風險管理專業研究機構（IRM）提出優質的風險文化應包括的條件如後：

第一、應該要有清楚且一致性的風險管理決策行為（冒險或保守）論調，這論調要普遍存在於最高層到組織的基層。

第二、倫理原則的制約應該能反應組織成員的倫理觀，同時也需考慮廣泛利害關係人的情況。

第三、對組織持續管理風險的重要性應該形成共識，這共識也包括明確的風險負責人與其負責的風險領域。

第四、在不用擔心被責難氛圍下，風險訊息與壞消息應能及時且透明地流通在組織所有各階層。

第五、組織應從風險事件或未遂事件的錯誤中記取教訓，且應鼓勵成員及時報告風險源與耳語散播的訊息。

第六、對已經很清楚的風險，組織無須大動干戈。

第七、應當鼓勵適當的冒險行為，處罰不適當的冒險行為。

第八、組織應提供資源，鼓勵風險管理技能與知識的訓練與發展，同時應重視風險管理專業證照考試與外部專業機構提供的培訓。

第九、組織應有多元的觀點、價值與信念，以便能確保現狀並接受嚴酷挑戰。

第十、為了確保所有成員全力支持風險管理，組織文化要融入成員的工作與人力資源策略中。

▶ 國際標準普爾（S&P）優質文化標準

國際信評機構標準普爾（S&P: Standard & Poor's）提出優質文化的標準包括：

(1) 風險管理與組織治理應完全緊密結合，並獲得首長堅實的支持。
(2) 特定期間內，組織的風險容忍度水準應清楚明確且配合目標。
(3) 風險管理的責任全在於組織機構最高層。
(4) 組織首長能清楚了解組織構整體的風險部位，且對風險管理活動與訊息能定期討論或收到回報。
(5) 風險管理人員均應具備專業證照或接受過風險管理的專業訓練且是專職。
(6) 風險管理目標與業務單位目標完全契合。
(7) 薪酬制度完全與風險管理績效契合。
(8) 風險管理政策與實施程式，完全書面化且眾所周知。
(9) 風險管理活動與訊息的內外部溝通程式，不只有效且完全順暢。
(10) 組織應將風險管理視爲競爭利器。
(11) 組織機構風險管理上，不只應積極從錯誤或招損中學習，且針對政策與程式要作積極的改變。
(12) 當實際風險與預期有落差時，風險管理上應允許作改變。
(13) 組織機構管理層應能完全了解風險評估的基礎與假設，也能完全溝通以及了解風險管理方案的優缺與其呈現的價值與過程。
(14) 針對特定重大的風險，特定高層應負完全責任。
(15) 風險評估、監督考核與風險管理，應各由不同的員工負責。
(16) 組織如有分支機構，分支機構對風險管理的看法均應與總機構一致。

另一方面，呈現下列情況的，即爲劣質文化。這些情況包括：

(1) 風險管理在組織機構經營上，只是用來應付上級的要求。
(2) 風險容忍水準不明確且隨狀況任意改變。

(3) 風險管理的責任在於中低階層。

(4) 首長只有在損失發生後，才能了解組織整體的風險部位，也才討論相關訊息。

(5) 風險管理工作是由其他部門員工兼任，且邊學邊作或無人從事風險管理的工作。

(6) 風險管理目標與業務單位目標不契合且有所衝突。

(7) 薪酬制度與風險管理績效不契合。

(8) 風險管理政策與實施程式書面化不完全。

(9) 風險管理的活動與訊息，只有必要人員才能獲悉。

(10) 組織機構將風險管理視爲應付或化解外部制約的利器。

(11) 組織風險管理上，忌諱提及錯誤或損失，且管理人員過分自信認爲同樣的事件未來不會再發生。

(12) 組織機構風險管理上，不允許意外，也不允許寬恕。

(13) 組織機構裡只有風險專業技術人員了解風險評估的基礎，但這些專業技術人員無法與管理人員進行有效溝通。

(14) 組織機構裡，沒有特定的高層，針對特定重大的風險責任負責。

(15) 風險評估、監督考核與風險管理的職能，由同樣的員工負責。

(16) 組織如有分支機構，分支機構對風險管理的看法均與總機構不一致。

7-5 驚奇理論與文化的改變

文化不是靜態的、永遠不變的，除非封閉的社會團體。風險的文化建構理論主要將群體的文化類型分成四類，湯普生等人（Thompson, M., *et al.*）發展了這四種文化類型動態改變的理論；換言之，四種的風險文化類型會因人們對文化不同的驚奇（Surprises），由小改變漸演化成群體風險文化類型的轉換。湯普生等（Thompson, M., *et al.*）的見解，也正說明了，文化不是靜態的，是動態的、是可以改變的。下圖7-8是湯普生等（Thompson, M., *et al.*）人的**驚奇理論**[4]（Theory of Surprises）之驚奇分類圖（Thompson, *et al.*, 1990）。

真實世界 ＼ 自我想法的世界	宿命型文化	平等型文化	市場競爭型文化	官僚型文化
宿命型文化		沒有意外收穫	不靠運氣	不靠運氣
平等型文化	事事小心沒有用		輕鬆快樂	輕鬆快樂
市場競爭型文化	好技能無法獲得鼓勵	完全反差		部分反差
官僚型文化	事事碰運氣	完全反差	競爭劇烈	

圖 7-8 驚奇分類圖

根據上圖，如果你（妳）是市場競爭型文化類型的人（參閱圖7-8的左邊欄位），到一家平等型文化的組織機構上班（參閱圖7-8的上方欄位），何事會讓你（妳）驚奇，澈底改變文化意識，轉換成別種文化類型。從圖中可得知，當組織機構因你（妳）的努力創新，反而責怪你（妳）時，就可能撼動你（妳）的世界觀，改變文化類型。同樣，如果你（妳）是平等型文化類型的人（參閱圖7-8的左邊欄位），到一家市場競爭型文化的組織機構上班（參閱圖7-8的上方欄位），你（妳）對任何輕

4 驚奇理論有三項定理：(1)事情本身不會造成驚奇；(2)只當對眞實世界如何變成這樣，有特定意識及信念與其連想時，就可能存在驚奇；(3)眞正的驚奇，是當持有特定意識及信念的人，向吾人説出眞實世界是如何時，才會存在。參閱Thompson, M. *et al.* (1990). *Cultural theory*. Oxford:Westview Press。

鬆快樂成功的事會感到驚奇，認為世界也可這樣，進而撼動你（妳）的文化意識。你（妳）會感到驚奇，是因你（妳）過去緊張兮兮、事事小心，認為凡事都是零和遊戲。

其次，湯普生等（Thompson, M., *et al.*）提出了十二種文化類型的改變。參閱圖7-9。例如，圖中由宿命型文化改變成市場競爭型文化，就是窮人突然致富時的情境，俗稱暴發富。反過來，由市場競爭型文化改變成宿命型文化，就是富人遭意外破產的情境。不管是暴發富或破產，均使人驚奇，導致對人生世界觀改變，文化類型就可能面臨改變。只要群體中成員產生小改變的人增加，整個群體文化類型就會面臨大改變。

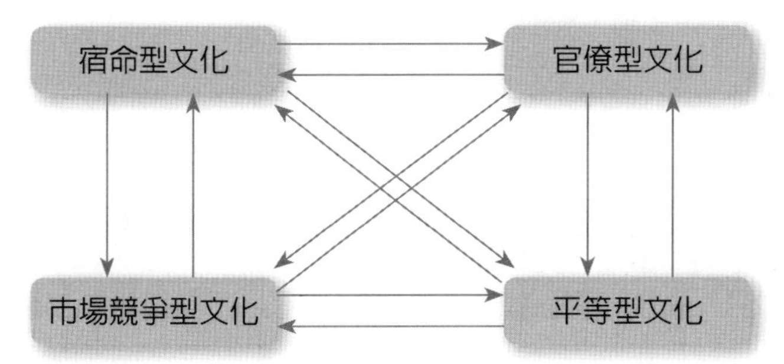

圖 7-9 文化的改變

最後，英國風險管理專業研究機構（IRM）提出改變風險文化的步驟如後（IRM, 2012）：

第一、評估現行文化：尋找組織內隱藏的次文化並應用各種方法尋找所有可能的文化類型。

第二、了解現行文化的衝擊：組織現行文化的優缺點為何，適合組織未來的發展嗎？

第三、現行文化須要做什麼改善：有沒有監理的要求與外部刺激要考慮，且必需做什麼改變？

第四、計畫與執行文化的改變：須改變哪些，如何使新文化持續成長？

第五、監督與適應改變：改變的結果符合預期嗎？還有需要做什麼改變嗎？

風險與美國槍枝的管制

風險與文化的關聯可體現在不同群體的世界觀上。群格分析的歸類正是如此。近年來，美國發生眾多槍擊事件，為何就是美國很難管制槍支，深層的原因就是文化使然。不同群體文化類型的人對擁有槍支的風險評級不同，即使同樣是黑人或白人，評級也不同。這都與文化有關，美國很難管制槍支，也只是美國，別的國家又不同。

7-6 文化建構理論的應用

風險的文化建構理論對預測人們的風險感知，雖被批判（參閱第三章第3-7節），但仍有其實用性。第一、湯普生等人（Thompson, M., *et al.*）的驚奇理論，可應用在組織機構合併中，文化改變的策略上。第二、人們的風險文化類型可能會隨著人們的經驗與外在環境而改變其文化類型（Thompson, 2008）。因此，這項理論 也可應用在組織機構循環管理[5]

[5] 就保險業來說，產險通常是一年期，且依實際損失爲依據彌補投保人損失，是種補償性業務，但壽險除少數業務外，多數業務屬長達數年的業務，且依投保金額賠付給投保人，是種定額性業務。補償性業務會出現循環，而循環管理就是依據不同循環階段，所作的不同之管理措施，其目的是在強化財務強度。參閱林永和（2006/04/15）。循環管理-保險業提高財務強度之鑰。*風險與保險雜誌*。第33至36頁。台北：中央再保險公司。

（Cycle Management）策略的擬訂上。隨著市場環境變動，組織機構業務會處於不同的循環階段，而市場會有不同的行爲。市場贏家的風險文化類型也會隨市場轉換，類型不同，策略就不同。第三、由於每一組織機構的風險文化類型不同，對進出市場的風險，看法也不同。例如，市場型文化的組織機構，對風險持樂觀態度，因而選擇留在市場。如果是平等型文化的組織機構，可能就選擇退出市場，因這種組織機構認爲留在市場的風險是危險的。第四、風險的文化建構理論也可應用在財務危機發展階段的解釋與因應策略的制定上（Ingram, 2010）。

社會衝突的另類解釋

全球大概除了北韓，少見民眾上街抗議政府外，絕大部分國家幾乎時常上演。這種全球化現象，固然諸多源於政府施政，現象的解釋也諸多來自政治、社會與環保觀點。就台灣最近來說，抗議事件層出不窮，核四、反課綱、食安、美牛進口等，無一不與風險相關。核四、食安、美牛與人們的健康風險相關，反課綱與台灣政治風險相關，因此，我們可從風險觀點，提出社會衝突的另類解釋。

很奇怪，法國人那麼接受核能發電，為甚台灣人屢屢要抗爭？美牛致癌風險明明比嚼檳榔致癌的風險來得低，為何進口檳榔沒人抗議，就獨對美牛進口這麼「感冒」？這些社會衝突現象，從風險觀點來解釋的話，至少有兩種風險理論可做為解釋的理論基礎，一就是風險的心理學理論，另一是風險的文化建構理論，而傳統的財經與保險領域的風險理論根本無法從事這種現象的解釋。

從風險的心理學理論來說，人們對風險的評估是採用直覺判斷與對風險的感知程度。用直覺判斷風險有三個原則，一是典型原則（Representativeness）；二是範例原則（Availability）；最後是刻版印象原則（Adjustment and Anchoring）。對核四抗爭，人們尤其深受範例原則主導，台灣媒體發達，人們很容易看到日本福島核災與二次大戰那兩顆原子彈爆炸的情景，因此範例原則主導下，人們會高估核四爆炸風險，另一方的核能專家與政府官員則認為核四爆炸風險沒那麼高，這就是核能專家計算的實際風險（Real Risk）與民眾感知風險（Pereived Risk）間存在落差，再加上台灣特殊的政治環境，因此核四抗爭不斷。上述解釋似乎還不足以比較，台灣與法國的不同，這可進一步採用風險的文化建構理論來解釋。

風險的文化建構理論是採用群格分析（Group-Grid Analysis）將人們分四群人，一群是宿命型文化的人，一群是市場型文化的人，另一群是官僚型文化的人，最後是平等型文化的人。西方人講求個人表現與個人存在主義，是天人二元化主張的族群，因此可歸類為市場型文化的人群。台灣人還是講求天地人三合一的民族，因此可歸屬平等型文化的人群。市場型文化的人群看待未來風險是樂觀的，平等型文化的人群看待未來風險是危險的，而另一方的核能專家與政府官員則屬官僚型文化的人，這種人群看待未來風險是可控制的，顯然，核能專家與政府官員認為核能是安全的，台灣民眾認為是危險的，法國民眾則是樂觀看待，這就產生法國人為何普遍認同核能發電，台灣人則常抗爭。其次，台灣人常抗爭還有另一原因，就是民進黨主張非核家園才是美麗的價值觀，這與講求經濟發展的國民黨有所衝突。

7-7 文化、心理與健康風險

前列各節所述，文化與風險間的關聯，主要以組織團體爲觀察對象，而組織團體中成員的文化價值觀則受組織團體文化的影響。本節簡要說明文化、心理與健康風險間的關聯。前曾提及，文化可透過可得性捷思引導人們的記憶與注意力，進而影響人們的風險感知與判斷。此外，文化也會造成人們的心理壓力，進而影響健康（胡幼慧，1993）。克萊門（Kleinman, A.）認爲中美文化對認知與反應間過程的影響不同（Kleinman, 1980）。例如，美國人對來自個人內在心理的壓力因子較為關注，但華人常較關注來自人際關係刺激的壓力因子。其次，東西方文化不同，也影響東西方婦女產後健康保護行為的不同。例如，華人婦女產後受到較多保護，而有「坐月子」的習俗；反之，西方婦女重產前保護，產後重嬰兒保護，較無重婦女產後保護的「坐月子」習俗。再如，華人喜歡合吃共享的飲食文化，與聚餐名目多的文化，都使得B型肝炎傳染機會增大。這種文化、心理與健康醫療間的關聯，已成社會流行病學（Social Epidemiology）與醫學人類學（Medical Anthropology）領域重要的研究課題。

民俗醫療與疾病

民俗醫療是一個民族應對疾病的一種約定俗成的特殊方式，是種民族文化。台灣有很多民俗醫療方式，例如，收驚、先生媽、觀落陰、符水、改風水、算命、童乩、偏方等。醫療效果則是信者恆信，不信者恆不信。非華人社會同樣也有民俗醫療，例如，伊朗的回教郎中、牧師驅魔治病等。

——摘自張珣（1994）《疾病與文化》

突破盲點大聲公

東西方文化不同，也使得人們看待風險的方式有所差異。不論差異如何，風險文化品質會影響風險管理績效，因此，如何提升與改變風險文化是組織團體必須重視的課題。風險文化雖然是無形的軟實力，但卻是管理風險的硬道理。

關鍵重點搜查中

1. 文化含有三個要素，那就是信念、價值與規範。
2. 文化的定義與理解方式包括：(1)描述性定義：這種定義可理解爲文化是所有社會生活的整體；(2)歷史性定義：這種定義可理解爲文化是代代相傳的遺產；(3)規範性定義：這種定義可理解爲文化是一種規範或價值；(4)心理學定義：這種定義可理解爲文化是解決問題的裝置，可使人們交流學習尋求物質或情感的需求；(5)結構性定義：這種定義可理解爲文化是各個獨立層面間具有的組織化關聯性；(6)發生學定義：這種定義可理解爲文化是人類互動而產生，而以代代相傳的產物視爲文化的延續。
3. 風險的文化建構理論是強調一個國家社會團體組織的文化概念、條件、類型，如何決定那個國家社會團體組織風險的過程。換句話說，國家社會團體組織的文化概念、條件、類型，會決定那個國家社會團體組織接受何種風險或形塑何種風險，或拒絕何種風險。簡單說，就風險的文化建構理論來看，風險是由文化所建構的。
4. 群格分析模式是依據團體內聚合度的強弱，也就是「群」的強弱，以及團體內階層鮮明度，也就是「格」的鮮明程度，將文化分爲四種類型：一是聚合度弱與階層不鮮明的團體，屬於市場競爭型文化；二是聚合度強但階層也不鮮明的團體，屬於平等型文化；三是聚合度強與階層極鮮明的團體，屬於官僚型文化；四是聚合度弱與階層鮮明的團體，屬於宿命型文化。
5. 團體聚合度量化的指標包括：成員間的緊密度；成員間關係的轉移度；成員參與該團體活動的頻率；成員參與該團體活動範圍的大小；與成爲該團體成員的難度。
6. 團體內階層鮮明度即以工作職務角色的四項特質來衡量：第一、職務的專業度；第二、職務不對等的比例；第三、指派職務的比例，此爲職務授與度；第四、主要職務工作責任的強度。
7. 組織團體的風險文化是受到組織團體成員對風險具有的信念價值與知識、成員的倫理觀與行爲以及組織文化所影響。
8. IRM風險文化四大構面包括高層的風險論調、組織團體的風險治理、組織團體的風險管理能力與風險管理決策。

9. 雙S模型的雙S指的是團體的社會性與團體的凝聚力。根據這雙S指標，組織團文化可劃分成四種文化類型，那就是社區型文化、社交型文化、離散型文化與血汗型文化。

10. 良好的安全文化包括三大要素：第一、要具備克服災難的社會文化規範；換言之，安全價值觀與信念要融入於社會文化規範中；第二、要有形諸於外的安全態度與行為；第三、對安全要能時刻省思。

11. 安全文化指標包括：第一、安全文化的認識程度；第二、良好的安全績效制約公司的程度與改善安全績效的持續性；第三、良好安全績效是否為公司終極目標；第四、對事故發生的原因了解度如何；第五、影響安全績效的因素有否認眞檢視；第六、安全績效有否定期稽查；第七、公司是否為學習型組織。

12. IRM優質的風險文化條件：(1)應該要有清楚且一致性的風險管理決策行為（冒險或保守）論調，這論調要普遍存在於最高層到組織的基層；(2)倫理原則的制約應該能反應組織成員的倫理觀，同時也需考慮廣泛利害關係人的情況；(3)對組織持續管理風險的重要性應該形成共識，這共識也包括明確的風險負責人與其負責的風險領域；(4)在不用擔心被責難氛圍下，風險訊息與壞消息應能及時且透明地流通在組織所有各階層；(5)組織應從風險事件或未遂事件的錯誤中記取教訓，且應鼓勵成員及時報告風險源與耳語散播的訊息；(6)對已經很清楚的風險，組織無須大動干戈；(7)應當鼓勵適當的冒險行為，處罰不適當的冒險行為；(8)組織應提供資源，鼓勵風險管理技能與知識的訓練與發展，同時應重視風險管理專業證照考試與外部專業機構提供的培訓；(9)組織應有多元的觀點、價值與信念，以便能確保現狀並接受嚴酷挑戰；(10)為了確保所有成員全力支持風險管理，組織文化要融入成員的工作與人力資源策略中。

13. 風險文化類型會因人們對文化不同的驚奇，由小改變漸演化成群體風險文化類型的轉換。

14. IRM改變風險文化的步驟：(1)評估現行文化：尋找組織內隱藏的次文化並應用各種方法尋找所有可能的文化類型；(2)了解現行文化的衝擊：組織現行文化的優缺點為何，適合組織未來的發展嗎？；(3)現行文化須要做什麼改善：有沒有監理的要求與外部刺激要考慮，且必須做什麼改變？；(4)計畫與執行文化的改變：須改變哪些，如何使新文化持續成長？；(5)監督與適應改變：改變的結果符合預期嗎？還有需要做什麼改變嗎？

15. 文化也會造成人們的心理壓力，進而影響健康。中美文化對認知與反應間過程的影響不同。

腦力激盪大考驗

1. 為何人們常高估菸草對社會的危害，卻低估酒精對社會的嚴重危害？
2. 為何台灣B型肝炎猖獗，與飲食文化有何關聯？
3. 利用群格分析計算下列四位成員團體互動的緊密度值與轉移度值。

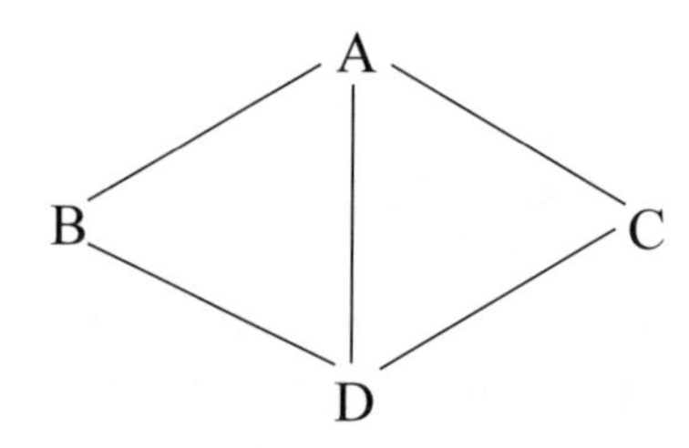

4. 第一次出國後，人生改觀，請用驚奇理論說明理由。
5. 風險文化與安全文化有何不同？
6. 優質的風險文化有何條件？
7. 軍中文化與公司文化可分別歸屬何種文化類型？並說明理論依據。

參考文獻

1. 王海霞（2015）。*維吾爾家族女性的一生——新疆一個綠洲社區的調查*。北京：中央民族大學出版社。
2. 林永和（2006/04/15）。循環管理——保險業提高財務強度之鑰。*風險與保險雜誌*。第33至36頁。台北：中央再保險公司。

3. 胡幼慧（1993）。*社會流行病學*。台北：巨流圖書。

4. 張珣（1994）。*疾病與文化*。台北：稻鄉出版社。

5. 劉仲冬（1996），民族誌研究法及實例，在胡幼慧主編，*質性研究——理論、方法及本土女性研究實例*。第173至193頁。台北：巨流圖書公司。

6. Adams, J.(1995). *Risk*. London: UCL Press.

7. Cooper, M.D.(1996). *The B-Safe programme.* Hull: Applied Behavioural Sciences.

8. Douglas, M. and Wildasky, A.(1982). *Risk and culture-an essay on the selection of technological and environmental dangers.* Losangeles: University of California Press.

9. Douglas, M.(1985). *Risk acceptability according to the social sciences.* London: Routledge and Kegan Paul.

10. Douglas, M.(1966). *Purity and danger: concepts of pollution and taboo.* London: Routledge and Kegan Paul.

11. Douglas, M.(1970). *Natural symbols: explorations in Cosmology.* London: Barrie and Rockcliff.

12. Douglas, M.(1978). *Cultural bias.* London: Routledge and Kegan Paul.

13. Fischhoff, B. *et. al.,* (1993). *Acceptable risk.* New York: Cambridge University Press.

14. Goffee and Jones (1998). *The character of a corporation: how your company's culture can make or break your business.* Harper Collins.

15. Gross, J.L. and Rayner, S.(1985). *Measuring culture-a paradigm for the analysis of social organization.* New York: Columbia University Press.

16. IRM(2012). *Risk culture-under the microscope guidance for boards.* London: IRM.

17. Ingram, D.(2010). The many stages of risk. *The Actuary.* Dec. 2009/Jan.2010. Pp.15-17.

18. Kleinman, A.(1980). *Patients and Healers in the context of culture.* Berkeley, Ca: University of California Press.

19. Kroeber, A. and Kluckhohn, C.(1952). *Culture: a critical review of concepts and definition.* Cambridge, MA.: Peabody Museum.

20. Lupton, D.(1999). *Risk.* London: Routledge.

21. Pidgeon, N.F. (1991). Safety culture and risk management in organization. *Journal of cross-cultural psychology.* Vol. 22. No.1. Pp.129-140.

22. Rayner, S.(1992). Cultural theory and rsik analysis. In: Krimsky, S. and Golding, D. ed. *Social theories of risk.* Westport:Praeger. Pp.83-115.

23. Smith, P.(2001). *Cultural theory: an introduction.* Blackwell Publishers Inc.

24. Thompson, m. *et al.*(1990). *Cultural theory.* Oxford: Westview Press.

25. Thompson, M.(2008). *Cultural theory: organizing and disorganizing.* Oxford: Westview Press.

26. Williams, R.(1976). *Keywords.* New York: Oxford University Press.

第八章

風險溝通

學習目標

1.認識風險溝通的歷史演進與基本內容。

2.了解如何制定風險溝通宣導手冊與人們的心智模式。

3.認識媒體在風險溝通中，扮演的角色。

4.了解害怕情緒與風險溝通的關聯。

5.認識風險訊息不確定本身對風險溝通的影響。

6.了解事先防範原則與風險溝通的關聯。

7.了解社會信任對風險溝通的影響。

8.認識少數團體極端壓力的作用。

9.認識民眾參與風險政策決策過程的方式。

10.了解食品風險溝通的問題與工作要點。

/溝通是尋求共識的必要手段/

薯條可能致癌？基因改造植物的花粉可能汙染方圓兩哩內作物？真的嗎？說服民眾相信或不相信，是風險溝通或稱風險交流（Risk Communication）的核心課題，也是風險監控與管理重要的一環。拜科技之賜，例如，網際網路等，人與陌生人距離只隔六個人，也拜科技之賜，例如，大數據、微信、APP等，使訊息傳播與接受，更快速、更無遠弗屆。媒體對風險的報導，不只影響人們對風險的感知，在風險溝通過程中更扮演重要角色。害怕的情緒，對風險監控者與管理者的信任，少數團體的極端壓力，事先防範原則等與風險溝通有何關聯？風險訊息的不確定，人們的心智模式，以及民眾參與風險政策的決策過程等，對風險溝通的策略有何影響？上述各項問題在本章中將分別說明。在未說明這些問題之前，風險溝通概論是本章的開端。

8-1 風險溝通概論

1. 風險溝通的歷史演進

風險溝通依據文獻（Fischhoff, 1998），歷經了八個時期的演進。最初期，風險訊息傳播者（通常是政府機構或企業生產者）也是**風險溝通者**（Risk Communicator）的任務，就是獲得正確的風險數據即可。後邁入第二個時期，告訴接收者（通常是民眾）風險數據。接著是第三個時期，告訴接收者風險數據的含義。第四個時期是，對接收者顯示，過去曾被他們所接受而與現今風險類似的風險數據。第五個時期是，對接收者顯示，有利於他們的風險數據。第六個時期則是，對接收者進行風險溝通。第七個時期是，設法將接收者視同風險決策參與人或是夥伴關係。最後就是，現今階段的風險溝通過程則包括了前述每一時期的內容。

2. 風險溝通的意義、目標、理由與類型

▶ 風險溝通的意義

一般而言，風險溝通可泛指所有風險訊息（Risk Information）在來源與去處間，流通的過程。所有的風險訊息指的是策略風險、財務風險、作業風險與危害風險等四大類訊息而言。風險訊息流通的範圍，以政府組織與國家社會風險管理領域中最爲廣泛，因其所涉及的利害關係人最多，而企業公司組織次之，家庭風險管理最狹隘。圖8-1以食品風險溝通爲例，顯示風險訊息流通的最大範圍，「箭頭」代表的都是風險訊息的流通，流通過程中就須風險溝通策略。該圖左半部的經營者與食品行業協會、食品檢驗與認證機構、政府及國家相關機構，通常爲風險訊息的擁有者，也是需負責對外的溝通者；右半部通常爲風險訊息的接收者，包括新聞媒體與

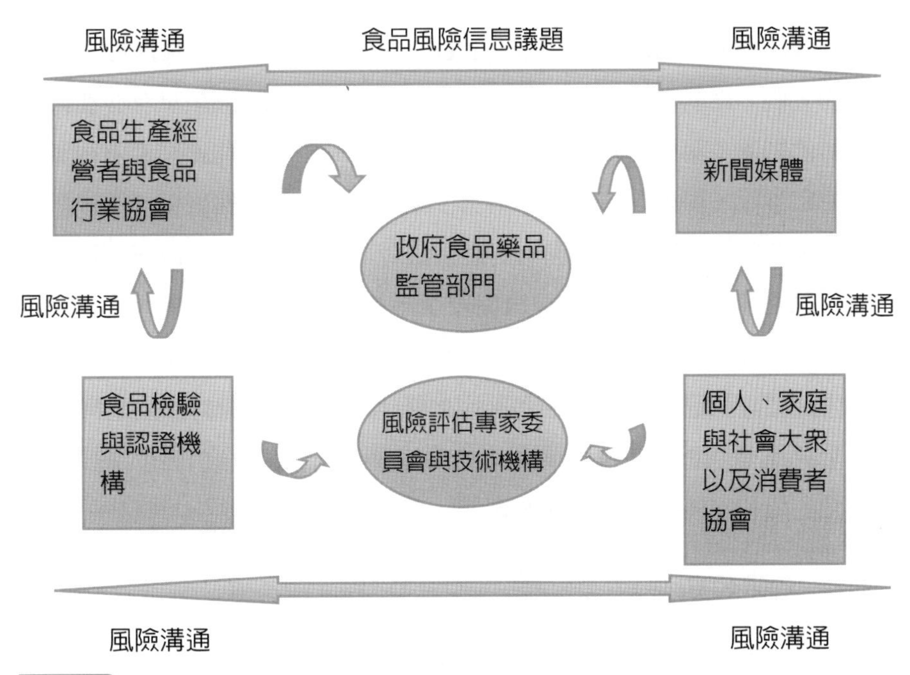

圖 8-1 食品風險訊息流通架構

消費者。就食品公司立場言，當發生重大食品責任危機事件時，擁有食品風險相關訊息的風險管理人員，應實施適當的風險溝通策略。溝通對象涉及內部員工、傳播媒體、政府監理機構與社會大眾。平常，公司的風險溝通以內部居多。就政府機構立場言，政府不僅是風險訊息的擁有者，也是風險監控者，因此其風險溝通涉及的範圍更廣泛，採取何種風險溝通策略更形重要，舉凡政府對瘦肉精、漢他病毒、豬口蹄疫等的監控過程中，均不能忽視風險溝通策略的運用。

狹義的**風險溝通**僅指健康或環境風險訊息，在利害關係團體間，有目的的一種訊息流通過程而言（Covello *et al.,* 1986）。此定義將溝通的標的縮小，只將影響人們健康與損害環境的風險包括在內。同時，認為以改變人們風險感知與態度為目的的訊息流通，才能視為風險溝通。漫無目的的風險訊息流通，並不能視為風險溝通，此點極為重要。

▶ 風險溝通的目標與理由

風險溝通的具體理由有四（Stallen, 1991）：第一、對曝露於各類風險中的人們，為能使他（她）們實際掌控風險，風險相關訊息有必要讓他（她）們知道；第二、基於人權道德的考量，人們有權利獲知風險相關訊息，主宰自我，保護自身安全；第三、風險會帶來恐懼與威脅，風險訊息的流通，有助於克服人們心理上的恐懼威脅；第四、公司與政府監理機構為了保障員工與社會大眾的健康與安全，風險溝通有助於履行其責任義務。其次，風險溝通所要完成的具體目標有（Renn and Levine, 1991）：(1)改變人們對風險的態度與行為；(2)降低風險水準；(3)重大危機來臨前，緊急應變的準備；(4)鼓勵社會大眾參與風險決策；(5)履行法律付予人們知的權利；(6)教導人們了解風險，進而掌控風險。

▶ 風險溝通的類型

風險溝通有四種類型：第一、單向溝通。單向溝通即上對下的溝通方式。換言之，它是一種由專家對外部民眾或客戶或員工等利害關係人的溝通方式。單向的訊息流通又稱爲訊息流程模式（Information Flow Model）；第二、雙向溝通。它涉及了風險的多重訊息，此種類型與風險溝通的訊息（Messages）、來源（Source）、管道（Channel）與接收者（Receiver）有關，它又稱爲訊息轉換模式（Message-Transmission Model）；第三、溝通過程模式（The Communication Processes Model）。此模式不僅強調風險訊息在各利害關係人間的流通，也留意訊息形成的社會文化因子；第四、視風險溝通爲政治過程，即政治模式。

3. 風險溝通哲學與法律

風險訊息是否要流通，哪些訊息可流通，與如何流通，才能完成風險溝通的目的，這些均與各國或公司的社會、文化、政治背景及管理哲學有關。不同的社會、文化、政治背景與管理哲學，風險溝通的法律基礎也不同。

以英美兩國爲例，英國是社會福利國家，父權主義思想是政府監理風險的哲學基礎。因此，風險溝通以**「知的需要」**（Need to Know）爲其法律基礎。此種法律基礎亦爲歐盟國家**「洗沃索」指令**（Post-Seveso Directive）的基礎。「洗沃索」指令是一九七六年，瑞士一家著名製藥公司所屬子公司，在義大利的化學工場發生爆炸，引發有毒物質外洩，侵襲洗沃索（Seveso）地區，造成居民重大傷害後，歐盟委員會（The Council of the European Communities）於一九八二年頒布的指令。這個指令要求歐盟各國，在重大災難發生時，各國政府有必要讓災區民眾知道如何防範，以減輕傷亡。

另一方面，美國風險溝通的法律基礎與歐盟國家則有所不同，**「知的權利」**（RTK: Right to Know）是美國風險溝通的法律基礎。美國是資本主義國家，民族的大熔爐，政治社會文化環境與英國不同。一九八四年，美國聯合碳化物公司（Union Carbide）在印度的波帕爾（Bhopal）農藥廠發生毒氣外洩事件後，一九八六年國會通過超級基金修訂與重新授權法案（SARA: The Superfund Amendments and Reauthorization Act）。該法案第三章（Title III）即「緊急應變與社區知的權利法案」（The Emergency Response and Community Right to Know Act），這一章的規定是以「知的權利」爲法律基礎，社會大眾可根據該章的規定，取得必要的風險訊息，但此種「知的權利」（RTK）則有程度上的不同。哈敦（Hadden, S.G.）歸納了四種類型（Hadden, 1989）：第一、基本型的RTK，此型目的旨在確保公眾對化學物質有發覺的權利，政府只負責確保有相關訊息可供取得即可；第二、風險降低型的RTK，此型目的旨在透過產業或政府的自願行爲，降低化學物質的風險，政府負責制定新的標準並嚴格執行；第三、改善決策品質型的RTK，此型目的鼓勵民眾在適當時機，參與風險決策，政府負責提供分析、詮釋風險數據的方法；第四、權利平衡型RTK，此型目的在使民眾、政府與企業間，取得權利的平衡，政府負責提供民眾分析訊息與參與決策的途徑。

4. 風險教育訓練

第七章曾提及，優質風險管理文化條件之一，就是要有風險管理知識與教育訓練，亦即風險教育訓練。風險教育訓練也可說是風險溝通成功的要件，也是組織管理風險過程中能達成一致性的基礎。依照聯合國教科文組織（UNESCO: United Nations Educational, Scientific and Cultural Organization）2010風險管理百科全書中對風險教育訓練目的的記載指出，風險教育訓練的目的是在提升對風險管理觀念與機制基本的自覺，使參與訓練人員能夠識別與管理自我面臨的風險，同時透過對潛在風險的事前規劃，強化專案管理。風險教育訓練也應包含安全教育訓練，在組織內應定期有序進行，尤其爲滿足法律要求，在組織成員有新任務與新任命時，以及風險事件發生後學習經驗教訓時，都是風險教育訓練的重要時機。至於政府對社會大眾的風險教育宣導或訓練，應由適當部門（例如，環保、衛生、安全部門）有計畫的進行。

5. 風險溝通中風險對比的方式

風險對比（Risk Comparison）是重要的風險溝通工具，對比的表現方式與對比的基礎很多。大體上，風險對比可分兩類：第一類、是不同風險間的對比；第二類、是類似風險間的對比。這些風險對比中，常見的尺規至少包括：年度死亡機率（Annual Probability of Death）、每小時曝險的風險（Risk Per Hour of Exposure）、以及預期生命損失（Overall Loss in Life Expectancy）等三種。其訊息呈現的方式也有多種。例如，以年度死亡機率爲尺規，常見的表現方式，如表8-1與圖8-2。

表8-1　風險對比：人均一年死亡機率

原因	死亡風險／（人／年）
流行性感冒	1/5,000
血癌	1/12,500
車禍（美國地區）	1/20,000

資料來源：Dinman（1980）

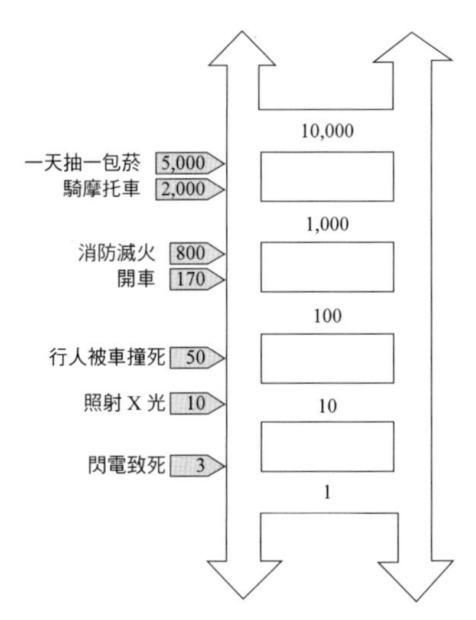

圖 8-2　健康風險階梯（資料來源：Schultz *et al.*, 1986）

再如，以預期生命損失為尺規，如表8-2。

表8-2　預期生命損失

原因	預期生命損失
單身未婚（男性）	3,500天
抽菸（男性）	2,250天
單身未婚（女性）	1,600天
抽菸（女性）	800天
抽雪茄	330天

資料來源：Cohen and Lee（1979）

表8-2是以預期生命損失為風險對比的基礎，它以壽命減短的天數為表現方式。其他風險對比的基礎，也可採拯救一條人命花多少成本[1]（Cost of Per Life Saved）與風險接受性（Risk Acceptability）等為基礎，訊息呈現的方式也可採FN[2]曲線或眞實的圖片（例如，香煙包裝上的圖片）等。風險對比最好是簡單易懂，上圖8-2與表8-1與表8-2的缺點，是缺乏年齡層的考慮。最後，以一般游離幅射劑量，與其曝險劑量效應，以階梯圖呈現，參閱圖8-3與圖8-4。

1　在既定社會資源下，拯救人命計畫的成本，有數量模型如下：ΣΣΣLD = Z, L 代表每年因計畫可拯救的人命數，D表決策變數，在既定社會資源下，極大化上式，詳閱Tengs and Graham (1996). The opportunity costs of haphazard social investments in life-saving. In:Hahn, R.W.ed. *Risks, costs, and lives saved-getting better results from regulation*. Pp.167-182. New York: The AEI Press.

2　FN累積曲線是社會或社區風險常見的表達方式，是表死亡人數（N）與頻率（F）的關聯。

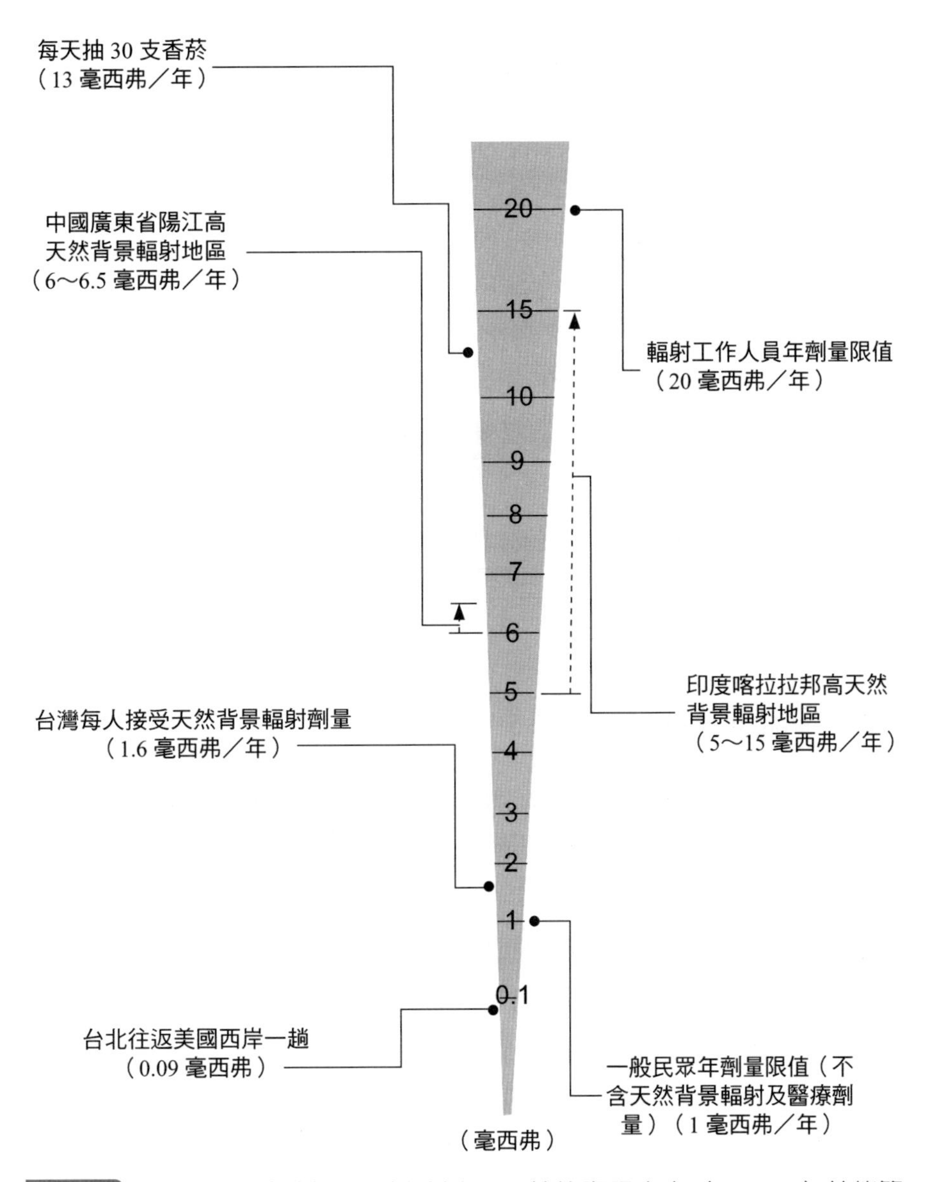

圖 8-3 曝險來源與幅射劑量（資料來源：核能資訊中心（2011/04）核能簡訊。第 129 期封底）（幅射劑量單位：1 西弗 = 1,000 毫西弗；1 毫西弗 = 1,000 微西弗）

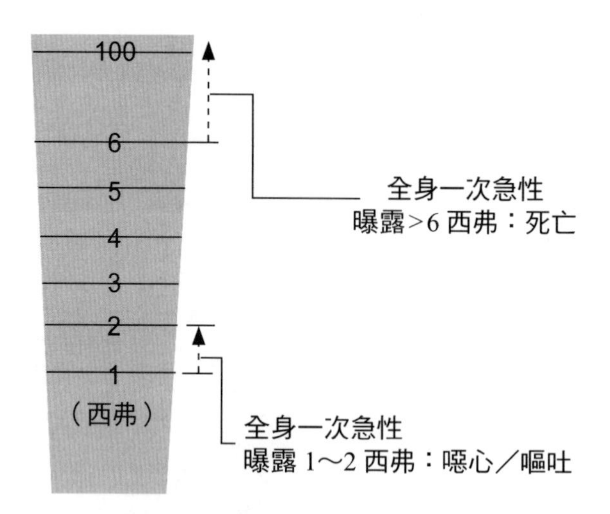

圖 8-4 輻射劑量與健康危害（資料來源：核能資訊中心（2011/04）核能簡訊。第 129 期封底）（輻射劑量單位：1 西弗 = 1,000 毫西弗；1 毫西弗 = 1,000 微西弗）

6. 影響訊息具備說服力的因子

根據社會心理學領域對訊息說服力的研究（Breakwell and Rowett, 1982），有三大類因子影響訊息是否具備說服力，這些因子也可套用在風險訊息的說服力上：

第一類、訊息的排列結構與訊息內容：

這類因子又分：(1)次序效應：大眾對訊息並不會完全記得，通常只會記得最前面與最後尾的訊息，而會忘掉居中間的訊息，這就是**前後效應**（Primacy and Recency Effects）。這提示了風險訊息的呈現，最好特別留意開頭與結尾的呈現方式，尤其在結尾部分將開頭的重點訊息再重複一次；(2)單邊與雙邊的呈現方式：單邊呈現方式就只呈現傳播者的觀點，如果要雙邊都呈現訊息，那最好採用正反觀點對比方式，而且對傳播者的觀點要加重加多；(3)訊息內容是否簡潔，以及隨著時間，是否有再重複訊息：簡潔、一致與不模糊的語句較具說服力，訊息隨著時間再重複一遍，可增強大眾對訊息的熟悉度，減少抗拒心理；(4)是否能引發憂慮或害怕：憂慮或害怕能夠影響大眾對訊息的接收與解釋。

第二類、訊息傳播的媒介：一般而言，面對面傳播最具說服力，如能提供訊息來源的眞實性更佳。文本的傳播最缺說服力，電視視頻與收音頻道傳播說服力居中。

第三類、訊息來源的特性：一般而言，如依大眾文化價值觀來看，訊息來源夠吸引力的話，那麼提供的訊息說服力可能性高。如果訊息來源夠權威，訊息就夠有效。如果風險訊息來源愈值得訊息接收者信賴，那麼風險訊息對接收者就愈具說服力，因爲風險訊息不像一般非風險訊息，它含有不確定因素，對來源的信賴程度更比其他來源的特性來得重要；換言之，來源雖然夠權威、夠吸引力，但都不值得信賴時，訊息對接收者言，就說服力不夠。

7. 影響風險溝通成效的因子

影響風險溝通成效的因子，除法律基礎外，尚有眾多因子會影響風險溝通的成效：第一、傳播媒體。風險的眞相透過媒體報導，能被塑造再塑造。媒體對風險訊息的報導會影響社會大眾的認知，進而影響溝通的效果；第二、緊急警告與風險教育。風險溝通常涉及緊急時的警告發布與風險的教育兩個重要活動，許多風險溝通失敗的原因與此兩種活動有關。警告發布太遲，內容不明確，人爲疏失等均爲風險溝通失敗的原因。以警告效果而言，能吸引一般人留意的比例最高，人們留意後，會認眞閱讀的比例次之，眞正會遵守警告的比例最低（HSE, 1999）；第三、固有的知識與信念。人們過去固有的知識與信念，如果不正確也是風險溝通會失敗的原因。缺乏正確的知識與莫須有的恐懼間，有相當的關聯，這些均能影響風險溝通的效果；第四、信任程度。風險溝通會涉及對人及對訊息的信賴問題。接受訊息者對發布訊息的人或機構，如缺乏信賴，溝通失敗是必然的；第五、時機。溝通的時機對溝通的成效俱有相當的影響，時機不對，溝通效果必打折扣。

8. 風險溝通的原則

美國政府的管理與預算局（OMB: Office of Management and Budget）頒布了一般性風險溝通原則如下（Bounds, 2010）：

第一、在專家與民眾間，風險溝通應該公開且是雙向的溝通。

第二、風險管理目標應明確清楚，風險評估與風險管理應以有意義的方式做精準與客觀的溝通。

第三、爲了使民眾眞正了解與參與風險管理有關決策，政府應對重大假設、資料、模型與採用的推論做清楚的解釋。

第四、對於風險管理的不確定範圍，包括其來源、程度要有清楚的說明。

第五、做風險對比時，要考慮民眾對自願與非自願風險的態度。

第六、政府須提供給民眾及時可獲得風險訊息的相關管道，且要有公眾討論的平台。

9. 有效風險溝通必備的條件與障礙

風險溝通策略要能有效，至少三個條件要俱備：第一、風險訊息的準備與呈現必須謹慎；第二、風險溝通上應盡可能與利害關係人產生對話；第三、風險評估與管理的規劃，要能取得利害關係人的信賴。除此之外，風險溝通策略的制定要遵守如下幾個原則（Renn and Levine, 1991）：第一、意圖與目標要特定且明確；第二、風險數據的引用要謹慎，數據的顯示，最好通俗易懂；第三、溝通前，專家對風險相關問題要有共識。溝通時，說法要一致；第四、對方的焦慮要能與其分憂，且溝通時，要強調與對方利害相關的所在處。最後，風險溝通仍充滿困難與障礙。這些困難主要來自各類矛盾與挑戰，前者如，風險訊息的取得與風險訊息提供機構間的矛盾，後者如，如何使風險專家們體認到影響風險評估背後的人文社會因子的重要性。此外，須留意，幾乎所有的困難與挑戰均環繞在一個主題上，那就是如何打破專家們與社會大眾風險感知與認知的**心向作用**[3]（Perceptual Set）。

8-2 風險溝通宣導手冊的制定

風險溝通宣導手冊是散發給民眾的一種宣傳品，該宣傳品內容中的風險訊息應保持簡單、正確、一致性爲原則。

1. 風險的心智模型

就如何設計與制定風險溝通宣導手冊而言，目前風險溝通最新的理論，是以人們**心智模型法**（A Mental Models Approach）爲依據。心智模型法共分五項步驟（Morgan *et al.,* 2002）：第一、運用影響圖[4]（IDs: The Influence Diagrams）產生風險科學家們的心智模型（參閱後述）。影響圖的繪製方式有四種，分別是組合法（The Assembly Method）、能量平衡法（The Energy Balance Method）、情境法（The Scenario Method）與模組法（The Template Method）；第二、利用訪談與問卷，導引出民眾對風險的想法與看法，也就是人們的風險感知。比較本步驟的結果與第一步驟的結果，並分析兩者的吻合度多高，找出風險科學家與一般民眾對風險想法與看法間的差異；第三、根據比較分析的結果，就差異事項設計結構式

---

3 簡單說，心向作用指的是人們做事與想法的習性。

4 當決策問題極爲對稱時，影響圖（IDs）是有用的決策工具，詳閱Smith and Thwaites (2008). Influence diagrams. In: Melnick.E.L. and Everitt, B.S.ed. *Encyclopedia of quantitative risk analysis and assessment*. Vol. 2. Pp.897-910. Chichester: John Wiley & Sons Ltd.

問卷；第四、根據結構式問卷的分析結果，草擬風險溝通策略中的宣導手冊內容；第五、利用焦點團體等研究方法，測試與評估風險溝通宣導手冊草案的有效性。重複本步驟，直至滿意爲止。最後版本的風險溝通宣導手冊內容就是製作某種風險宣導手冊的依據。前述制定過程，也可應用在保險業保險商品簡介的製作上，因保險商品涉及風險訊息的揭露與呈現。

2. 影響圖

下面圖8-5中的(A)、(B)、(C)、與(D)是針對人們從房子樓層走往地面時，可能面臨踩空跌落的風險，針對該風險繪製影響圖的步驟過程。

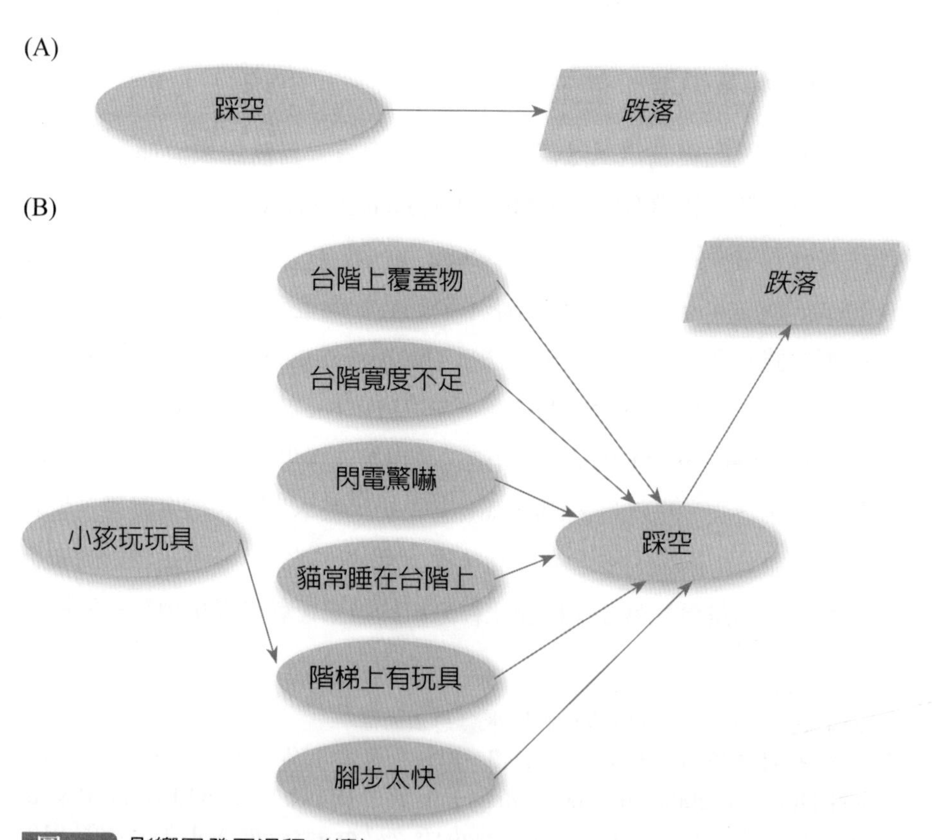

圖 8-5 影響圖發展過程（續）

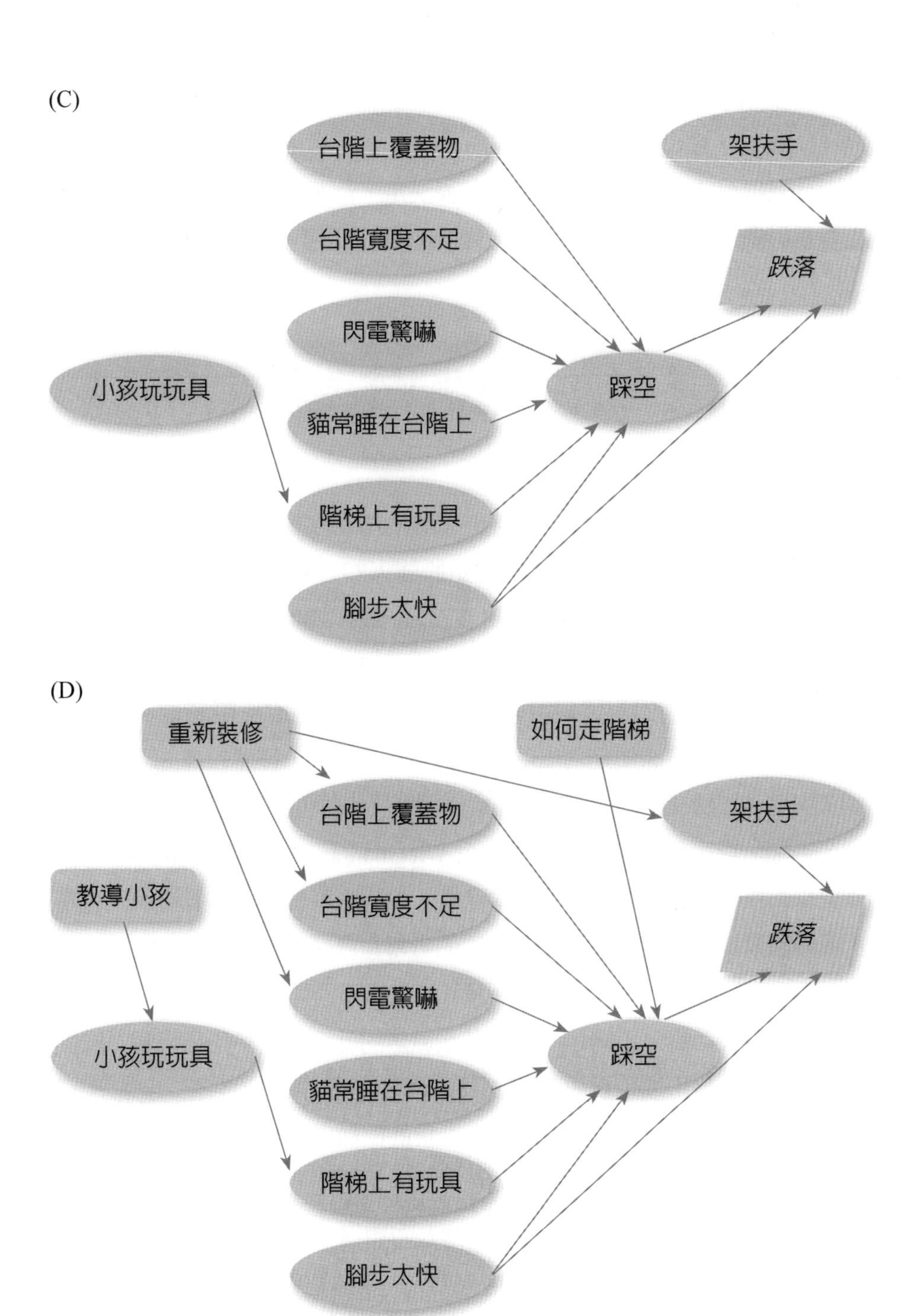
(C)
台階上覆蓋物
架扶手
台階寬度不足
跌落
閃電驚嚇
小孩玩玩具
踩空
貓常睡在台階上
階梯上有玩具
腳步太快
(D)
重新裝修
如何走階梯
台階上覆蓋物
架扶手
教導小孩
台階寬度不足
跌落
閃電驚嚇
小孩玩玩具
踩空
貓常睡在台階上
階梯上有玩具
腳步太快

圖 8-5 影響圖發展過程

(A)、(B)、(C)、(D)圖間的差異是心智發展的過程。影響圖有兩個結點（Node），類似決策樹（Decision Tree）中所採用的橢圓形與方塊，橢圓形代表機會或不確定因子，方塊代表決定，箭頭代表影響方向，因子間如互為影響，就用雙箭頭。其中最後的(D)圖是心智發展完成的影響圖。

8-3 媒體與風險溝通

媒體有個外號稱為「無冕王」，英國007系列電影有部稱為「媒體帝國」的電影，足見媒體在現今社會是股強大的力量。就風險領域言，媒體報導的風險訊息會影響風險感知（Yamamoto, 2004; Agha, 2003; Romer *et al.*, 2003; Frewer *et al.*, 2002a, 2002b; Wessely, 2002）。媒體報導的風險訊息是可透過人們的記憶與可得性捷思，影響人們的風險感知與風險判斷，而人們的風險感知是為風險溝通的基礎。其次，媒體報導的風險訊息如果與個人經驗或知識水準吻合的話，那麼對人們的風險認知影響就比較大，否則，影響較小（Tulloch, 1999; Wiegman and Gutteling, 1995）。分別來自電視與平面媒體報導的風險訊息，或來自同類但不同媒體組織報導的風險訊息，對風險認知均會有不同的影響程度（Lane and Meeker, 2003; Joffe and Haarhoff, 2002），其原因可能來自不同媒體對風險訊息採用不同的報導方式與為了不同目的。媒體在風險的社會擴散與稀釋過程（參閱第十章）中，也扮演著重要角色，因透過媒體對風險的污名化，形成人們腦海中的烙印（Stigma），對風險在社會的擴散與稀釋就會產生一定影響（Fischhoff, 2001; Flynn *et al.*, 1998）。風險污名化的形成不是單向由媒體對大眾置入行銷（Hypodermic Injection）的過程，而是互動網路（Tangled Web）式互為影響的過程（Smith, 2005）。媒體報導的風險訊息影響風險感知的演化過程有一模式值得留意，那就是文化巡迴模式（Circuit of

Culture Model）（Carvalho and Burgess, 2005）。該模式針對媒體對氣候變遷風險報導的訊息分三個層面，以不同的框架論述氣候變遷風險感知的演化。最後，值得留意的是，電子媒體（例如，網際網路等）與「社會媒體」（Social Media）或稱「自媒體」（例如，透過手機發送風險訊息）已形成影響人們風險感知的新管道（Richardson, 2001）。

另一方面，媒體主編們會如何形塑建構想要報導的風險訊息，根據一項調查研究發現（Breakwell and Barnett, 2001），媒體主編們喜歡報導駭人聽聞的風險訊息，報導時會誇張些，盡量不碰觸眞正科學的問題，會考慮與其他同業的互動與競爭，會考慮媒體間的差別，渴望風險訊息但不深究，會留意報導內容的長度與時機，會與壓力團體有關，最後，媒體主編們認爲風險的不確定範圍如何，基本上沒新聞性，但如引發爭議就有新聞性。針對此點，政府與其他企業組織應留意三點：(1)應檢視如何處理風險爭議；(2)面對風險爭議時，注意與媒體的互動；(3)在風險爭議期間針對媒體要有適當的政策。

8-4 害怕與風險溝通

第六章曾提及害怕的情緒與風險感知的關聯，在風險溝通中，害怕的情緒也扮演重要角色。面對風險時，尤其面對有危害性的風險時，例如，爆炸、空氣汙染或地震等，人們心中多多少少會顯得害怕，因此，風險溝通的訊息中，如果含有引發人們害怕的訊息是有助於改變人們面對風險時的行爲。然而，爲何會改變與如何改變，雖有不一致的看法（Leventhal, 1970; Rogers, 1975; Witte, 1992; Maddux and Rogers, 1983; Janis, 1971），但研究顯示（Muller and Johnson, 1990），對戒菸或開車等風險，如果風險溝通的訊息中，含有引發人們害怕的訊息對改變人們的行爲是有效的，而且愈害怕，行為改變愈強（Leventhal, 1970）。然而，令人害怕的風險訊息太過強烈，會傷及人們的認知過程，行為改變的效果可能就無效，因人們可能就會不在意（Leventhal, 1970），也就是訊息過度具威脅性不必然造成人們的害怕心理。害怕的訊息是將風險可能導致的負面效果融入風險溝通訊息中，例如，抽菸死得快。然而，對令人愉快的活動，例如，做愛，害怕的訊息反而失效（Aronson, 1997）。同時，風險溝通的害怕訊息中，如果沒有含如何處理應對風險的訊息，行為改變的效果也不見得很好，也就是說風險溝通訊息中，不能只有引發害怕的訊息，還應告訴人們如何應對（Maddux and Rogers, 1983）。

其次，如何應對的建議訊息與風險可能導致負面效果的訊息，在風險溝通訊息中的前後順序對不同的人會有不同的影響（Keller, 1999）。風險的負面訊息在前，建議訊息在後，那麼對想要接受建議的人會產生顯著的行為改變；反之，順序顛倒，對這些人產生的行為改變不會顯著。建議訊息在前，風險的負面訊息在後，那麼對想要拒絕建議的人會產生顯著的行為改變；反之，順序顛倒，對這些人產生的行為改變不會顯著。

最後，基本上，前述的害怕訊息對人們行為改變的效果，其風險溝通訊息的管道不是採用海報公開宣導的方式，例如，香煙盒的警示圖片，而是採用一對一量身訂作的風險溝通方式。香煙盒的警示圖片是否有效，或許對身體較弱、害怕受傷害的人們有效，但對這種公開宣導溝通管道的效果如何，仍須進一步驗證。

8-5 不確定性與風險溝通

風險具有不確定性，不確定本身的科學證據如何，對風險溝通就很重要。有學者主張這涉及三項要素，那就是確定存在風險的證據，風險有多大的證據，以及風險對個人與群體導致負面後果有多大的證據（Calman, 2002）。根據這些要素，風險可分兩類，一類就是證據確鑿的風險；換言之，前面三項要素都被科學清楚確認，另一類是可能存在的風險；換言之，前面三項要素都被科學尚未確認清楚，只是存在可能。風險溝通中最困難的是對「可能存在的風險」訊息的溝通。對許多專家而言，如果提供不確定的訊息給社會大眾，不管是證據確鑿的風險或可能存在的風險的不確定訊息，很多民眾反而不信任科學與科學專業機構，因社會大眾不清楚何謂風險評估與風險管理，這也是風險溝通的難處（Frewer *et al.*, 2003; Schapira *et al.*, 2001）。國際風險感知權威斯洛維克（Slovic, P.）做過測試發現，如果與公眾詳細討論風險評估中的不確定訊息，某些人們會增加對科學家或科學專業機構的信任感，但某些人們反覺得科學家或科學專業機構不專業（Johnson and Slovic, 1994）。

其次，對風險訊息的呈現方式，人們的解釋與反應可能不同。如以不確定區間表示風險訊息，少數人們對風險評估者的誠信與專業讚譽有加，但大部分人會認爲不誠信或不專業或均不誠信不專業（Johnson, 2004）。如以單一數據表示風險訊息，此種現象就很少出現。不確定訊息對風險感知與對訊息來源信任的影響，端賴訊息是如何公開而定（Breakwell and Barnett, 2003）。訊息公開的方式如果是風險評估者主動對外公開，那麼對風險感知與對訊息來源信任的影響大；換言之，信任有加，感知風險顯著。如果風險評估者是應要求，才回應對外公開訊息，那麼信任感降低，感知風險下降。如果風險訊息是被外界（例如，媒體）挖出來的，那麼信任感最低，感知風險也可能最低。另外一種訊息的公開，是不同的專家提供不同的訊息且來源互相衝突牴觸，最終是由民眾臆測流傳開的，那麼信任感與感知風險強度就難料，而這樣流傳開的不確定訊息就稱爲**「緊急不確定」**（Emergent Uncertainty）的訊息，之所以稱爲「緊急」是因對政府風險監控者或企業風險管理者言，未經過科學專業證實而民眾隨意臆測流傳，是會擾亂民心社會的緣故。

8-6 事先防範原則與風險溝通

政府風險監控採用的**事先防範原則**（Precautionary Principle）看似與風險溝通並無關聯，然而前提及的風險不確定本身，科學是否有確實證據確認其存在，是否有確實證據確認風險有多大，以及風險對個人與群體導致的負面後果有多大是否有確鑿的證據，這些就會與事先防範原則有關。事先防範原則是1992年聯合國在法國里昂舉行的環境與發展會議上揭示的原則，其意指只要對環境有嚴重或不可逆轉的威脅時，即使完全缺乏確鑿的科學證據，也不能以其為理由拖延採取有效的預防措施。這項原則已擴大被採用在政府對眾多風險的監控，然而，這項原則卻使得風險溝通產生極大的困難，因為民眾會認為既然缺乏確鑿的科學證據，也就沒有立即的威脅，那為何要採取防範措施？徒增風險溝通上的困擾，前也提及可能存在的風險是最難溝通的。另外，採用這項原則也會有許多副作用與問題，這包括如下幾點（Breakwell, 2007）：第一、該原則一直被認為是反科學的，蓋因這原則阻礙了科學家尋找確實證據的研究發展；第二、採用該原則易產生其他副作用，反而產生其他風險；第三、該原則一直被認為與政治經濟的壓力有關；第四、該原則一直被認為受到大眾的害怕或暴怒情緒所驅動。最後，這項原則雖存在諸多爭議，但目前許多政府仍採用該原則進行風險的監控。對風險溝通而言，目前很少實證研究針對如何在採用該原則情況下，進行有效的風險溝通。

8-7 少數壓力團體與風險溝通

風險溝通過程中，壓力團體的角色值得留意，壓力團體也極度關注風險溝通的議題，因其想主導說服社會大眾的話語權。壓力團體通常由少數人構成，企圖影響大多數人的意見與行為。例如，在英國與荷蘭少數壓力團體對反種疫苗運動確實發揮了影響力（Blume, 2006）。有影響力的壓力團體通常對風險議題的立場極度鮮明，其主張也極具前後一致性。其影響力有多大，依賴兩個要素：(1)假如大部人想要改變，那麼壓力團體的說服力愈強，影響力就愈大；(2)壓力團體的目標群眾有多確定，也就是是否絕大多數人對相關議題持猶豫不決的態度，如果是如此，那麼壓力團體的影響力就較大，也就是愈多人立場不確定，壓力團體能改變其意見與行為的空間就愈大。當然少數人的主張要影響多數人並不容易，因多數人也能影響少數人這稱為**後洗效應**（Backwash Effect），少數團體的主張就稱為極端的社會表徵（參閱第十章）（Moscovici, 1976）。

彈指神功讓人跟人的距離只隔六個人

在電腦上一彈，全世界就掌握在你我手中，這就是神奇的「彈指神功」。在電腦的網路世界裡，你我可以存提款，因有網路銀行，可以購物或當老闆，因有網路商店，更不用說可以交男女朋友，因有facebook、skype、qq等，這些新鮮事，革命性的徹底改變我們的生活方式與人際關係。

透過網路，人們可以足不出戶，就可完全滿足個人食、衣、住、行與性的需求，可以的話，也可在家自由自在的上班，網路世界實在美妙，也因此宅男宅女愈來愈多。這種世界，大家是否需要與樂見，姑且不論，因這是見仁見智的科技與價值觀間的衝突問題。

然而，活在這種世界裡，個人以為可以肯定兩件事，一件是好事，另一件是壞事。好事就是人與人間的初步認識更為快速，不像過去認識陌生人相當不容易，有報導指稱在網路上要認識新朋友太容易，平均每隔六個人就可認識一位新朋友，既快速也方便。網路的出現也實現了中國有句古話，秀才不出門，真的能知天下事。透過網路，人們生活上節省了大量時間，再多的事也不怕做不完。另一方面，壞事就是人與人間的感情可能更虛情假意，僅透過網路聊天交往或上網購物，很難判斷真假，怪不得受騙的社會新聞變多，也就是說，在網路世界裡辦事、購物、交朋友等，其實存在許多風險。

網際網路不只改變人們的生活方式，同樣改變了國際關係與戰爭型態，也使全球真成為一個地球村，有人說世界是平的，實在貼切。最近台灣成立訊息戰的第四中隊，意味著未來戰爭型態，以網路戰為優先，透過駭客摧毀對方的網路，使其癱瘓，變成瞎子，接下來就好辦。同樣網際網路改變了，兩岸或國際間的經貿活動交流型態，網路國際交易的安全性，更需雙方政府的重視。

就金融保險業來說，網路銀行存提款，網路購買保險商品，已非新鮮事，但金融保險業如何提供這類電子商務安全的交易環境，監理機關又如何監督這類交易，均值得業者與政府監理機關留意。電子商務風險管理（E-Commerce or Cyber Risk Management）不論對客戶、業者與政府三方面，均是刻不容緩的課題，例如，保險公司可創新研發新一類網路保險商品，承保網路新型態的風險；資訊科技業可研發新型的網路安全控制技術；政府可提供更先進又安全的網路法律環境。

最後，提醒各位看官，活在當下的風險社會裡，就看你如何想風險這回事，根據你對風險一事的想法，就決定了你生活的心境與態度，你可以以很不在意風險的態度生活，也可以很理性又安全的生活。

8-8 風險溝通中的公眾參與

在民主機制下，公眾參與政府風險政策的決策過程是有必要的，蓋因有助於政策的順利推行，而風險溝通過程也更需聽取大眾意見，有助於制定適當的風險溝通策略。公眾參與的途徑約有八種（Rowe and Frewer, 2000）：(1)就風險議題舉行公投；(2)舉辦公聽會；(3)實施大眾問卷調查；(4)小團體協商；(5)10-16人的小型共識會議；(6)12-20人的小型公民論壇；(7)組成公民顧問委員會；(8)5-12人的焦點團體座談。各種參與途徑的成效可依據接受標準與過程標準來評估，接受標準就是公眾認爲滿意，過程標準就是公眾認爲過程中採用適當的方法，也得出有價值的結論。

其次，公眾爲何願意參加主要有三種理由，基於自我利益，基於公眾利益，與基於價值的認同（Frewer, 1999; Allen, 1998; Arnstein, 1969）。然而，針對有些公眾或群體無法參與，例如，弱勢族群等，也可採用其他不同的途徑方式改善參與範圍，例如，透過電視節目的「Call-In」等。再如，透過獨立中介機構（例如，少數壓力團體）或有合作關係的中介機構擴大公眾參與，且能獲取訊息串聯的效應（Breakwell, 2007）。

8-9 社會信任與風險溝通

有云「人言爲信」，顯然，誠信與信任是所有有效溝通交流的根本。人與人交流如此，風險訊息的溝通交流亦復如此，同時，信任也影響人們對風險可接受的程度（參閱第三章），這不論面對的是個人風險，還是國家社會風險。研究顯示，日本居民對洪水風險的接受程度就看居民對政府相關機構是否信任而定（Motoyoshi *et al.*, 2004）。對政府相關機構的信任也影響人們對風險的感知與估計，缺乏信任，人們對風險的感知與估計就高（Grobe *et al.*, 1999; Hiraba *et al.*, 1998）。信任與手機的感知效益及其伴隨的感知風險有關，研究表明，信任與對手機的感知效益呈正相關，而與感知風險呈負相關（Siegrist *et al.*, 2005）。當人們缺乏風險的知識時，信任的強度是人們對風險估計的重要預測因子；換言之，對風險訊息來源與風險監控機構愈信任，人們對風險的估計愈低；反之，則估計得較高（Siegrist and Cvetkolich, 2000）。信任的反面是不信任，不信任最容易產生風險溝通與管理上的爭議（Tanaka, 2004; Slovic, 1993; Poortinga and Pidgeon, 2004）。

其次，信任是對信任四個面向感知上的組合，如果人們對這四個信任面向感知上很調和就會產生信任；反之，對四個信任面向感知上有所衝突，不信任感就會油然而生。這四個信任面向分別是承諾面向、能力面向、關注面向與可測性面向（Kasperson *et al.*, 1992）。承諾面向指的是答應的事，能力面向指的是履行承諾的能力，關注面向指的是關不關注所承諾的事，最後可測性面向指的是言行前後是否如一。信任也可分對社會所有機制團體組織的信任，對某特定機制團體組織的信任，與在特定時點對特定機制團體組織的信任等三個層次，所有這三層次的信任統稱**社會信任**（Social Trust）（Breakwell, 2007）。這三層次的信任與風險感知間的關係，也會因層次的不同對風險感知的影響而有所不同。在特定時點對特定機制團體組織的信任與風險感知間的關係，就低於其他兩個層次與風險感知間的關係（Viklund, 2003）。著名的風險感知權威斯洛維克（Slovic, P.）認爲社會信任是基於社會群體不同文化價値的一種社會建構。在他對社會信任的產生與毀滅的研究中，認爲社會信任產生的困難度與社會信任很容易被毀滅的程度間是極度不對稱的，參閱下圖8-6。

最後，信任也許會因風險溝通交流過程中產生改變，而風險溝通效應的衝擊（效應的衝擊意指風險感知與行爲態度的改變）也有可能因信任層次的不同而產生變化（Breakwell, 2007）。

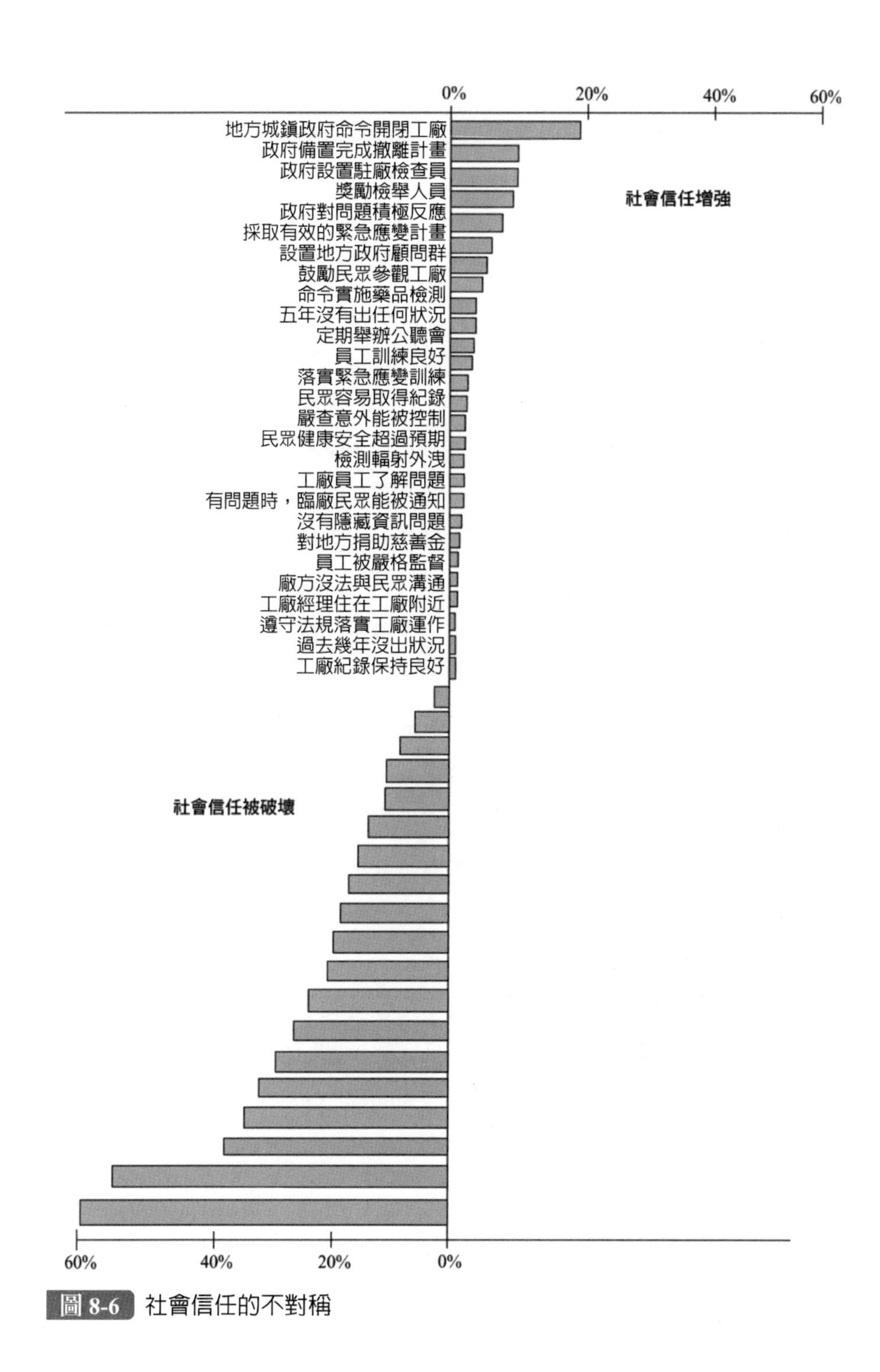

圖 8-6 社會信任的不對稱

8-10 食品風險溝通與工作要點

1. 健康風險溝通原則

風險溝通有針對一般性的風險，也有針對特定風險的溝通，所適用的原則可能不同，國家間的風險溝通原則也可能不同，因風險溝通需考慮風險所在的國家環境。食品風險關乎各國人民的健康，英國政府針對這種健康風險揭示了十一條健康風險溝通原則如後（Breakwell, 2007）：

第一、風險溝通策略與計畫必須是風險評估與風險管理重要的部分。

第二、要能預見風險所含的害怕因子，這害怕因子會增加民眾的焦慮與對風險溝通的反應。

第三、要體認到一旦有食安問題，媒體一定會報導，從而造成滾雪球效應。

第四、注意風險的二次效應與對風險溝通的影響。

第五、須制定適當的風險溝通策略。

第六、風險溝通過程要有計畫性的步驟。

第七、風險訊息的內容應與民眾價值取得共鳴，訊息的語調是溝通成功的條件。

第八、要能確認科學評估中的不確定。

第九、引用相對風險時，做爲基本比較基礎的風險要夠清楚。

第十、解釋風險與效益時要持平且完整，留意框架效應。

第十一、要有一套評價風險溝通成果的程序。

食品添加物可能對人體的傷害

1.過氧化氫添加在豆類加工品，食後可能頭痛、嘔吐、致癌。

2.油條、糕點添加膨脹劑，食後可能血管壁增厚。

3.小魚乾添加螢光增白劑，食後可能致癌。

4.海帶添加硫酸銅，食後可能嘔吐、腹痛、嗜眠、痙攣

——摘自顧祐瑞（2016）《圖解食品安全與衛生》

2. 食品風險溝通的問題與工作要點

所謂「病從口入」，食品風險溝通自有其特性，問題也多。各國各有各自的食品風險溝通問題，此處以中國大陸為例，說明食品風險溝通上面臨的一些問題與其在2014年即頒發的工作技術指南中之要點。

中國大陸在2015年發布了新食品安全法（2015年10月1日施行），其中新增第23條，專條明確規定「食品安全風險交流」條文。該條全文如下：「縣級以上人民政府食品藥品監督管理部門和其他相關部門、食品安全風險評估專家委員會及其技術機構，應當按照科學、客觀、及時、公開的原則，組織食品生產經營者、食品檢驗機構、認證機構、食品行業協會、消費者協會以及新聞媒體等，就食品安全風險評估信息和食品安全監督管理信息進行交流溝通。」

該專屬條文與其他相關條文（例如，第10條的食品安全的宣傳教育）構成現今中國大陸風險溝通的法律依據。然而，在環境變化極速的中國大陸，食品風險溝通與其他各國相同，面臨了諸多問題與困難。根據中國大陸陳彥石院士指出，要落實上述條款，面臨的重大挑戰與問題如下（科信食品與營養資訊交流中心，2015）：

第一、根據食品安全法的規定，政府雖不缺位，但時效性和透明度仍然較差。必須要制定符合國情的策略和管理辦法，配置必要的資源。比如

說，需要有專業的從事風險交流的人，不是任何人都可以主導交流的。

第二、權威專家不願意面對媒體。

第三、某些媒體抓住新聞不經核實就發布。正確的科學訊息明顯處於劣勢，而沒有科學依據的誤導訊息卻大占上風。

第四、實施第23條，差距和難度大。縣級以上人民政府，食藥監管部門和其他部門，加上食品安全風險評估專家委員會及其技術機構，其中專家委員會是空的，但是技術機構，食品安全風險評估中心是實實在在的。這一條實施難度很大，原因就是和現實的差距很大，現在很多評估和監管訊息是不公開發布的，需要克服很多困難。

第五、如何發揮民間風險交流機構的作用？這個問題是個新問題，沒有現成的經驗和實踐。

第六、如何應對利用新媒體（微信、微博）傳播虛假、不實訊息？從新聞行業來講，主流媒體沒有太大問題，但是由於有了「自媒體」（就是前曾提及的社會媒體），每個消費者個體都可以發訊息，結果造成了混亂。如何來應對？挑戰相當大。

其次，就中國大陸頒發的食品安全風險交流工作技術指南，節錄其要點如後（國衛辦食品發[2014]12號）：

第一、基本原則：食品風險交流須以客觀的科學爲依據，公開透明，及時有效，多方參與爲原則。

第二、基礎條件：(1)有條件的組織機構應配置風險交流專職人員；(2)成立風險交流專家庫；(3)定期舉辦人員培訓；(4)風險交流經費應納入工作預算。

第三、基本策略：(1)了解利益相關方需求；(2)制定計畫和預案；(3)加強內外部協作；(4)加強訊息管理。

第四、輿論監測與應對：(1)要有基本策略；(2)注意輿論來源，尤其互聯網；(3)要監測輿論適時適當應對。

第五、科普宣導中的風險交流。應重食品安全科學知識，食品安全案例，宣導時要製作並散發訊息在各類科學宣導的載體，例如，網路等，要舉辦公眾活動，例如：專家街頭諮詢等，針對不同的利益相關方要有不同的風險交流策略。

第六、政策措施發布中的風險交流。這在內容、形式與不同的利益相關方均有相關的工作指南。

第七、食品安全標準的風險交流。這同樣在內容、形式與不同的利益相關方也均有相關的工作指南。

第八、食品安全風險評估的風險交流。這也同樣在內容、形式與不同的利益相關方也均有相關的工作指南。

第九、風險交流的評價。這包括程序、能力、效果評價。評價的方式包括預案演練、案例回顧、專家研討、小組座談與問卷調查等。

溝通是種藝術，風險溝通更要藝術，因其呈現的是風險訊息。在使用科技產品極為普遍的今天，訊息傳播極快，風險訊息內容是否正確，訊息來源是否可信，呈現方式是否引發接收者留意，以及對政府機構本身是否夠信賴，就會影響風險溝通成效，這也是政府與其他組織團體風險管理及風險監控政策是否能成功順利推行的關鍵所在。

關鍵重點搜查中

1. 風險溝通主要指健康或環境風險訊息，在利害關係團體間，有目的的一種訊息流通過程。
2. 風險溝通的具體理由有四：(1)為能使人們實際掌控風險；(2)基於人權道德的考量；(3)幫助克服人們心理上的恐懼威脅；(4)有助於履行責任義務。

3. 風險溝通所要完成的具體目標：(1)改變人們對風險的態度與行爲；(2)降低風險水準；(3)重大危機來臨前，緊急應變的準備；(4)鼓勵社會大眾參與風險決策；(5)履行法律付予人們知的權利；(6)教導人們了解風險，進而掌控風險。

4. 風險對比可分兩類：第一類、是不同風險間的對比；第二類、是類似風險間的對比。這些風險對比中，常見的尺規至少包括：年度死亡機率、每小時曝險的風險、以及預期生命損失等三種。

5. 影響訊息是否具備說服力的因子：第一類、訊息的排列結構與訊息內容；第二類、訊息傳播的媒介；第三類、訊息來源的特性。

6. 影響風險溝通成效的因子，除法律基礎外，尚有眾多因子會影響風險溝通的成效：(1)傳播媒體；(2)緊急警告與風險教育；(3)固有的知識與信念；(4)信任程度；(5)時機。

7. 一般性風險溝通原則如下：第一、在專家與民眾間，風險溝通應該公開且是雙向的溝通。第二、風險管理目標應明確清楚，風險評估與風險管理應以有意義的方式做精準與客觀的溝通。第三、爲了使民眾眞正了解與參與風險管理有關決策，政府應對重大假設、資料、模型與採用的推論作清楚的解釋。第四、對於風險管理的不確定範圍，包括其來源、程度要有清楚的說明。第五、作風險對比時，要考慮民眾對自願與非自願風險的態度。第六、政府須提供給民眾及時可獲得風險訊息的相關管道，且要有公眾討論的平台。

8. 心智模型法共分五項步驟：第一、運用影響圖； 第二、利用訪談與問卷，導引出民眾對風險的想法與看法，比較本步驟的結果與第一步驟的結果，找出差異；第三、就差異事項 設計結構式問卷；第四、根據結構式問卷的分析結果，草擬風險溝通策略中的宣導手冊內容；第五、利用焦點團體等研究方法，測試與評估風險溝通宣導手冊草案的有效性。

9. 媒體報導的風險訊息是可透過人們的記憶與可得性捷思，影響人們的風險感知與風險判斷，而人們的風險感知是爲風險溝通的基礎。

10. 風險溝通的訊息中，如果含有引發人們害怕的訊息是有助於改變人們面對風險時的行爲。

11. 風險具有不確定性，不確定本身的科學證據如何，對風險溝通就很重要。這涉及三項要素，那就是確定存在風險的證據，風險有多大的證據，以及風險對個人與群體導致負面後果有多大的證據。

12. 事先防範原則意指只要對環境有嚴重或不可逆轉的威脅時，即使完全缺乏確鑿的科學證據，也不能以其爲理由拖延採取有效的預防措施。

13. 壓力團體影響力有多大，依賴兩個要素：(1)假如大部人想要改變，那麼壓力團體的說服力愈強，影響力就愈大；(2)壓力團體的目標群眾有多確定，也就是是否絕大多數人對相關議題持猶豫不決的態度，如果是如此，那麼壓力團體的影響力就較大，也就是愈多人立場不確定，壓力團體能改變其意見與行爲的空間就愈大。

14. 公眾參與的途徑約有八種：(1)就風險議題舉行公投；(2)舉辦公聽會；(3)實施大眾問卷調查；(4)小團體協商；(5)10-16人的小型共識會議；(6)12-20人的小型公民論壇；(7)組成公民顧問委員會；(8)5-12人的焦點團體座談。

15. 社會信任是基於社會群體不同文化價值的一種社會建構，社會信任產生的困難度與社會信任很容易被毀滅的程度間是極度不對稱的。

16. 英國政府健康風險溝通原則：(1)風險溝通策略與計畫必須是風險評估與風險管理重要的部分。(2)要能預見風險所含的害怕因子，這害怕因子會增加民眾的焦慮與對風險溝通的反應。(3)要體認到一旦有食安問題，媒體一定會報導，從而造成滾雪球效應。(4)注意風險的二次效應與對風險溝通的影響。(5)須制定適當的風險溝通策略。(6)風險溝通過程要有計畫性的步驟。(7)風險訊息的內容應與民眾價值取得共鳴，訊息的語調是溝通成功的條件。(8)要能確認科學評估中的不確定。(9)引用相對風險時，做爲基本比較基礎的風險要夠清楚。(10)解釋風險與效益時要持平且完整，留意框架效應。(11)要有一套評價風險溝通成果的程序。

腦力激盪大考驗

1. 火災發生機率5%與二十年發生一次，這兩種表達方式一樣嗎？你會有不同感受嗎？
2. 害怕的訊息會使人改變行爲，那麼過分嚇人的訊息會嗎？
3. 報紙說，你工作的風險是別人的兩倍，該緊張嗎？
4. 如何判斷手機上風險訊息的眞假？

5. 信任在風險溝通上扮演何種角色？

6. 單身男人爲何要快結婚，請從平均壽命的觀點說明。

參考文獻

1. 核能資訊中心（2011/04）*核能簡訊*。第129期封底。

2. 科信食品與營養資訊交流中心，2015。

3. 中國大陸，國衛辦食品發[2014]12號（http://www.nhfpc.gov.cn.2014-02-17）。

4. 顧祐瑞（2016）。*圖解食品安全與衛生*。台北：五南圖書。

5. Agha, S.(2003). The impact of mass media campaign on personal risk perception, perceived self-efficacy and on other behavioural predictors. *AIDS care.* 15. Pp.749-762.

6. Allen, P.T.(1998). Public participation in resolving environmental disputes and the problem of representiveness. *Risk: health, safety &environment*. 9. Pp.297-308.

7. Arnstein, S.R.(1969). A ladder of citizen participation. *AIP Journal.* Pp.216-224.

8. Aronson, E.(1997). Bring the family. *APS observer.* July/August.17.

9. Blume, S. (2006). Anti-vaccination movements and their interpretations. *Social science &medicine.* 62. Pp.628-642.

10. Bounds, G.(2010). Challenges to designing regulatory policy frameworks to manage risks. In: OECD: *Risk and regulatory policy-improving the governance of risk.* Pp.15-44.

11. Breakwell, G.M.(2007). *The psychology of risk.* Cambridge University Press.

12. Breakwell, G.M. and Rowett, C.(1982). *Social work: the social psychological approach.* Workingham: Van Nostrand Reinhold.

13. Breakwell, G.M. and Barnett, J. (2001). The impact of social amplification on risk communication. *Contract research report 322/2001.* Sudbury:HSE Books.

14. Breakwell, G.M. and Barnett, J. (2003). Social amplification of risk and the layering method. In: Pidgeon. N. *et al.* ed. *The social amplification of risk.* Pp.80-101. Cambridge University Press.

15. Calman, K.C.(2002). Communication of risk: choice, consent and trust. *Lancer.* 360. Pp.166-168.

16. Carvalho, A. and Burgess, J.(2005). Cultural circuits of climate change in UK broadsheet newspapers. *Risk analysis.* 25. P.252.

17. Cohen, B.L. and Lee, I.(1979). A catalog of risks. *Health physics.* 36. Pp.707-722.

18. Covello, V.T. *et al.* (1986). *Risk communication: a review of the literature. Risk abstracts.* 3(4). Pp.171-182.

19. Dinman, B.D.(1980). The reality and acceptance of risk. *Journal of the American medical association.* Vol.244(11). Pp.1126-1128.

20. Fischhoff, B.(1998). Risk communication. In: Lofstedt, R. and Frewer, L. ed. *Risk and modern society.* London: Earthscan.
-(2001). Defining stigma. In: Flynn, J. *et al.*, ed. *Risk, media and stigma: understanding public challenges to modern science and technology*. Pp.361-368. London: Earthscan.

21. Flynn, J. *et al.*(1998). Risk, media, and stigma at Rocky Flats. *Risk analysis.*18. Pp.715-727.

22. Frewer, L.(1999). Risk perception, social trust, and public participation in strategic decision making: implications for emerging technologies. *Ambio.* 28. Pp.569-574.

23. Frewer, l. *et al.*(2002a). The GM foods controversy: a test of the social amplification of risk model. *Risk analysis.* 22. Pp.713-723.
-(2002b). The media and genetically modified foods: evidence in support of social amplification of risk. *Risk analysis.* 22. Pp.701-711.

24. Frewer, L.J. *et al.*(2003). Communicating about the risks and benefits of genetically modified foods: the mediating role of trust. *Risk analysis.* 23. Pp.1117-1133.

25. Grobe, D. *et al.* (1999). A model of consumers' risk perceptions toward recombinant bovine growth hormone(rbgh): the impact of risk characteristics.

Risk analysis. 19. Pp.661-673.

26. Hadden, S.G.(1989). *A citizen's right to know-risk communication and public policy.* Boulder: Westview Press.

27. Hiraba, J. *et al.*(1998). Perceived risk of crime in the Czech Republic. *Journal of research in crime and delinquency.* 35. Pp.225-242.

28. HSE(1999). *Reducing error and influencing behaviour.* Norwich:HSE.

29. Janis, I.L.(1971). Groupthink. *Psychology today.* 43-6. P.344.

30. Johnson, B.B. and Slovic, P.(1994). "Improving" risk communication and risk management: legislated solutions or legislated disasters? *Risk analysis.* 14. Pp.905-906.

31. Johnson, B.B.(2004). Varying risk comparison elements: effects on public reaction. *Risk analysis.* 24. Pp.103-114.

32. Joffe,H. and Haarhoff, G.(2002). Representations of far-flung illness: the case of Ebola in Britain. *Social science and medicine*. 54. Pp.955-969.

33. Kasperson, R.E. *et al.* (1992). Social distrust as a factor in siting hazardous facilities and communicating risks. *Journal of social issues*. 48. Pp.161-187.

34. Keller, P.A.(1999). Converting the unconverted: the effect of inclination and opportunity to discount health-related fear appeals. *Journal of applied psychology.* 84. Pp.403-415.

35. Lane,J. and Meeker, J.W.(2003). Ethnicity, information sources, and fear of crime. *Deviant behaviour.* 24. Pp.1-26.

36. Leventhal, H.(1970). Findings and theory in the study of fear communications. In: Berkowitz, L. ed. *Advances in experimental social psychology.* Vol. V. London and New York: Academic Press.

37. Maddux, J.E. and Rogers, R.W.(1983). Protection motivation and sel-efficacy: a revised theory of four appeals and attitude change. *Journal of experimental social psychology.* 19. Pp.469-479.

38. Moscovici, S.(1976). *Social influence and social change.* London: Academic Press.

39. Motoyoshi T. *et al.* (2004). Determinant factors of residents' acceptance of flood

risk. *Japanese Journal of experimental social psychology.*

40. Morgan, m.G. *et al.*(2002). *Risk communication-a mental models approach.* Cambridge: Cambridge Univesity Press.

41. Muller, S. and Johnson, B.T.(1990). Fear and persuasion: linear relationship? *Paper presented to the Eastern psychological association convention*, New York.

42. Poortinga, W. and Pidgeon, N.F.(2004). Trust, the asymmetry principle, and the role of prior belief. *Risk analysis.* 24. Pp.1475-1486.

43. Renn,O. and Levine, D.(1991). Credibility and trust in risk communication. In: Kasperson, R.E. and Stallen, P.J.M. ed. *Communicating risks to the public-international perspectives.* Dordrecht: Kluwer Academic Publisher. Pp.175-218.

44. Richardson, K.(2001). Risk news in the world of internet newsgroup. *Journal of sociolinguistics.* 5. Pp.50-72.

45. Rogers, R.W.(1975). A protection motivation theory of fear appeals and attitude change. *Journal of psychology: Interdisciplinary and applied.* 91. Pp.93-114.

46. Romer, D. *et al.* (2003). Television news and the cultivation of fear of crime. *Journal of communication.* 5. Pp.88-104.

47. Rowe, G. and Frewer, L.J.(2000). Public participation methods: a framework for evaluation. *Science technology & human value*. 25. Pp.3-29.

48. Schapira, M.M. *et al.*(2001). Frequency or probability? A qualitative study of risk communication formats used in healthcare. *Medical decision making*. 21. Pp.459-467.

49. Schultz, W.G. *et al.*(1986). *Improving accuracy and reducing costs of environmental benefits assessment*. Vol.IV. Boulder: University of Colorado, Center for Economic Analysis.

50. Siegrist, M. *et al.* (2005). Perception of mobile phone and base station risks. *Risk analysis*. 25.5. Pp.1253-1264.

51. Siegrist, M. and Cvetkovich, G.(2000). Perception of hazards: the role of social trust and knowledge. *Risk analysis*. 20. Pp.713-719.

52. Slovic, P.(1993). Perceived risk, trust, and democracy. *Risk analysis*. 13. Pp.675-682.

53. Smith, J.Q. and Thwaites, P.(2008). Influence diagrams. In: Melnick. E.L. and Everitt, B.S.ed. *Encyclopedia of quantitative risk analysis and assessment.* Vol. 2. Pp.897-910. Chichester:John Wiley&Sons Ltd.

54. Smith, J.(2005). Dangerous news: media decision making about climate change risk. *Risk analysis*. 25.6. Pp.1471-1482.

55. Stallen, P.J.M.(1991). Developing communications about risks of major industrial accidents in the Netherlands. In: Kasperson, R.E. and Stallen, P.J.M. ed. *Communicating risks to the public-international perspectives.* Dordrecht: Kluwer Academic Publisher. Pp.55-66.

56. Tanaka, Y.(2004). Major psychological factors affecting acceptance of gene-recombination technology. *Risk analysis.* 24. Pp.1575-1583.

57. Tengs , T.O.and Graham, J.D.(1996). The opportunity costs of haphazard social investments in life-saving. In:Hahn,R.W.ed. *Risks,costs, and lives saved-getting better results from regulation.* Pp.167-182.New York:The AEI Press.

58. Tulloch, J.(1999). Fear of crime and the media: sociocultural theories of risk. In: Lupton, D. ed. *Risk and sociocultural theory: new directions and perspective.* Pp.34-58. New York: Cambridge University Press.

59. Viklund, M.J.(2003). Trust and risk perception in western Europe: a cross national study. *Risk analysis.* 23. Pp.727-738.

60. Wessely, S.(2002). The Gulf War and its aftermath. In: Cwikel, J.G. and Havenaar, J.m. ed. *Toxic turmoil: psychological and societal consequences of ecological disasters.* Pp.101-127. New York: Kluwer Academic/Pleanum Publishers.

61. Wiegman,O. and Gutteling J.M.(1995). Risk appraisal and risk communication: some empirical data from the Netherlands reviewed. *Basic and applied social psychology.* 16. Pp.227-249.

62. Witte, K.(1992). Putting the fear back into fear appeals: the extended parallel process model. *Communication monographs.* 59. Pp.329-349.

63. Yamamoto, A.(2004). The effects of mass media reports on risk perception and images of victims: an explorative study. *Japanese journal of experimental social psychology.* 20. Pp.152-164.

第九章

風險與組織團體機構

學習目標

1.認識風險管理國際標準與風險管理過程。

2.了解人力資源與風險管理的關聯。

3.認識組織管理人員的風險心理認知層面。

4.了解社會信任對組織風險管理聲譽的重要性。

5.認識風險管理成熟模型與成熟指標。

6.了解風險管理案例。

/ 風險管理不是萬能，但沒有風險管理萬萬不能 /

創業或成立任何組織機構團體都會存在風險或面臨風險。同時，任何組織機構團體均由其成員構成，而成員對風險的感知，風險的態度與決策行為，面對風險可能產生的疏失與情緒，以及其風險意識與文化價值觀等均會影響組織的風險管理過程與績效。其次，自有機率論以來[1]，人們就想利用現代科技掌控未來，時空的滾動，在1956年[2]浮現了風險管理概念，嗣後，英美發達國家漸漸建構起風險管理的專業學科。時至今日，風險管理專業已有七類大同小異的國際標準（Elliott, 2016），例如，ISO31000，COSO全面性風險管理標準等（閱後述）。另一方面，就產業別來說，金融保險業由於是承擔風險或風險中介的行業，對風險管理的透明度，與如何運用風險獲利，各國政府的要求與監理程度高。例如，金融保險業的Basel II或III[3]與Solvency II[4]均以全面性風險管理（EWRM: Enterprise-Wide Risk Management 或簡縮成ERM）為監理架構。反觀，製造生產業則與金融保險業不同，除了風險結構不同外，管理風險的重點以及政府的要求與監理，也與金融保險業有別。

最後，管理風險吾人可從風險的實質面、財務面與人文心理面等三大面向去思考。傳統風險管理重在考慮風險的實質面與財務面，人本風險管理重考慮風險的人文心理面（參閱第一章），然而，兩者如能相容並濟，更能提升風險管理的成熟度與組織機構的價值。也因此，本章首先，重點說明組織團體風險管理過程。其次，說明管理過程中，組織管理人員風險決策的心理層面，組織風險管理聲譽與社會信任。最後，說明風險管理成

---

[1] 巴斯卡（Blaise Pascal）與費瑪（Pierre de Fermat）共創或然率理論，時約16、17世紀的文藝復興時期。參閱Bernstein, P.L.(1996)。*Against the God-the remarkable story of risk.* Chichester: John Wiley&Sons.

[2] 風險管理詞彙的出現，是1956年的事，參閱Gallagher, R.B.(1956). Risk management-new phase of cost control. *Harvard Business Review.* Vol.24.No.5.

[3] Basel II或III是監理銀行業的國際規範。

[4] Solvency II是監理保險業的國際規範。

熟度指標與模型，以及簡介微軟（Microsoft）的風險管理。

9-1 組織團體風險管理

現行傳統的風險管理採用全面性風險管理架構為基礎，這也有別[5]於風險管理剛興起時，只重危害風險的管理架構。換句話說，全面性風險管理架構管理組織機構所有風險，包括策略或稱戰略風險、財務風險、作業或稱操作風險與危害風險等四大類，影響所及，全面性風險管理過程涉及組織機構最高層（例如，公司董事會）到基層人員。

1. 風險管理國際標準

組織團體實施風險管理之際，可同時考慮選擇適合組織的風險管理標準。此處首先，介紹四種全面性風險管理國際標準的基本內容（Elliott, 2016）。

第一、ISO31000：ISO是國際標準組織英文International Organization for Standardization的縮寫。該標準適用任何產業，提供國際上風險管理使用的標準與管理風險的一般方式與途徑。它主要由三部分構成：(1)原則——管理風險的基本原則，用來設計價值的產生與持續檢視反應內外部環境的變化；(2)架構——含括風險管理計畫的設計、執行與監督所需的各種要素；(3)過程——強調風險管理的溝通，情境，風險評估與風險應對，以及後續階段過程。

第二、COSO全面性風險管理標準：COSO是美國贊助者委員會英文

5 全面性風險管理架構是1990年代後的事，1950至1960風險管理剛興起時，傳統上只針對危害風險的管理。

The Committee of Sponsoring Organizations的縮寫。COSO是民間志願組織，主要由美國內部稽核專業研究機構（IIA: The Institute of Internal Auditors），美國會計協會（AAA: The American Accounting Association），美國會計師專業研究機構（AICPA: The American Institute of Certified Public Accountants），國際財務長組織（FEI: Financial Executive International）與財務會計專業人員協會（IMA: The Association of Accountants and Financial Professionals）所組成。COSO的全面性風險管理標準強調量身定作，組織最高層是風險管理的驅動者，同時滿足八大要素的要求即可，這八大要素分別是組織內部環境的檢視、風險管理目標的設定、風險的識別、風險的評估、風險的回應／應對、管理過程的控制、訊息與溝通與監督評估。

第三、BSI 31100：BSI是英國標準研究機構英文British Standards Institution的縮寫。該標準提供風險管理模式、架構、過程與執行的建議，同時將目標集中在：(1)確保組織能完成風險管理目標；(2)確保風險被適當管理；(3)監督風險管理過程；(4)對組織風險管理提供合理的保證。

第四、FERMA2002：FERMA是歐盟風險管理協會聯合會英文Federation of European Risk Management Associations的縮寫。該標準含括四項要素：(1)要建立風險管理用語的一致性；(2)風險管理過程要確實能執行；(3)要有風險管理的組織架構；(4)要有風險管理的目標。

其次，組織如果剛開始不想全面性的管理所有風險，考慮自我環境與有限資源及經驗後，想先從涉及意外災害的危害風險著手，那麼可考慮1983年美國RIMS（Risk and Insurance Management Society）所頒布的101條風險管理準則[6]即可，嗣後，累積經驗再轉換選擇適合的全面性風險管理國際標準。

---

6 該準則全文可參閱拙著（2012）。*風險管理新論—全方位與整合的附錄*。台北：五南圖書。

2. 風險管理具體過程

傳統風險管理與人本風險管理間的差異，主要在於關注層面的不同，兩者具體的管理過程雷同，但實施的手段工具，因層面不同而有差別。其次，下列過程是種自我循環的過程，也都同時適用營利組織、政府與非營利組織、國家社會、家庭與個人。風險管理過程參閱下圖9-1。

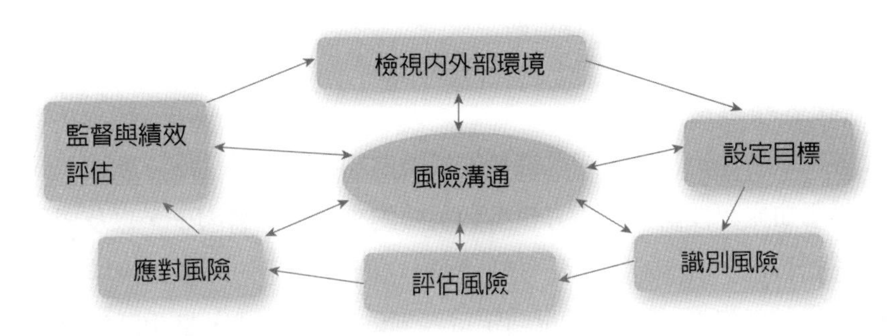

圖 9-1 風險管理過程

▶ 檢視組織內外部環境

內外部環境的檢視包括組織外部的政治、經濟、社會與人文環境；內部環境主要包括成員的風險意識與自覺，組織治理（例如，對公司言，稱為公司治理，對政府機構言，稱為政府治理），組織的風險管理文化，組織的風險接受度或稱容忍度，組織的政策、管理哲學與倫理正直觀等。

▶ 設定風險管理目標

風險管理整體目標無非是提升組織價值，次目標則可分為策略目標、營運目標、報告正確目標與法令遵循[7]目標。如依損失前後劃分，則損失前主要目標在求組織營運成本的降低，損失後目標則主要在求組織的生存。

---

7 法令遵循有積極的預防概念，傳統的法務只是消極遵守法令罷了。就像人事部漸改成人力資源部，自有其積極意義。

▶ 識別各類風險

任何組織的風險不外有四大類，那就是策略風險、財務風險、作業風險與危害風險。每類風險可再細分，風險識別注重持續性與盡可能完整。識別風險的方法很多，例如，利用保單中的承保與不保事項，利用財報分析，利用流程圖分析，或諮詢相關領域專家等等方法。最後，將每一風險編碼並描述其特徵與初判的高低及應對方式，載入**風險登錄簿**（Risk Register），且隨著時間隨時更新。

▶ 評估各類風險

各類風險性質不同，組織成員的風險感知不同，評估風險就要不同領域的科學知識與技術，首重分析各類風險的來源與影響因子，以及成員的風險感知程度，尤其這些因子是互爲獨立抑或是互動影響，須作詳細了解，最後依質量並重法（質化判定可採風險點數[8]公式，量化計算可用風險值-VaR[9]）判定或計算風險的大小高低，並用組合理論得出組織面臨的總風險。同時，將各類風險載入風險圖（Risk Map），排定應對的優先順序，據以編制組織風險管理預算表。

▶ 應對各類風險

應對各類風險，除機會來臨時，懂得冒險利用風險獲利外，傳統上，有風險控制（Risk Control）與風險融資（Risk Financing）兩種方法，而人本風險管理則重風險溝通與教育安全訓練。風險溝通不只適用本階段，也應用於所有的管理過程。風險控制方法，例如，裝置實體安全設備、採

---

8 風險點數=（損失頻率點數+反應時間點數）乘損失幅度點數。每一點數設立的標準，依組織狀況而定。可參閱筆者拙著（2012）。*風險管理新論-全方位與整合*。台北：五南圖書。

9 VaR（Value-at-Risk）是在特定信賴水準下，特定期間內最糟糕的損失，這就是風險值。

用安全通關密碼、採用授權標準、與採用關鍵風險指標[10]等等用來調整組織面臨的總風險分配，降低風險值。風險融資方法可採用保險、衍生品、巨災債券等融資風險的商品轉嫁風險、彌補或抵銷損失。

▶ 監督評估風險管理過程與績效

採用預算與內部控制以及內外部稽核機制，控制整個風險管理過程，並利用各種政策與指標評估績效。風險基礎的預算制度以及風險基礎的稽核制度，已爲發達國家及風險管理成熟的組織採用。其次，風險基礎的績效衡量指標，例如：RAROC[11]，以及風險管理效能[12]（RME: Risk Management Effectiveness）指標與風險成本（CoR: Cost of Risk）[13]占營收比率指標，是常見的風險管理績效衡量指標。這最後的過程也是最初始的過程，蓋因經由這過程，因環境變動，浮現新風險，又須重新檢視內外部環境，如此周而復始循環不息，是風險管理工作的特質。

3. 政府機構與國家社會風險管理的特性

政府機構不同於營利組織，國家社會則是個人與各類組織的集合體，這兩種團體的風險管理基本過程均與營利組織的風險管理基本過程雷同（閱前述），但有其特殊處。由於這兩種團體的風險特性，涉及的不只是科學證據與計算，其性質與成分強烈影響社會大眾，其所涉及的政治、社會、心理人文因素，比營利組織的風險還多，因此，可將這兩種團體面臨的風險稱之爲**公共風險**（Public Risk），也因此這兩種團體的風險管理就

---

10 KRI（Key Risk Indicator）關鍵風險指標是領先指標，這不同於落後指標KPI（Key Performance Indicator）。

11 RAROC（Risk-Adjusted Return on Capital）資本的風險調整報酬，是資本報酬率ROC的變化。

12 風險管理效能是銷貨標準差除以報酬標準差。

13 風險成本傳統指保險費、風險控制成本、承擔的損失與風險管理行政費用。

有別稱，稱之為公共風險管理（Public Risk Management）。

▶ 公共風險的條件

公共風險具備下列六項特質之一（Fone and Young, 2000）：第一、透過自由市場機制無法有效地將風險的負擔，分配至應負責或有能力承受風險的一方時。例如，掩埋場的設置可能引發的風險；第二、透過自由市場價格機制無法合理反應風險所導致的成本時；換言之，即有外部化[14]現象的風險。例如，工廠的水汙染風險；第三、源自政治操作過程的風險。例如，台灣軍購案朝野政黨角力可能引發的風險；第四、源自對基本人權保護的風險。例如，台灣高雄泰勞事件可能引發的風險；第五、處於不確定最高層[15]的風險。例如，太空冒險初期或剛爆發非典時；第六、已成公共議題的風險。例如，台北邱小妹轉診事件經媒體報導後，引發公眾討論時。

▶ 政府機構與營利組織風險管理的比較

政府機構、國家社會及非營利組織風險管理與營利組織風險管理相比較時，自有其特性。茲以政府機構為代表，比較如後：

第一、就機構性質與管理目的言：政府機構不是商業組織不以營利為目的，風險管理能增加公司價值的理論，不適用政府機構。政府機構從事風險管理，是謀取人民的最大社會福祉（Social Welfare），也就是提升公共價值，公共價值內涵與公司價值有別；

第二、就歷史發展言：政府機構風險管理與專業組織（例如，美國公

---

14 外部化指的是個人行為對他人有影響時，對方卻無須負擔代價或只承擔些微代價的現象，這可分正面外部化與負面外部化，廠商汙染政府不罰是負面外部化，老師對學生免費培訓是正面外部化。

15 美國Ohio State University的Michael L. Smith教授將不確定分三種層次，第一層是Objective Uncertainty；第二層是Subjective Uncertainty；最高層就是機率與結果完全不知情的第三層。

共風險管理協會PRIMA[16]，英國的ALARM[17]）的發展歷史，均比私有部門公司風險管理與專業組織的歷史發展爲短。究其原因有：(1)過去政府機構管理上，不求創新是其主因；(2)因國家免責，政府機構習於隱藏風險對其不利的衝擊；(3)政府機構長期以來，因國家免責原則，坐享了免除法律責任風險的不利衝擊（Williams, Jr. *et al.,* 1998；劉春堂，2007），但此權益已因國家賠償[18]觀念的浮現消失殆盡；

第三、就決策的考量言：在預算範圍內，政府機構風險管理的決策，通常屬於團體與社會決策。其考量常需涉及社會公平正義的倫理價值問題，如跨代（Intergeneration）間公平的問題等。此點也與公司風險管理的決策考量有別；

第四、就管理導向言：公司風險管理由於追求公司價值，所以財務導向色彩濃厚，但政府機構風險管理追求公共價值，其所需的財務管理是公共財務的財政學，因此是屬財政導向兼重社會公平導向的風險管理；

第五、就管理績效言：信任（Trust）固然也是公司風險管理上，不能忽視的因子，但對政府機構風險管理言，風險管理的績效絕對要以人民對它的信任（Trust）爲前提，公權力如不彰，公眾無信心，風險管理將無績效可言。

4. 最小團體：家庭風險管理的特性

家庭可說是構成社會的最基本單位，也是最小的團體。家庭風險管理

---

16 PRIMA（Public Risk and Insurance Management Association）美國的公共風險與保險管理協會。

17 ALARM（The Association of Local Authority Risk Managers）英國地方政府風險管理人員協會。

18 二十世紀前，各國立法例，採用否定說的國家無責任原則，之後，二十世紀初至第一次世界大戰前，採用相對肯定說，及至第二次世界大戰後，全面採肯定說，亦即承認國家對於公務員執行職務之侵權行爲，應負賠償責任。詳閱劉春堂（2007）。*國家賠償法*。台北：三民書局。

與營利組織及政府機構風險管理相比較時，由於是最小團體，其風險管理也有其特殊處：第一、風險不多，其影響範圍也小；第二、風險評估無須複雜；第三、風險應對工具選擇性少。第四、風險決策考慮因素簡單。

5. 人力資源與風險管理

人是風險很大的來源，但也是管理風險最寶貴的資產。任何組織團體的人事部門必須結合風險管理，做好人力資源風險管理。組織團體對人員的招募、選才、訓練與職涯發展等，須有一套適當的辦法與程序，也須留意在職人員人爲疏失風險的管理（參閱第五章）。對招募的新進人員須實施工作前的短期培訓，使其提高風險意識，具備風險管理的入門知識。由於人們的性格、性別、自我效能、信念、制控信念與風險經驗等（參閱第三章）會影響其風險感知，因此對新進人員最好能進行**風險心理測驗**（Psychological Test for Risk）。這種心理測驗是針對風險設計題目，例如，參照第三章風險感知測量的題目，與參照第四章風險態度的題目，以及第七章不同文化類型的人對風險會有不同的認知與看法，同時，考慮組織特性量身訂做而成。例如，題目中可請新進人員判斷高空彈跳風險的大小等與風險相關的問題。透過風險心理問卷分析結果，安排適合其**風險性格**（Risk Personality)（筆者認爲可將每人的冒險傾向與感知風險的程度及風險文化屬性，統稱爲專屬於某人的風險性格）的工作，如此可提升組織成員的可靠度，降低人爲疏失。

其次，對在職成員須定期持續實施風險管理教育培訓與學習風險事件發生的案例。這有助於提升成員風險管理專業素質與其原有工作的融合。最後，留意對風險管理部門主管**風險長**（CRO: Chief Risk Officer）的任命，風險長應具有風險管理專業證照（例如，英國的IRM[19]與美國的

---

[19] IRM（Institute of Risk Management）是英國Institute of Risk Management專業證照，可分FIRM與AIRM。

ARM[20]等）或相關專業學歷外，更需兼具科技心人文情的素養。

莎翁威尼斯商人

莎劇的威尼斯商人強調有時迫於形勢，需承擔風險，也就是明知山有虎，偏向虎山行。該劇的女主角波西亞是最佳的風險管理人員，她深知何時該承擔風險，且根據情境妙用各類風險管理技術。波西亞是養尊處優的女人，她面臨的挑戰是選擇一名夫婿，然後去拯救其好友安東尼奧這位威尼斯商人。全劇不僅探討商場風險管理，也在鑽研人生風險管理。

——摘自《莎翁商學院》一書，梁曉鶯譯（2001）。台北：經典傳訊

9-2 組織管理人員風險行為的認知層面

組織管理人員在風險情況下的決策行爲，規範決策法提供應該如何決策的理論基礎，但管理人員作實際決策時，可能不遵守規範決策法則。夏皮拉（Shapira, Z.）對組織管理人員風險行爲的實證調查分析顯示，組織管理人員在風險情況下的實際決策至少有三個特點（Shapira, 1995）：第一、組織管理人員對可能結果發生的機率，敏感度不高。原因之一是他（她）們認爲機率只是個隨機的概念，它不是「可控制程度有多高」的概念；第二、他（她）們重可能結果（Outcome）的幅度值高於可能結果發生的機率。同時，組織管理人員重機率分配的極端值甚於平均值。蓋因，他（她）們認爲平均值提供的訊息並不完整且容易忽略某些重要訊息；

[20] ARM（Associate in Risk Management）是美國專業機構頒發的證照。

第三、組織管理人員重損失面的風險（Downside Risk）高於獲利面的風險（Upside Risk）。這種情形並不表示組織管理人員對規範決策法則不熟悉。另外，代理人模式（Agency Model）（Jensen & Meckling, 1976）常被財務理論學者用來解釋管理人員實際決策與追求公司價值極大化決策間的差異。吾人如從管理人員的心理認知層面來觀察，或許可更深一層了解差異的原委。

從管理人員冒險（Taking Risk）的心理認知層面來觀察，夏皮拉（Shapira, Z.）的實證調查結果值得吾人留意（Shapira, 1995）。首先，管理人員不見得完全認爲風險（Risk）與報酬（Return）有必然的關聯。他（她）們認爲此種關聯是金融市場活動的重要特質，但在組織一般業務活動中，兩者不一定有必然的關聯。決策的主動或被動層面對管理人員管理風險的態度有影響。主動決策時，管理人員的專業技巧與對風險可控制的程度有多高，就會影響其冒險傾向。其次，管理人員的風險態度（Risk Attitudes）是因情境而異的，它是不對稱的（Asymmetry）。在組織經營失敗時，尤其瀕臨破產邊緣，管理人員反而決策更冒險（參閱第四章）。在組織經營順利成功時，管理人員決策反轉趨保守。考其主要原因是管理人員心中的兩個參考點（Reference Point）影響管理人員的冒險傾向：一爲**成就熱望水準**（Aspiration Level）；另一爲**保住職務水準**（Survival Level）。換言之，管理人員在組織經營失敗或成功的不同情境下，爬上最高階主管的成就熱望多強以及萬一決策失敗，職務不保影響家計的憂心度多高，兩者衝突互動，最後注意力（Attention）集中在哪個參考點，主導其冒險傾向。因此，組織管理人員實際決策不是像規範決策法描述的如此單純。

9-3 組織管理人員風險決策失誤的心理層面

決策不外可被視爲對某專案或事物「接受」或「拒絕」的決定。組織管理人員如能盡量避免決策失誤，將可增進組織價值。管理人員決策失誤的可能性與組織薪資獎勵制度有關。另外，在訊息封閉的情況下，決策失誤的可能性增高。亞當斯（Adams, J.）視決策失誤爲文化現象（Adams, 1995）。財務理論學者甚少留意這個問題 。因爲決策失誤可能藉由投資組合分散消化。心理學者則視決策失誤與風險判斷有關。一般決策失誤類型有兩種類型[21]：第一類是作了不該接受的決定，此稱**型一錯誤**（Type I Error）又稱爲「白象」（White Elephant）現象。此種決策失誤，後果是看得到的。例如，管理人員犯此失誤，組織將他（她）降級減薪之外，市場占有率因這失誤明顯下降等。第二類是作了不該拒絕的決定，此稱**型二錯誤**（Type II Error）。通常此種決策失誤，後果看不到。因此，管理人員對型一錯誤尤爲敏感。此兩種失誤與決策前後的互動，閱圖9-2。

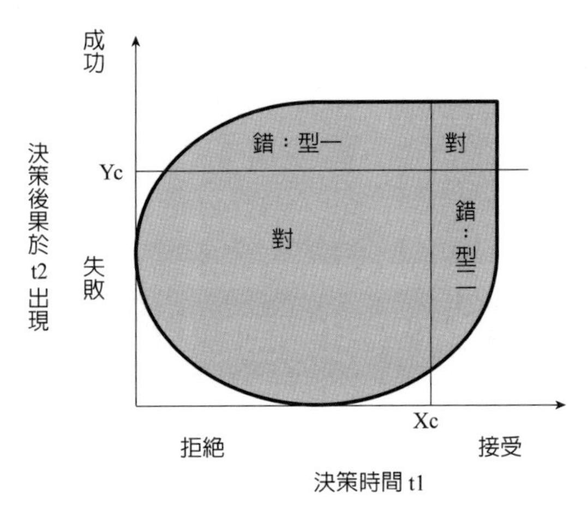

圖 9-2 風險決策與失誤類型

---

21 政府政策的失誤，稱爲型三錯誤（Type III Error）。

一個專案是否被接受，受制於決策者事前對專案的評價與對該專案事後成功可能性的判斷。決策者事前對專案的評價與決定接受與否的標準，以垂直於X軸的直線表示。圖9-2中的Xc值代表決策標準值。如決策人員對專案的評價值高於或等於Xc，則接受該專案。否則，拒絕該專案。專案事後成功的可能性，以垂直於Y軸的直線表示。圖9-2中的Yc代表判斷專案成功的可能值。高於或等於此值者是爲成功。否則，表失敗。決策者事前對專案的評價與對該專案事後成功可能性的判斷產生了四種可能的後果（Shapira, 1995）：一爲作對了該接受的決策（Positive Hit）；二是犯了型一錯誤，那是作了不該接受的決定（False Positive）；三爲作對了拒絕的決定（Negative Hit）；最後是犯了型二錯誤，那是作了不該拒絕的決定（False Negative）。專案成功的可能性可由事前評價的效度預測出來。此兩者的相關係數以「r_{xy}」表示。此值愈高，決策失誤的可能性愈低。組織薪資獎勵制度將影響垂直於X軸直線的左右移動。這條直線是決策者的決策標準。直線往右或左，則與決策者是冒險者抑或保守者有關。如爲後者，此線會往右移；如爲前者，此線會往左移。另一方面，決策者的成就熱望水準將影響垂直於Y軸直線的上下移動。決策者如爲保守者，通常成就熱望水準低，故此條線會往下移；反之，此條線會往上移。決策者將此兩條線上下或左右移動，代表了決策者心理的想法與衝突。因爲此時如何拿捏，不犯「型一」或「型二」失誤，均煞費心思。

9-4 社會信任與組織團體風險管理聲譽

組織團體在不在意風險管理？是否把社會大眾安全擺第一位？這可能都會與社會大眾對組織團體風險管理作爲是否信任有關。這種是否信任與信任程度多高，就可能影響組織團體風險管理的聲譽或簡稱**風險聲譽**

（Risk Reputation）。例如，食品關乎社會大眾的健康安全，食品業者如主動及時發現食品不安全，不待媒體報導揭發，即主動回收，那麼，社會大眾對其風險管理的作爲一定信任有加。同樣，政府組織對風險監控的作爲也持如此態度，就會提升社會大眾對其風險管理作爲的信任程度。

其次，社會大眾對風險可容忍或可接受與否，固與其對風險的感知有關（參閱第三章），而與社會大眾對組織團體風險管理作爲的信任是否有關，是另一值得留意的問題。**信任的因果模式**（Causal Model of Trust）認爲信任影響風險感知，嗣後才影響人們對風險的接受程度（Poortinga and Pidgeon, 2005），也就是說人們對政府風險監控政策與機構，或對企業公司組織機構的風險管理作爲有信任感，人們對風險的感知會減緩，進而可接受該風險。另一個信任模式是**信任關聯模式**（Associationist Model of Trust），這模式認爲人們的情感捷思（參閱第六章）引導對科技風險的判斷與接受風險的意願，如其結果是願意接受風險，就自然形成對政府風險監控政策與機構，或對企業公司組織機構風險管理作爲的信任（Eiser *et al.*, 2002; Finucane *et al.*, 2000）。例如，調查研究發現，人們對基因改造食品可能受情感捷思引導願意接受改造食品，或對過去政府監控傳統食品風險的不信任而願意接受改造食品，如此就可能對政府監控改造食品風險產生信任感（傳統食品與改造食品間，畢竟大不同），這也決定了人們對改造食品風險的感知程度（Poortinga and Pidgeon, 2005）。

另一方面，對於政府風險監控與對組織風險管理作爲是否值得信任，除了受過去累積的信用影響外，就是受雙方雷同的價值觀所影響。也就是說，信任是奠定在對風險的同意與對價值感知的類似性，這稱爲**顯著價值類似理論**（Salient Values Similarity Theory）（Earle and Cvetkovich, 1995; Earle, 2004）。其次，面對新風險訊息時，是否仍持續有信任感（Preseverance of trust）是另一值得留意的問題（Cvetkovich *et al.*, 2002）。第八章曾提及社會信任的不對稱性就與持續是否有信任感有關。信任主要受兩個面向所影響，那就是依賴與質疑。這兩面向互動的程度，最後決定對政府風險監控與對組織風險管理作爲的信任。這分別會產生四種不同的結果（Poortinga and Pidgeon, 2003）：

(1) 高度依賴 + 低度質疑 = 可接受式信任

(2) 高度依賴 + 高度質疑 = 關鍵式信任

(3) 低度依賴 + 低度質疑 = 不信任

(4) 低度依賴 + 高度質疑 = 拒絕信任

第二種情況的**關鍵式信任**（Critical Trust）是成熟民主國家孕育公民社會的條件，是民眾參與風險監控決策的基礎。

最後，民眾對風險訊息開放透明的感知與對風險監控能力的感知能增強信任。對組織風險管理領導人如何建構民眾信任感，可採用三種途徑：第一種是常態信任法，也就是言行一致且與民眾價值觀能吻合；第二種設法改變民眾價值觀；第三種是領導人設法改變風險管理中，評估優先排序時隱含的價值本質（Cvetkovich and Lofstedt, 1999）。

9-5 風險管理成熟度指標與模型

AON[22]**風險管理成熟度**的十大指標（Risk Maturity Index）分別是（Aon, 2014）：(1)董事會對風險管理理解與承諾的強度；(2)公司是否由專業有經驗的風險管理主管執行風險管理工作；(3)風險交流透明的程度；(4)風險管理文化是否優質；(5)是否善用內外部資訊資料識別風險；(6)利害關係人參與風險管理的程度；(7)公司治理與決策融合財務與業務資訊的程度；(8)風險管理與人力資源管理結合的程度；(9)風險管理價值的呈現是否善用資料；(10)善用風險間的取捨交換獲得價值的程度。另

[22] AON是全球知名的外商跨國性保險經紀公司。

外，IRM也提出風險管理的成熟模型（Hopkin, 2017），參閱下圖9-3。

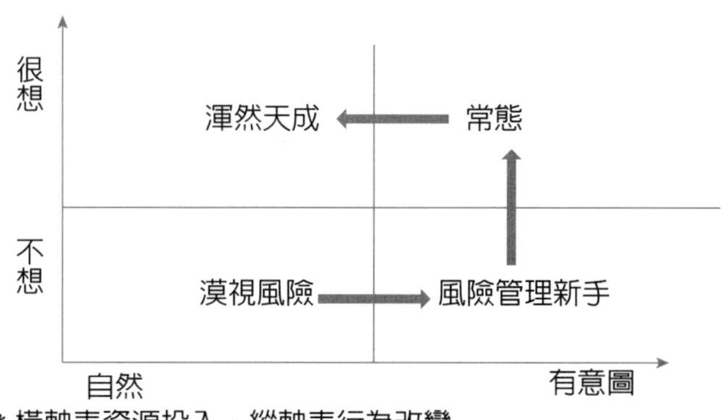

圖 9-3 IRM 風險管理的成熟模型

該模型表示，左下方區塊往右下方區塊移動，意即從不想做風險管理或沒能力作風險管理，改變成有意圖作風險管理但能力不足，是有待學習的新手。右下方區塊往右上方區塊移動，表示已有能力實施風險管理且成常態現象，並很想作好。右上方區塊往左上方區塊移動，代表組織風險管理達到很成熟境界，完全融入組織經營管理中，所有成員的風險管理行爲均渾然天成，無須外力刺激或要求。

9-6 微軟風險管理簡介

1. 微軟風險管理機制

▶ 微軟簡介與風險管理組織

全球九成多的個人電腦軟體均由微軟提供，老闆蓋茲・比爾（Gates, B.）則是全球知名的傳奇人物。老闆大學未畢業就與友人阿倫・波爾

（Allen, Paul）在1975年間，創設全美第一家電腦語言的合夥事業，名爲微軟。在1981年改組成公司，五年後正式成爲上市公司。微軟發展簡史見圖9-4。

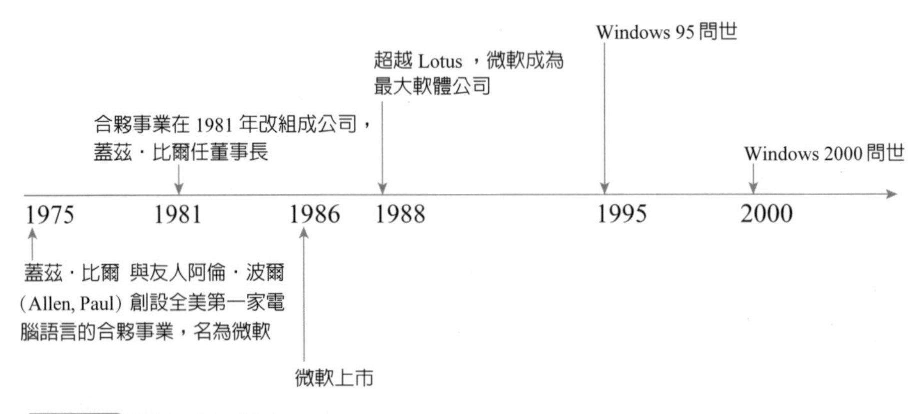

圖 9-4 微軟發展簡史

1999年微軟依客戶群的不同，將產品分成四個部門，分別是商業應用部、消費者部、程式發展部與交流平台部，每一部門的產品內容見圖9-5。

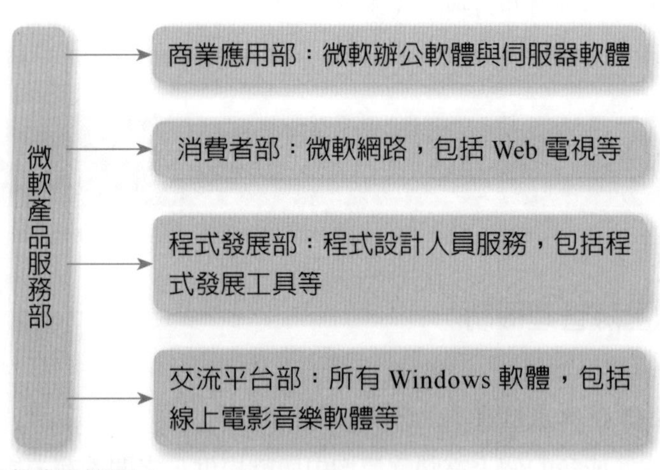

圖 9-5 微軟產品服務

2000年2月份Window 2000軟體問世。微軟自上市以來，員工數與公司獲利均逐年攀升，見圖9-6，這與其在1990年代成立的風險管理部有關，風險管理部由財務長主導，其下組織見圖9-7。

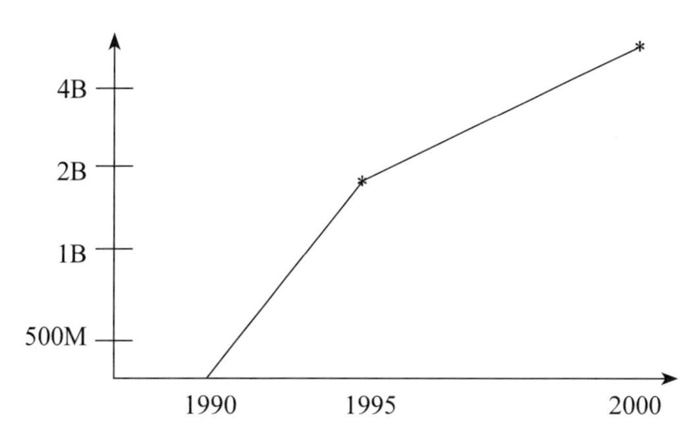

圖 9-6 微軟獲利趨勢

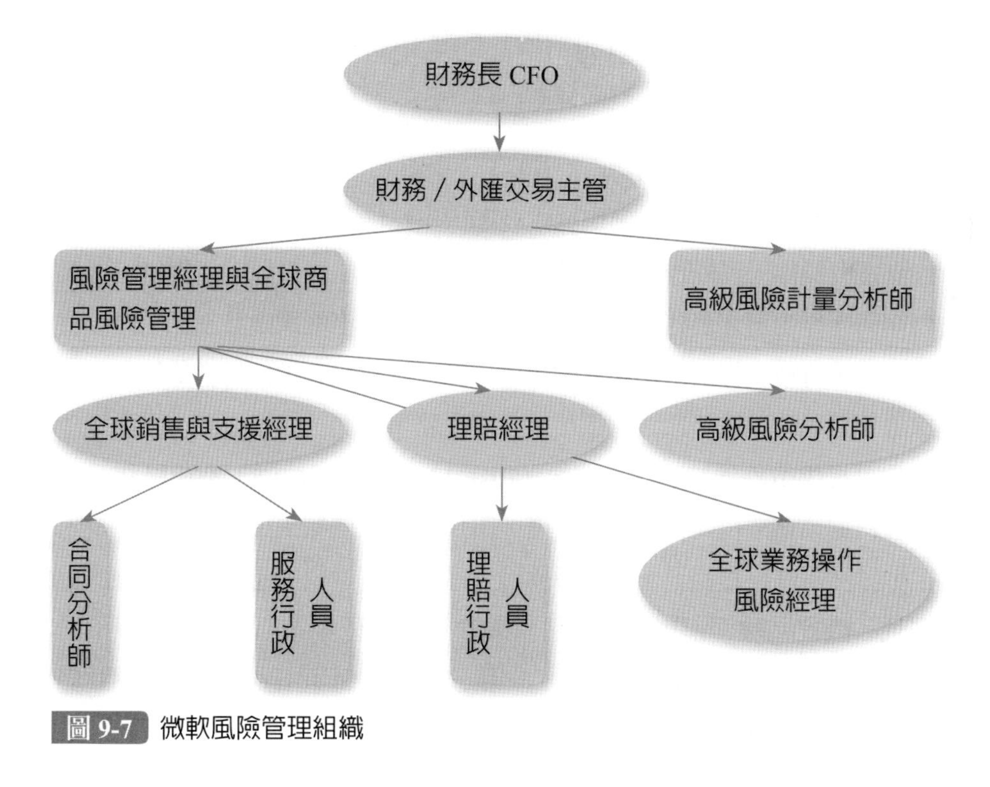

圖 9-7 微軟風險管理組織

風險管理部門自成立以來履履獲獎，1999年獲得風險管理財務長卓越獎，此獎由美國財務長雜誌所頒發，同年也獲得財富與風險管理雜誌所頒發的財務風險管理金質獎章等大獎。

▶ 財務風險管理操作要點

微軟的風險管理機制自1994年開始，首先重匯率波動的財務風險管理操作，1995年開始採用VaR模型計算匯率波動的風險值（VaR: Value-at-Risk），1997年VaR模型擴張使用在權益證券與固定收益證券風險的計算上。1996那年，財務長向董事會財務委員會提供財務風險白皮書，進而確立採用整合方式管理財務風險，這種整合方式融合了匯率風險、利率風險與員工股票選擇權等風險。這項努力進一步產生微軟的財務資訊系統，也就是微軟的數位神經網路系統，透過該系統可產生微軟年度累積VaR值。微軟VaR值計算訂在97.5%的信賴水準，估計未來20天的最大財務損失。除VaR值計算外，微軟也採用情境分析壓力測試，來了解極端事件發生時，微軟可承受的財務壓力力度。

▶ 業務風險管理操作要點

微軟業務風險管理的範圍，主要著重全球商品服務、商品銷售與後勤的支援與操作人員的作業過程等三類業務。微軟主要營運就是靠這三類業務如何運作，運作良好，績效就好，而微軟的財務與風險管理部門則屬幕僚單位，背後支援前三類業務的營運，提供風險訊息供他們當決策參考。風險管理單位、法務部、內部稽核部與業務單位間，協同作業，風險管理單位可提供微軟適時的風險圖像（Risk Map）（見圖9-8）與風險訊息量化資料給業務單位，由其確認效度並引用爲決策依據。微軟財務長曾說，微軟雖然是高科技產業，但人員風險管理意識與素質遠超過科技本身的重要性，因此風險管理單位特別注重風險管理單位與業務單位間的風險溝通／交流（Risk Communication）。微軟的風險溝通主要透過內部網站與面對面時間。其次，微軟業務風險管理則採用情境分析法，識別微軟的業

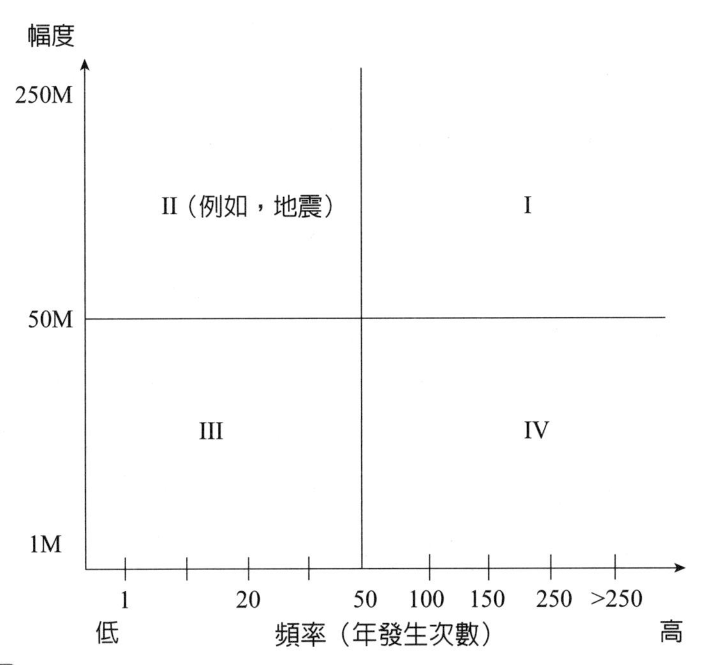

圖 9-8 風險圖像

務風險，例如，微軟在美國西雅圖（Seattle）有超過五十棟建築物的培訓學校，如發生地震，後果嚴重，透過情境分析，風險管理部門識別的風險種類就不只是地震造成的建築物可能倒塌的風險，還包括製造及服務中斷的風險，微軟股價波動，市占率縮水等一系列風險。情境分析時風險管理人員會設想地震發生後，微軟最糟糕的損失如何，並進行壓力測試，進而擬訂應對策略與製作災後復原計劃。識別風險後，風險管理單位會依風險事件發生的可能性與影響程度，製作風險圖像，風險圖像會以損失金額標明並排定優先順序，適時交給董事會討論與決策。微軟對風險的應對，在業務風險融資方面，主要採用保險或經由評估後採用自保，業務風險控制則主要採用各種安全手段，例如，採用密碼保護訊息資料以防洩密，或例如，協同法務部門控制法律風險等。

▶ 風險溝通：內部網站與面對面時間

微軟風險管理上，透過內部網站的設立與管理層及基層作業人員的面對面，進行內部風險溝通。內部網站有充分的風險訊息與資料外，也有不同風險應對的工具箱供員工們參考。微軟內部網站除事涉機密需持有授權密碼人員始能取得訊息外，其他訊息均公開給所有員工。蓋茲・比爾鼓勵員工能解讀所有財務業務訊息的含義，進而提升風險管理的績效。面對面時間時，風險管理單位與業務單位間則密切協作，例如，業務單位發展一項新款個人電腦鍵盤，但風險管理人員發現這種新款鍵盤可能使消費者產生手扭傷的風險，因此經由風險管理人員提供的扭傷風險資料，業務單位決定將扭傷可能的損失成本加計在新鍵盤售價中，每一套新鍵盤售價增加2.82元。這就是面對面時，風險管理單位與業務單位間協作的最佳案例。

2. 案例分析

微軟老闆蓋茲・比爾將風險管理視爲市場競爭利器，而不是只在應付政府法令，這一點是微軟風險管理成熟且履獲獎的基石。因此，有些訊息微軟視爲機密，並不公開，本案例只就公開的風險管理機制訊息（Barton, *et al.*, 2002）加以分析評論，評論標準說明如後。

▶ 風險管理機制評論標準

對微軟內部風險管理機制的分析評論，本案例採用COSO的全面性風險管理的架構與前提的風險管理成熟度的十大指標。全面性風險管理架構主要包括八大要素，那就是內部環境、目標設定、風險事件識別、風險評估、風險應對、管理控制、訊息與交流、監督與績效評估。

▶ 案例內容分析與看法

根據前述微軟公開的風險管理機制訊息，採用前列標準，分析案例內容如後。

第一、就微軟的風險治理或公司治理（Risk Governance/Corporate's

Governance）言，從其財務長科林尼可斯·白藍稱蓋茲·比爾是微軟風控長可判斷出，微軟的風險治理與風險管理完全融合一體，風險管理部定期會將所製作的風險白皮書提交董事會的財務委員會討論後確認，董事會負風險管理的終極責任。關於風險管理文化透過內部網站與面對面時間，已深入微軟各業務單位，服務商品的售價也由風險分析師提供可能的損失成本資料供銷售部當訂定售價的參考依據。微軟的法務部、內部稽核部也與風險管理部密切配合提供相關風險訊息給業務單位，而微軟的內部網站不只是網站，網站上有許多財務業務訊息與處理風險的手段，除受保護的訊息須以密碼取得外，其他公開訊息，員工均容易取得。風險管理部更重視面對面交流時間，風險圖像爲求眞實需業務單位的確認，風險融資計畫與業務單位商討後實施，老闆鼓勵員工能解讀所有財務業務訊息的含義，進而提升風險管理的績效。這些在在顯示，微軟風險管理文化品質的優質。全面性風險管理的內部環境要素中，還要求微軟應有適當程式決定風險可接受程度，以及還要求需有風險管理政策說明書，這兩項要求機密性極高，從微軟公開訊息中，無從判斷。

第二、就微軟的目標設定與風險識別言，目標設定從本案中，雖無從具體得知，但整體言，無非提升微軟價值，從逐年獲利增加的情形來看，可判斷微軟應有清楚的目標設定。至於風險識別無論是財務風險，還是業務風險，還算適當完善，尤其對影響財務業務的地震風險，採用情境分析來識別地震所引發的各類風險，進而採用各種風險應對方法是極恰當的。然而，如僅採用一種情境分析方式識別風險，難免會有漏網之魚，可綜合採用其他方式，例如：SWOT分析法、財報分析法、流程圖分析法等，將可更完善微軟可能面臨的風險。

第三、就風險評估言，微軟對財務風險採用 VaR模型，對業務風險採用有損失資料的風險圖像，在方法上還算適當，但VaR模型採用的信賴水準97.5%精確性稍嫌不足，以二十天來估計最大損失期間，也嫌稍長，不足應變科技服務產品的瞬息萬變。對業務風險評估使用風險圖像之餘，也須進一步採用影響矩陣表，了解各風險間的相關性或因果，重新調整風險的排序，如此有助於資源更精確有效的配置。

第四、微軟風險管理的風險應對，管理控制，訊息與交流，監督與績效評估，這四項ERM要素，就公開訊息來看，風險應對與考慮還算完善，法務部的管理控制，內部稽核的監督與績效評估，訊息與交流均可謂有不錯的水準。然而，風險溝通只限內部仍不足夠，外部利害關係人的風險溝通，有時更影響風險管理的績效。內部控制經由密碼保護內部訊息只是消極作為，如何防範外部電腦駭客入侵，更需留意。會計預算在管理控制上的功能可進一步考慮，以風險為基礎的內部績核更需強化。其次，微軟風險管理與人力資源管理結合的程度方面，微軟財務長曾說，微軟雖然是高科技產業，但人員風險管理意識與素質遠超過科技本身的重要性，顯然，選對的人，做對的事對微軟風險管理與人力資源管理的結合很重要，只是人力資源管理部如何選對的人，公開訊息中，無從判斷。

第五、風險管理成熟度指標中的兩項指標，也就是利害關係人參與風險管理的程度與善用風險間的取捨交換獲得價值的程度，這兩項指標做的如何，從案例訊息中，無從判斷。

▶ 案例結語

依ERM的意旨，任何管理主體均會面臨四大類風險，那就是戰略風險、財務風險、操作風險與危害風險。然而，科技業與金融保險業間，各自風險比重大不同，除戰略風險外，大體言，科技業操作風險與危害風險比重高過財務風險，金融保險業則財務風險比重高過操作風險與危害風險。其次，金融保險業以利用風險為本業，風險訂價是核心，科技業則旨在移轉風險，重產品訂價。考慮 ERM八大要素與風險管理成熟度十大指標，依上述案例分析，對微軟風險管理機制的評論總結如後：

第一、從案情介紹中，知道微軟老闆蓋茲・比爾強力支持風險管理，顯然，微軟公司的風險治理與董事會能融合一體，這是風險管理成熟度的重要體現，也是微軟履獲獎的基石；換言之，公司的風險治理與風險管理沒有密合，風險管理不可能進一步成熟，同時可能徒勞無功。

第二、微軟內部網站的資料透明化與面對面交流平台，以及風險管理單位與業務單位間協作密切的程度來看，微軟風險管理文化相當普及，氛圍極濃，微軟風險管理文化品質應屬優等，沒有優質的風險管理文化，風險管理也不可能成熟。

第三、微軟的財務風險管理採用VaR模型，業務風險管理善用風險圖像，排定管理的優先順序以及購買相關衍生品避險與保險保障公司財產安全，可說是正確的選擇。然而，VaR模型的信賴水準的訂定可適度提高，評估期間也可適度降低。這些作法的理由，是大數據時代的來臨，提高財務風險評估的精確度與時效，並非難事。

第四、除了微軟公開訊息中，無法獲知詳情的部分，整體而言，就風險管理成熟度十項指標來看，微軟風險管理機制除了利害關係人參與風險管理的程度、善用風險間的取捨交換獲得價值的程度等兩項指標外，約可滿足風險管理成熟度的其他八項指標。就ERM八大要素來看，除了管理控制與監督及績效評估兩項要素的訊息無法得知詳情外，大體上，微軟風險管理機制已滿足六項要素。最後，就公開訊息言，總結微軟風險管理機制，以國際標準普爾（S&P）劃定的等級來區分，是屬於優等級的風險管理機制。

當今組織團體面臨的內外部環境，已產生翻天覆地的變化，稍有不慎即化為烏有，各類風險環伺下，成熟的風險管理機制雖也不能保證萬能，但至少能保證災難或風暴發生後，組織團體還能在。

關鍵重點搜查中

1. 四種主要的全面性風險管理國際標準：(1)ISO31000；(2)COSO全面性風險管理標準；(3)BSI 31100；(4)FERMA2002。
2. 風險管理具體過程包括：(1)檢視組織內外部環境；(2)設定風險管理目標；(3)識別各類風險；(4)評估各類風險；(5)應對各類風險；(6)監督評估風險管理過程與績效。每個步驟均涉及風險溝通。
3. 公共風險具備下列六項特質之一：第一、透過自由市場機制無法有效地將風險的負擔，分配至應負責或有能力承受風險的一方時；第二、透過自由市場價格機制無法合理反應風險所導致的成本時；第三、源自政治操作過程的風險；第四、源自對基本人權保護的風險；第五、處於不確定最高層的風險；第六、已成公共議題的風險。
4. 政府機構與營利組織風險管理的不同：第一、政府機構不以營利爲目的，政府機構風險管理是提升公共價值；第二、政府機構風險管理與專業組織的發展歷史，均比私有部門公司風險管理與專業組織的歷史發展爲短；第三、在預算範圍內，政府機構風險管理的決策，通常屬於團體與社會決策；第四、政府機構風險管理是屬財政導向兼重社會公平導向的風險管理；第五、政府機構風險管理的績效絕對要以人民對它的信任爲準。
5. 家庭風險管理特殊處：第一、風險不多，其影響範圍也小；第二、風險評估無須複雜 ；第三、風險應對工具選擇性少。第四、風險決策考慮因素簡單。
6. 人是風險很大的來源，但也是管理風險最寶貴的資產。任何組織團體的人事部門必須結合風險管理，做好人力資源風險管理。招募選才過程中，實施風險心理測驗與依據人員的風險性格，配適工作，必有助於人力資源風險的管理。
7. 管理人員心中的兩個參考點影響管理人員的冒險傾向：一爲成就渴望水準；另一爲保住職務水準。
8. 一般決策失誤類型有兩種類型：第一類是做了不該接受的決定，此稱型一錯誤又稱爲「白象」現象。此種決策失誤，後果是看得到的；第二類是做了不該拒絕的決定，此稱型二錯誤。通常此種決策失誤，後果看不到。
9. 信任的因果模式認爲信任影響風險感知，嗣後才影響人們對風險的接受程度。另一個信任模式是信任關聯模式，這模式認爲人們的情感捷思引導對科技風險的判斷與接受風險的意願，如其結果是願意接受風險，就自然形成對政府風險監控政策與機構，或對企業公司組織機構風險管理作爲的信任。

10. 信任主要受兩個面向所影響，那就是依賴與質疑。這兩面向互動會產生四種不同的結果：(1)高度依賴 + 低度質疑 = 可接受式信任；(2)高度依賴 + 高度質疑 = 關鍵式信任；(3)低度依賴 + 低度質疑 = 不信任；(4)低度依賴 + 高度質疑 = 拒絕信任。

11. 組織風險管理領導人可採用三種途徑，建構民眾信任感：第一種是常態信任法，也就是言行一致且與民眾價值觀能吻合；第二種設法改變民眾價值觀；第三種是領導人設法改變風險管理中，評估優先排序時隱含的價值本質。

12. 風險管理成熟度的十大指標分別是：(1)董事會對風險管理理解與承諾的強度；(2)公司是否由專業有經驗的風險管理主管執行風險管理工作；(3)風險交流透明的程度；(4)風險管理文化是否優質；(5)是否善用內外部資訊資料識別風險；(6)利害關係人參與風險管理的程度；(7)公司治理與決策融合財務與業務資訊的程度；(8)風險管理與人力資源管理結合的程度；(9)風險管理價值的呈現是否善用資料；(10)善用風險間的取捨交換獲得價值的程度。

腦力激盪大考驗

1. 從人本風險管理的觀點，說明組織團體的人力資源爲何重要？
2. 風險管理要達成成熟境界，須有何過程？
3. 台灣的年金改革引發的抗爭，符合公共風險哪項特質？並說明理由。
4. 該如何避免型一或型二錯誤？試申己見。
5. 信任爲何也是組織風險管理成敗的要素？

參考文獻

1. 宋明哲（2012）。*風險管理新論：全方位與整合*。台北：五南圖書。
2. 梁曉鶯譯（2001）。*莎翁商學院*。台北：經典傳訊。
3. 劉春堂（2007）。*國家賠償法*。台北：三民書局。
4. Adams, J.(1995). *Risk.* London: UCL Press.
5. Aon (2014). *Aon risk maturity index*. Insight report.
6. Barton, T.L. *et al.*(2002). *Making enterprise risk management pay off.* NJ: Financial Times/Prentice Hall PTR.
7. Bernstein, P.L.(1996). *Against the God-the remarkable story of risk.* Chichester: John Wiley&Sons.
8. Cvetkovich, G.T. and Lofstedt, R.E.(1999). *Social trust and the management of risk.* London: Earthscan.
9. Cvetkovich, G. *et al.*(2002). New information and social trust: asymmetry and perseverance of attributions about hazard managers. *Risk analysis*, 22. Pp.359-367.
10. Earle, T.C.(2004). Thinking aloud about trust: a protocol analysis of trust in risk management. *Risk analysis*. 24. Pp.169-183.
11. Earle, T. C. and Cvetkovich, G.T.(1995). *Social trust: toward a cosmopolitan society*. Westport, CT: Praeger.
12. Eiser, J. R. *et al.*(2002). Trust, perceived risk, and attitudes toward food technologies. *Journal of applied psychology*. 32. Pp.2423-2433.
13. Elliott, M.W.(2016). *Risk management principles and practices*. 2nd edition. Pennsylvania: The Institutes.
14. Finucane, M.L. *et al.*(2000). The affect heuristic in judgments of risk and benefits. *Journal of behavioural decision making*. 1. Pp.1-17.
15. Fone, M. and Young, P.C.(2000). *Public sector risk management*. Oxford: Butterworth/Heinemann.

16. Gallagher, R.B.(1956). Risk management-new phase of cost control. *Harvard Business Review.* Vol.24.No.5.

17. Hopkin, P.(2017). *Fundamentals of risk management-understanding, evaluating and implementing effective risk management*. London: IRM.

18. Jensen, M. C. and Meckling, W.H.(1976). Theory of the firm: managerial behavior, agency costs and ownership structure. *Journal of financial economics.* Vol. Pp.305-360.

19. Poortinga, W. and Pidgeon, N.F.(2003). Exploring the dimensionality of trust in risk regulation. *Risk analysis.* 23. Pp.961-972.

20. Poortinga, W. and Pidgeon, N.F.(2005). Trust in risk regulation: cause or consequence of the acceptability of GM food? *Risk analysis.* 25. Pp.199-209.

21. Shapira, Z.(1995). *Risk taking-a managerial perspective.* New York: Russell Sage Foundation.

22. Wiliams, Jr. C.A. *et al.*(1998). *Risk management and insurance.* 8th ed. New York: Irwin/McGraw-Hill.

第十章

風險的社會擴散與稀釋

學習目標

1.認識風險的社會擴散架構——SARF。

2.了解SARF架構下的重要發現。

3.認識社會表徵與認同過程理論。

4.了解風險的社會心理對政府政策制定的意涵。

/風險就像印在你我腦海中的烙記/

風險訊息不只影響個人對風險的感知、態度與行爲，也會透過風險訊息的串聯與人們的可得性捷思以及國家社會相關的訊息平台，影響他人甚至社會群體的風險感知、態度與行爲。也因此，於第九章曾提及，任何組織（包括國家社會）在管理風險上，不僅需重傳統風險管理所關注的層面，也需要了解人本風險管理所關注的心理人文層面。尤其在政府機構或國家制定相關風險公共政策時，社會群體對風險的社會心理（Social Psychology of Risk）層面，更是不容忽視，否則，風險的相關政策可能無法順利推行，畢竟政府機構或國家的風險管理，是以追求民眾福祉與公共價值爲目的。試想，清清河水被汙染，發黑發臭，藍藍的天空被汙染，灰濛濛一片，猛然巨大搖晃，人們恐懼依舊，金融災難發生，苦日子難熬，這些情景當烙印在人們心中時，政府如不設法了解與因應，社會衝突與抗議聲將不斷。其次，風險不但能證券化[1]（Securitization），全球化[2]（Globalization），尤其社會化（Socialization）的建構過程與影響因素，政府必須深入了解，始能制定出符合該國社會大眾期待的公共政策。本章以風險的社會擴散架構（SARF: Social Amplification of Risk Framework）說明風險訊號（Risk Signal）與風險事件（Risk Event）在社會的擴散（Amplication）與稀釋（Attenuation）過程，同時，介紹社會表徵理論（SRT: Social Representation Theory）與認同過程理論（IPT: Identity Process Theory）。最後，說明風險的社會心理在政府政策制定上的意涵。

---

1 風險證券化指的是風險透過資本市場發行債券的分散過程，例如，台灣發行的一億美元巨災債券，其資金用來彌補地震損失。

2 風險的全球化指的是風險分配的全球化。

10-1 風險的社會擴散架構

1. SARF架構簡介

過去，風險的社會心理研究，都較爲零散，缺乏統合的研究架構，這些研究領域包括風險感知（Risk Perception）（參閱第三章）、風險溝通（Risk Communication）（參閱第八章）、風險與決策（Risk and Decision）（參閱第四章）、風險與情緒（Risk and Emotion）（參閱第六章）等，事實上，這些研究領域間，存在密不可分的關係。因此，卡斯伯森（Kasperson, R.）等學者在一九八八年首次提出**風險的社會擴散架構**（SARF）（Kasperson *et al.,* 1988）。該架構主要在說明社會與個人因子如何影響風險的社會擴散與稀釋，進而產生後續多次的漣漪效應（Ripple Effecct）與衝擊。例如，引發監理的改變，接連導致心理與經濟的損失與風險污名化的烙記等。簡言之，SARF架構是風險的社會心理動態過程之整合性架構，它被公認爲目前最完整、最綜合性的風險社會心理研究架構（Rosa, 2003），參閱圖10-1。

上圖顯示的含義，簡單說，不論已發生的風險事件或存在生活周邊的風險，不僅會透過個人經驗與大眾媒體（例如，電視、報紙、網路、手機等）傳播產生衝擊，也會透過人與人間的耳語相傳互動產生衝擊。這些風險可能會轉化爲某種意義、符號或圖騰或訊號（例如，抽菸危險因素轉化成萎縮的蘋果），經由個人腦海（圖中的個人平台）或公共論壇平台（圖中的社會平台）或各類不同層次的社會組織團體（圖中的組織團體社會行爲）傳播，進而擴散（記憶或認知深化）或稀釋（記憶或認知模糊），這種過程（參閱圖10-2）與擴散或稀釋的程度，就會對社會產生各種不同層次的漣漪效應與不同類型的損失與衝擊。

上圖當風險轉化爲某種意義、符號或圖騰或訊號時，即成爲社會表

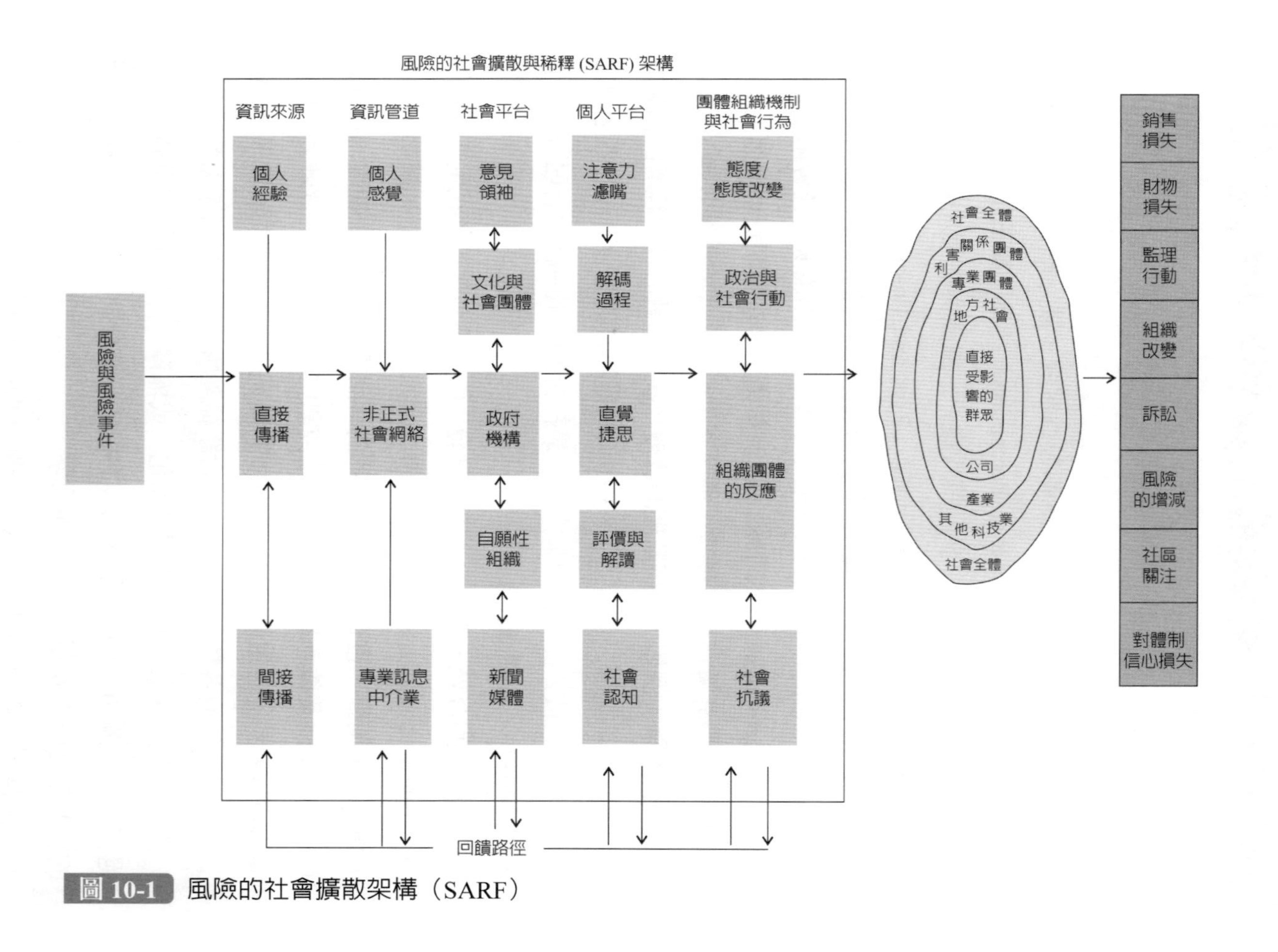

圖 10-1 風險的社會擴散架構（SARF）

圖 10-2 擴散過程

徵，之後，透過社會各種網路與平台的互動影響，表徵不是被深化（Intensification）就是被稀釋（Attenuation），同時，也會發生反稀釋（De-Attenuation）與反深化（De-Intensification）現象，但反稀釋並不等同擴散，反深化並不等同稀釋（Breakwell and Barnett, 2001）。

2. SARF架構下的重要發現

在卡斯伯森（Kasperson, R.）所提的SARF架構下，後續研究陸續有重要發現，下列八項中的前六項屬於已有的重要發現，後兩項爲卡斯伯森（Kasperson, R.）等進一步檢視須深入研究的課題（Kasperson *et al.*, 2003）。

▶ 風險訊號

人們對可能產生風險事件的每一危險因素隨著時間，均會產生某種不同的符號或訊號，是爲**風險訊號**（Risk Signal）（Kasperson, *et al.*, 1992），這些符號或訊號都是種比方，例如，來自警察司法體系的危險因素，可能比方成鍾馗打鬼圖騰，或如，某家庭常出車禍就認爲受詛咒。這些符號或訊號可能成爲社會訊號潮流（Signal Stream），這些訊號也會產生強弱的程度。

▶ 被隱藏的危險因素

每一危險因素既會產生強弱訊號，訊號被稀釋時，危險因素就被隱藏起來，這些**被隱藏的危險因素**（Hidden Hazard）可分五種（Kasperson and Kasperson, 1991）：(1)全球性沉默的危險因素，例如，國際間人權不公平的對待氛圍；(2)潛意識的危險因素，例如，人們的信念與價值觀；(3)邊緣性的危險因素，例如，社會弱勢團體或社會邊緣人；(4)會驅動訊號擴散的危險因素，例如，會產生二次效應的危險因素；(5)會侵蝕正確價值觀的危險因素，例如，社會衝突與生存何者重要？

▶ 風險訊號的擴散與稀釋

風險訊號是否擴散，進而引發二次效應與風險事件無直接關係，這端看處理風險的機關團體是否值得信任（參閱下述）與其處理風險的作為（參閱下述）如何而定。其次，風險訊號的擴散與稀釋會同時發生在社會各個階層，某個階層在稀釋，但某個階層同時在擴散。最後，經濟效益會是影響稀釋的重要因素（Kasperson, 1992）。

▶ 大眾傳播的角色

在SARF架構下，風險溝通主要聚焦在媒體對風險數據[3]與訊息的解釋與報導。以核輻射與化學毒物言，媒體與報導的內容間存在下列四項關係（Mazur, 1990）：(1)區分風險訊息報導內容的多寡或詳細與否間的不同，是重要的；(2)媒體對核輻射與化學毒物報導內容愈詳細，民眾愈關心；(3)隨著媒體報導內容之多寡，民眾回應風險的動作量也隨著增減；(4)任何時刻對選擇報導何種風險訊息，全國性組織的媒體機構有極大影響力。其次，媒體報導風險訊息的數量是唯一引起民眾與社會團體機構關心的途徑方式。此外，報導內容呈現的方式，勢必影響民眾與社會團體機構認知風險的方式（Renn, 1991）。

3　媒體與數字間的關係，可參閱Victor Cohn(1989). *News & Numbers.*

▶ 機構團體組織的角色

機構團體組織在SARF架構下是重要的風險訊號擴散與稀釋的媒介，也是經由漣漪效應受到衝擊影響的對象。造成機構團體組織稀釋風險訊號的因素包括（Freudenburg, 1992）：(1)機構團體組織內部沒有風險管理機制；(2)機構團體組織太過官僚，導致其內部風險訊息傳播緩慢；(3)對風險的安全警戒缺乏責任感；(4)資源配置與目標間配合不當；(5)充滿不合理的冒風險文化氛圍。簡單說，就是當機構團體組織不把風險當回事時，那麼風險訊號在該機構團體組織內就會稀釋掉。

▶ 風險的烙印

當風險訊號進一步被污名化，被**烙印**（Stigma）在人們腦海中時，就很容易引起風險往後的多次效應與漣漪效果（Kasperson, *et al.,* 2001），且更難控制。風險烙印就是貼標籤，這與人們對任何人事物都會貼上標籤一樣，使人們容易記憶，例如，國外對基因食品（GM food）就貼上「Frankenstein」食物。

▶ 信任與信心的角色

信任（Trust）一直是風險管理是否成功的無形要素，而誠實、正直、倫理就與信任直接有關。管理風險的機構團體組織不被信任，風險訊息不可靠不被信任，風險管理人員不被信任，那麼，所有的風險管理將無績效可言，有信任就能產生信心（Confidence）。然而，在SARF 架構中並沒顯示風險訊號的社會擴散與信任及信心間的關聯，縱然如此，它們間的關聯有需要進一步明確。

▶ 漣漪效應

漣漪效應（Ripple Effect）雖然顯示在SARF架構中，但漣漪效應與風險訊號社會擴散間的關聯性需進一步釐清，同時，不同型態的漣漪效應間關聯性如何，亦須進一步明確。

阿蠟事件（Alar Incident）

阿蠟是種化學物質，噴在水果樹上可保持水果顏色鮮豔，易於採收，最常用在蘋果上。然而，媒體報導說這種化學物質會致癌，透過可得性串聯隨即引起民眾恐慌情緒，記者們的反應，為搶頭條也相繼採訪，更引起社會的強烈反應，這更成為1989年間，美國媒體的重要新聞。更有甚者，著名電影明星梅莉史翠普到國會作證說，人們不敢吃蘋果，不敢喝蘋果汁，及任何與蘋果有關的東西，導致蘋果業者蒙受巨大損失，也引起一連串的漣漪效應，使得公共健康受到衝擊，因人們連好蘋果都不敢吃了。事後，研究發現，阿蠟引起癌症的機率非常小。整個事件是風險的建構過程，也是風險的社會擴散過程。

10-2 社會表徵與認同過程理論

社會表徵理論與認同過程理論可用來解釋上述研究成果。**社會表徵理論**（SRT）（Moscovici, 1988; Moscovici and Farr, 1984）是社會影響（Social Influence）過程中很重要的社會心理理論，它可用來解釋個別民眾如何形塑對風險的表徵（也就是如何形成他或她的風險心智模式）。這種形塑表徵的過程，主要靠具體化（Objectification）過程與定錨／錨點（Anchoring）作用。具體化就是將抽象虛擬的事物轉化成具體有意義的事物，最終成爲大眾思考那個事物的共同訊號或想法。定錨／錨點作用則可將人們認知系統中不熟悉的事物轉化成普通熟悉的事物。這個具體化過程與定錨作用，是透過社會網路人與人間的互動與影響來完成，不是透過獨立個人的心智過程完成。例如，人們肉眼見不著的核輻射汙染風險（不透過特殊儀器偵測，無法知道）為何社會民眾一想到輻射，就浮現骷髏頭標誌？那就是經由具體化過程與定錨／錨點作用形塑完成的心智模式，骷髏頭已成為核輻射風險的社會表徵。

其次，社會中個別成員是否認同那個社會的表徵，則可由認同過程理論（IPT）來解釋。**認同過程理論**（Breakwell, 1986, 1993, 2001a）連結社會表徵理論與風險感知的認同模式，它涉及風險訊息的接收與融入個人信念的程度，這項程度則受到風險訊息如何威脅其認同方式的影響。個人對社會表徵[4]是否認同，會因每人對表徵是否有自覺（Awareness），是否了解（Understanding），是否接受（Acceptance），是否被同化（Assimilation）與表徵對個人是否凸顯（Salience）而有所不同。當社會每人均認同該表徵時，就成社會一股主流氛圍，從而成為社會對風險的態度與行為。

最後，不論SRT或IPT均對風險溝通策略設計提供良好的理論基礎，改變風險的社會表徵與認同外，也有改變風險感知與態度的功效。

10-3 風險的社會心理對政府政策制定的意涵

從MPG[5]到GPM[6]與2013年，一個是框架（Frame）的改變；一個是

---

[4] 社會表徵有三種類型：一種是全體社會共同的表徵（Hegemonic Representation）；一種是社會各團體自己的表徵（Emancipated Representation）；最後一種是社會衝突期間各方所揭示的表徵（Polemical Representation），這不是全體社會認同的表徵。參閱Moscovici (1988).Notes towards a description of social representations. *Journal of social psychology.* 18. Pp.211-250.

[5] MPG（Miles per Gallon）是錯誤框架。參閱Larrick and Soll(2008). The MPG illusion. *Science*.

[6] GPM（Gallon per Miles）是好的框架。

GPM在美國所有新車上被貼標籤的年份（Kahneman, 2011）。這是政府政策誤導民眾的著名案例，也是心理學前景理論中的框架作用，改變政府MPG宣導政策的重要案例。心理框架會影響個人決策（參閱第四章）外，風險感知，風險訊號與情緒等也均與個人在風險情況下的決策與行爲有關，同時，個人與團體間也存在差異。政府對民眾的風險溝通以民眾的風險感知爲基礎，民眾團體間也存在不同的風險文化類型（參閱第七章），社會也存在將各類風險貼上標籤（Labelling）與烙印的現象，因此，政府在制定政策過程中，如無法深入了解這些因素的作用與影響，將使政策難以落實而且社會衝突抗議事件也不會減少。

在先進國家中，政府中的風險管理團隊不乏風險社會心理學家，其作用就在政府政策制定過程中，提供社會大眾的風險心理因素與技術官僚共同作業形成合適的公共政策，避免誤導社會大眾或接受不當的風險訊息，進而減少社會衝突抗議事件。最後，基於風險社會心理的觀點，建議國家政府面對重大公共風險議題時，應考慮下面四點（Breakwell, 2007）：

第一、政府所提供的風險訊息要簡單易懂，前後一致且禁得起考驗，這包括訊息的用語與相關指引等；第二、要確保風險訊息能被信任且可靠；第三、深入了解各類民眾的特性，所提供的訊息依民眾特性量身訂作，對民眾特性的了解應包括其知識水準、信念、情緒、行爲意圖、行爲目的、身分認同等；第四、透過各類論壇讓民眾共同參與，確保他們關心的事項能明確反映在政策中。

突破盲點大聲公

如何減少因風險議題引發的社會衝突與抗議，是政府機構與國家社會風險管理中重要的議題，其次，風險的社會心理因素應考慮在政府政策制定的過程中，而SARF架構正好給政策制定者提供了極完整的決策思考平台。

關鍵重點搜查中

1. 風險的社會擴散架構主要在說明社會與個人因子如何影響風險的社會擴散與稀釋，進而產生後續多次的漣漪效應與衝擊。
2. 人們對可能產生風險事件的每一危險因素隨著時間，均會產生某種不同的符號或訊號，是爲風險訊號。
3. 被隱藏的危險因素可分五種：(1)全球性沉默的危險因素；(2)潛意識的危險因素；(3)邊緣性的危險因素；(4)會驅動訊號擴散的危險因素；(5)會侵蝕正確價值觀的危險因素。
4. 風險訊號是否擴散，這端看處理風險的機關團體是否值得信任與其處理風險的作爲如何而定。其次，風險訊號的擴散與稀釋會同時發生在社會各個階層，某個階層在稀釋但某個階層同時在擴散。經濟效益也是影響稀釋的重要因素。
5. 對核輻射與化學毒物言，媒體與報導的內容間存在下列四項關係：(1)區分風險訊息報導內容的多寡或詳細與否間的不同，是重要的；(2)媒體對核輻射與化學毒物報導內容愈詳細，民眾愈關心；(3)隨著媒體報導內容之多寡，民眾回應風險的動作量也隨著增減；(4)任何時刻對選擇報導何種風險訊息，全國性組織的媒體機構有極大影響力。
6. 造成機構團體組織稀釋風險訊號的因素包括：(1)機構團體組織內部沒有風險管理機制；(2)機構團體組織太過官僚導致其內部風險訊息傳播緩慢；(3)對風險的安全警戒缺乏責任感；(4)資源配置與目標間配合不當；(5)充滿不合理的冒風險文化氛圍。
7. 當風險訊號進一步被汙名化，被烙印在人們腦海中時，就很容易引起風險往後的多次效應與漣漪效果。
8. 社會表徵理論可用來解釋個別民眾如何形塑對風險的表徵（也就是如何形成他或她的風險心智模式）。這種形塑表徵的過程，主要靠具體化過程與定錨／錨點作用。
9. 認同過程理論連結社會表徵理論與風險感知的認同模式，它涉及風險訊息的接收與融入個人信念的程度，這項程度則受到風險訊息如何威脅其認同方式的影響。

10. 國家政府面對重大公共風險議題時，應考慮下面四點：第一、政府所提供的風險訊息要簡單易懂，前後一致且禁得起考驗；第二、要確保風險訊息能被信任且可靠；第三、深入了解各類民眾的特性，所提供的訊息依民眾特性量身訂作；第四、透過各類論壇讓民眾共同參與，確保他們關心的事項能明確反映在政策中。

腦力激盪大考驗

1. 以SARF架構簡單說明台灣核四衝突的社會現象。
2. 恐怖攻擊風險是國際重大的風險事件，反恐政策與作為除重反恐技術外，各國政府針對恐怖聖戰組織團體的成員，還應更了解哪些社會心理因素？
3. 從風險的社會心理評論台灣民進黨政府現行的能源政策。

參考文獻

1. Breakwell, G.M. and Barnett, J.(2001). *The impact of social amplification on risk communication.* Contract Research Report 322/2001. Sudbury:HSE Books.
2. Breakwell, G.M.(1986). *Coping with threatened identities*. London:Methuen.
3. Breakwell, G.M.(1993). Integrating paradigms, methodological implications. In: Breakwell,G.M. and Canter, D.V. ed. *Empirical approaches to social representations.* Pp.180-201. Oxford University Press.
4. Breakwell, G.M.(2001a). Mental models and social representations of hazards: the significance of identity processes. *Journal of risk research.*4. Pp.341-351.
5. Breakwell, G.M.(2007). *The psychology of risk.* Cambridge University Press.
6. Freudenburg, W.R.(1992). Nothing succeeds like success? Risk analysis and the organizational amplification of risk. *Risk: issues in health and safety.*3. Pp.1-53.

7. Kahneman, D.(2011). *Thinking, fast and slow.*

8. Kasperson, R.E., Renn,O., Slovic, P., *et al.* (1988). The social amplification of risk: a conceptual framework. *Risk analysis.* 8. Pp.177-187.

9. Kasperson,R.E. and Kasperson, J. (1991). Hidden hazards. In: Mayo, D.G. and Hollander, R.D.ed. *Acceptable evidence: science and values in risk management.* Pp.9-28. New York: Oxford University Press.

10. Kasperson, R.E. *et al.* (1992). Social distrust as a factor in siting hazardous facilities and communicating risks. *Journal of social issues.* 48. Pp.161-187.

11. Kasperson,R.E. (1992)The social amplification of risk: Progress in developing an integrative framework of risk. In: Krimsky, S. and Golding,D.ed. *Social theory of risk.* Pp.119-132.*CT:Praeger.*

12. Kasperson *et al.* (2001). *Stigma. Places, and the social amplification of risk: toward a framework of analysis.* London: Earthscan.

13. Kasperson,J., Kasperson,R.E., Pidgeon,N. and Slovic,P. (2003). *The social amplification of risk: assessing 15 years of research and theory.* Cambridge University Press.

14. Larrick and Soll(2008). The MPG illusion. *Science.*

15. Mazur, A.(1990). Nuclear power, chemical hazards, and the quantity of reporting. *Minerva*, 28. Pp.294-323.

16. Moscovici,S.(1988). Notes towards a description of social representations. *Journal of social psychology.* 18. Pp.211-250.

17. Moscovici, S. and Farr, R.ed.(1984). *Social representations.* Cambridge University Press.

18. Renn,O.(1991). Risk communication and the social amplification of risk. In: Kasperson,J. and Stallen, P.J.M. ed. *Communicating risks to the public: international perspectives.* Pp.287-324. Dordrecht: Kluwer Academic Press.

19. Rosa, E.A.(2003). The logical structure of social amplification of risk framework: metatheoretical foundations and policy implications. In: Royal Society ed. *Risk: analysis, perception and management.* London: Royal Socity.

第十一章

危機、風險與心理

學習目標

1.認識危機心理與心理準備。

2.認識危機管理的過程。

3.了解危機的認知模式。

4.認識緊張心理下如何作決定。

/唯有死人，沒有危機感/

德國社會學家貝克（Beck, U.）冠稱我們的社會是風險社會，這「風險社會」一詞，提示的是，活在當代，具備風險意識的重要。常態時，生活死角隱藏各類風險，緊急非常態時，吾人就面臨危機（Crisis）。因此，常態時的風險心理與決策，自然與非常態的危機心理與決定不同。危機狀態下，明智冷靜的決定，就極可能成爲事態發展的轉機；反之，極可能萬劫不覆，陷入危險境界。這也就是危機一詞的概念，即是危險，也是轉機，即是使人極度緊張，也會使人興奮。

本章首先說明危機的心理效應，其次，說明危機管理（Crisis Management）與危機的認知模式，最後，說明危機緊張心理下如何作決定。

11-1 危機的四種心理與心理準備

危機可分爲四個不同的階段（Fink, 1986）（參閱圖11-2）：第一個階段稱爲潛伏期（Prodromal Crisis Stage）亦即警告期，這段期間會有某些徵兆出現；第二個階段稱爲爆發期（Acuate Crisis Stage），此一時期危機已發生；第三個階段爲後遺症期（Chronic Crisis Stage）；最後階段稱爲解決期（Crisis Resolution Stage）。潛伏期間最常出現的心理狀態，就是抗拒、死不承認，這是危險的但也最常見。危機爆發後，會出現持續很長的心理創傷與被背叛的心理狀態。

1. 防衛心理與心理創傷

針對危機發生前，很多人都會有不相信的心理自閉癥候，即使發生了也不會認爲衝擊很大，就危機管理來說，極度危險，但普遍存在。原因應該是人與動物爲了生存，天生本能就有此種防衛機制，防衛心理有時是好的，但有時反而壞事。研究危機心理的學者米特羅夫（Mitroff, I.I.）列出七種針對危機的心理防衛心態（Mitroff, 2007）：

抗拒否認（Denial）的心態：這種心理防衛通常在事前。例如，危機只會發生在別人身上，我或我們很強，不會這麼倒楣。

不面對或不承認（Disavowal）的心態：例如，是的，金融海嘯發生了，但對本公司衝擊很小。

自我理想化（Idealization）的心態：例如，一切都在掌控中，本公司太優質，危機不可能發生。

自我壯大（Grandiosity）的心態：例如，本公司夠大夠強，任何危機均能處理。

臆測（Projection）的心態：例如，那家公司會發生危機，一定是能力太糟造成的，本公司哪有這麼糟。

自認夠專業（Intellectualization）的心態：例如，別擔心，危機發生的機率很小，或自認事前，對危機發生的機率與嚴重性，都經由大數據測量的很精準。

分工萬能（Compartmentalization）的心態：例如，放心，危機來時不至於傷害全公司，因本公司各部門獨立分工作業，互不影響。

另一方面，心理創傷（Trauma）與防衛心理不同，心理創傷是事後造成的心理異常，防衛心理通常是危機發生前的心理狀態。危機通常是重大災難或風暴，例如，911恐怖攻擊，2008-2009年金融海嘯，2017年日本神岡製鋼廠數據造假事件等。受到危機傷害後，人們心理創傷易導致精神異常。911恐怖攻擊後，就有人精神異常，爲何最好的朋友死了，自己還活著的罪惡感。**心理創傷**是遭受重大創傷後，心理自閉引發的精神異常現象。

2. 被出賣心理

發生重大危機時，另一特殊心理，就是受到影響的人會認爲被出賣了，持受害者心態，而引發危機的個人或團體，也就是出賣者，會認爲被別人背叛了，但被出賣的人則會將其視爲惡棍。其實這些都是心理病態（Psychopathic）或是憤世嫉俗的社會病態（Sociopathic）現象。例如，Enron風暴中的老闆與高階主管就有這種社會病態的傾向。認爲被出賣者的心理常自覺是受害者，認爲被別人背叛者常被人視爲惡棍。米特羅夫（Mitroff, I.I.）比較了受害者與惡棍間的心理特徵（Mitroff, 2007），如表11-1。

表11-1　受害者與惡棍間的心理特徵

受害者-被出賣者	惡棍-出賣者
樂觀	悲觀
正向積極	負向痛苦
衝勁十足	較無衝勁
信任	不信任
開朗	無生氣
冷靜	焦慮
善於表達情感	隱藏情緒
放清鬆	緊張痛苦
體諒	不善體諒
快樂	不快樂
有希望	無希望
溫暖	冷酷
反省	不反省

3. 緊張心理

危機既令人緊張，也能令人精神一振。緊張過度影響健康，適度緊張則能表現奇佳。參閱圖11-1緊張與表現的關係。

不管是國家、企業或個人危機，均會令人緊張，由於無法避免，更應

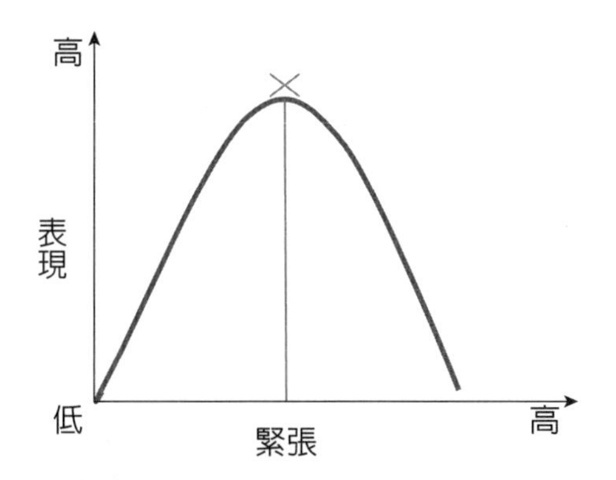

圖 11-1 緊張與表現間的關係

懂得將緊張可能心生恐懼的情緒，轉化成積極的啓發，保持警覺，這就有助於處理危機。保持警覺只要控制在不感覺疲乏，也不至於昏昏欲睡即可。

4. 危機的心理準備

米特羅夫（Mitroff, I.I.）綜合危機的各類教訓，提出人們針對危機的八大心理準備（Mitroff, 2007）：

第一、必須排除面對危機的迴避心理，要有直觀面對的心理準備；換句話說，剔除駝鳥心態，勇敢面對，處理危機。

第二、危機可能來臨前，必須花時間精力武裝好自己，否則，處理危機的當下，必然會喪失搶救的黃金時間與寶貴資源。

第三，有諺「成功永遠給有準備的人」，只有面對危機的萬全準備，個人或組織才可能生存繁榮。

第四、諮詢心理顧問師，在危機可能來臨前，做好心理創傷後，如何復原的心理準備。

第五、要有危機在風險社會的今天，已成常態的心理準備。

第六、媒體號稱「無冕王」，任何秘密已逃不過媒體的雙眼，危機發生後的對外溝通要透明化，始能重獲大眾的信任。

第七、認識清楚，如你引發危機，你將被別人視爲惡棍，視爲出賣別人的出賣者。

第八、所有的危機都會被視爲重大的背叛與出賣，可能萬劫不復的危機，被背叛與被出賣的感受愈高。

11-2 危機管理

危機來臨前，就已備好各類危機管理計畫書，既可降低緊張心理，亦可使人們較能從容應對危機。危機管理就是針對危機事件的一種管理過程。前曾提及危機的發展可分四個階段，參閱圖11-2。簡單說，潛伏期就是平常的風險漸轉變爲危機徵兆，但未發現，終至爆發（爆發期），爆發後產生大損害（後遺症期），處理解決（解決期）得宜就有轉機。

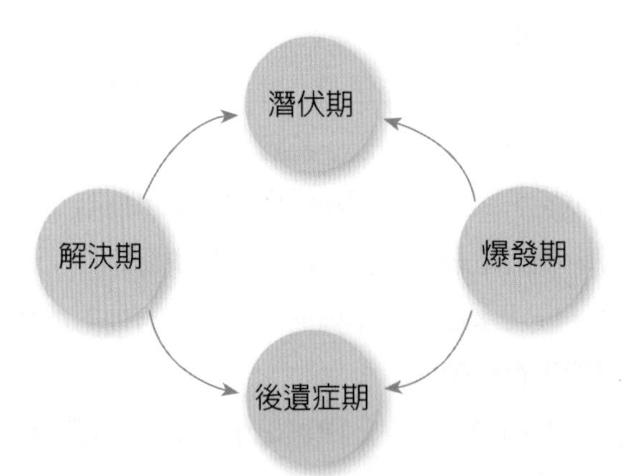

圖 11-2 危機走向圖

1. 危機管理過程

具體來說，**危機管理**就是組織團體或個人如何利用有限資源，透過危機的辨認分析及評估而使危機轉化爲轉機的一種管理過程。這定義顯示，危機管理的目標就是將危機化爲轉機重獲信任。危機管理過程可分五個步驟（張加恩，1989）：第一、是危機的辨認。危機發生前的徵兆常爲吾人所忽略，危機發生是一瞬間，令人難預料。因此，危機的認定必須保持警覺，正確判斷各類徵兆。另外，可邀集各類人員，以腦力激盪思考的方式，假設各種可能的危機。用這個方法，吾人可列出一張冗長的清單，然後過濾評比發生的可能性；第二、是成立危機管理小組（CMT: Crisis Management Team），該小組成員的權責要明確，避免混淆；第三、是資源的調查。危機來臨時，有哪些資源可以運用要詳查。調查後，發現某些弱點，則需事先補強；第四、是危機處理計畫的制訂；第五、是危機處理的演練與執行。另外，配合危機發生的階段，危機管理的動態模式，可參閱圖11-3。

其次，危機不同，危機管理計畫也不同。它可大別爲如下幾類：(1)火災和爆炸應變計畫；(2)洪水應變計畫；(3)颱風應變計畫；(4)地震應

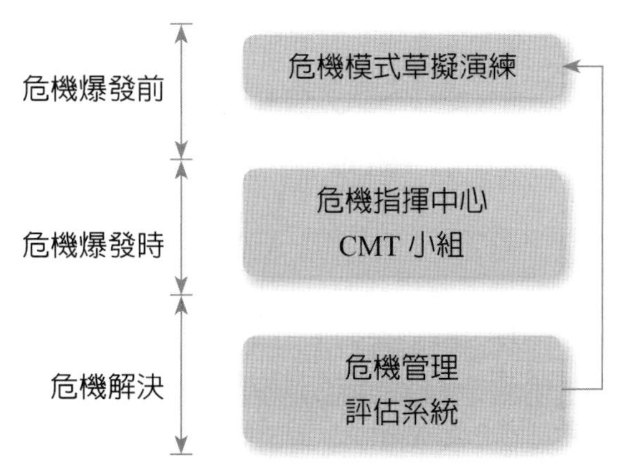

圖 11-3 危機管理的動態模式

變計畫；(5)有毒物質外洩應變計畫；(6)工業意外應變計畫；(7)暴動騷擾應變計畫；(8)戰爭應變計畫；(9)綁架勒索應變計畫；(10)其他重大應變計畫等。綜合可歸納爲四類：一爲與生產科技瑕疵有關的；二爲大自然造成的；三爲經營環境造成的；四爲人爲破壞造成的。一般危機管理計畫要點包括：(1)指揮系統和權責的釐清；(2)對外發言人的設置；(3)危機處理中心的所在地；(4)救災計畫；(5)送醫計畫；(6)受害人家屬之通知程序；(7)災後重建要點。

2. 形象危機與信任雷達

前提及的各類危機，如處理不當，最終均將嚴重影響民眾對組織團體或個人的信任與形象，此時組織團體或個人就會面臨嚴重的信任與形象危機。下圖11-4以時間爲橫軸，觀察風險轉化爲危機時的動態變化（Diermeier, 2011），同時，該圖也顯示，形象危機處理的最佳時機。

其次，形象危機也好，其他各類危機也好，所有利害關係人對組織團體或個人的信任，是所有危機化爲轉機的首要變項。影響信任的因素亦可

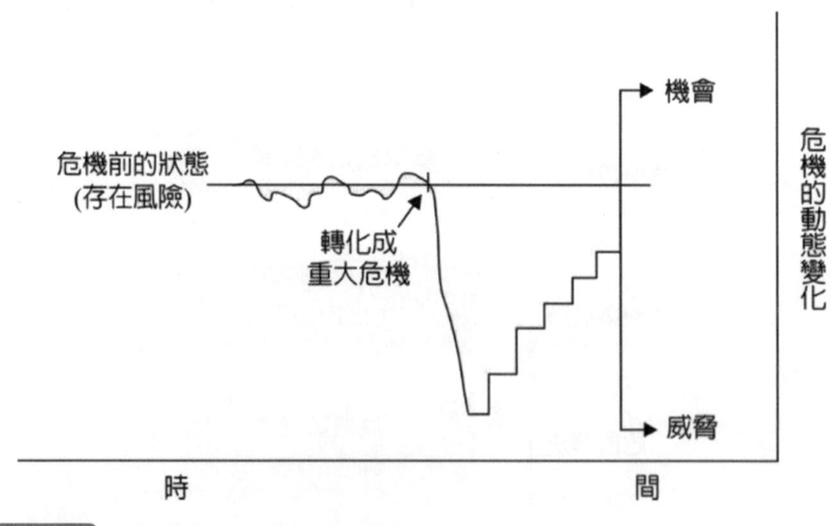

圖 11-4 風險轉化為危機時的動態圖

參閱第八章，圖11-5的信任雷達顯示信任四要素（Diermeier, 2011），這四要素與第八章所提的信任面向雷同，例如，專業要素就可對應能力面向。

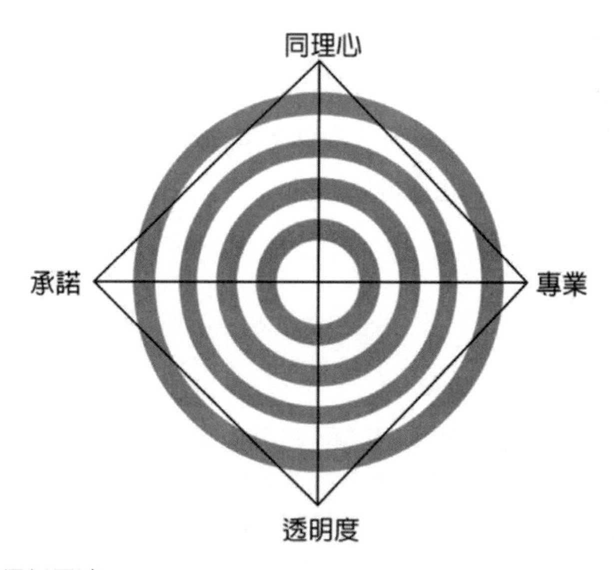

圖 11-5 信任雷達

從信任雷達圖中的透明度（Transparency）開始，透明度不是完全揭露（Full Disclosure）的概念，但揭露的部分一定要作到完全透明，才能贏得信任。換言之，危機眞相可吐露部分，但吐露的部分一定是透明的，才能增強信任程度。其次，專業度（Expertise）也是贏得信任的重要變項，組織團體如無對各種危機處理的專業團隊，那麼可引進外部第三者專家團隊，提升專業度，獲得信任。接下來，是承諾保證（Commitment）。對外承諾的保證人一定是要有完全決定權且應負責任的人。如此，承諾保證才會被相信，是有效的。最後，就是需要同理心（Empathy）。這變項容易被忽略。道歉固可表達同理心，但同理心不等同道歉，沒有誠意的道歉更糟。危機處理過程中，如能作到以上四項，那麼，組織團體或個人不但能獲得信任，也才有機會，化危機爲轉機。

3. 危機管理成本與效益

危機管理成本可分爲易確認的成本與不易確認的成本。易確認的成本大致上包括：處理危機所需的交通費、暫宿費、設備耗損、處理危機人員可能遭致的傷害與危機訓練成本等。不易確認的成本則是人員於危機期間，工作無效率的成本。危機管理效益大致包括：毀損財產得以快速復原，消除可能的重複浪費，維修人員可能因危機反而更熟悉如何改善維修效率，組織團體或個人形象亦得以改善。

莎翁哈姆雷特劇

哈姆雷特劇很可能是最偉大的莎劇。哈姆雷特與其叔叔兼繼父考迪亞斯對危機的處理是危機管理典型的正反面教材。哈劇重重危機肇因於哈姆雷特亡父幽靈的現身，命哈姆雷特為其報仇，從此危機環繞其身，千頭萬緒糾纏不清，大家全指望他來解套。可惜哈姆雷特只會亂想、掙扎、沒主見、不會做，以致情況失控。很清楚的哈姆雷特是危機管理的負面教材。反觀其其叔叔兼繼父考迪亞斯，雖被哈姆雷特所蔑視，但作風大膽、敏於行動、焦點清晰，明令組成危機管理小組，由他本人指揮，有效處理了危機。

——摘自《莎翁商學院》一書，梁曉鶯譯（2001）。台北：經典傳訊

11-3 認知模式與危機

許多研究顯示，決策者或行動者的想法或思考模式會扭曲獲得的訊息與處理訊息的方式，進而影響危機當下做的決定。人與組織可能惡化危機

的因子，是危機動態變化的要素（Jacques, *et al.*, 2007）。

扎克威（Jacques, J-M.）等採用認知觀點來分析危機及其惡化因子，並用兩種不同的研究典範分析危機認知：一個是認知主義者的研究典範（Cognitivist Paradigm）；另一個是結構主義者的研究典範（Structuralist Paradigm）。認知主義者的研究典範通常用認知機制（Cognitive Schemas）來解釋從腦海記憶中萃取的感應訊息。面對危機時，危機會使人們產生兩種認知過程，一個是認知散發過程（Processes of Cognitive Elaboration），另一個是認知萎縮過程（Processes of Cognitive Reduction）。認知散發指的是連結危機情境、感知的事物與訊息解釋的一種現象。認知萎縮是指危機會弱化人們的認知能力，進而簡化訊息表徵與訊息的處理。其次，結構主義者的研究典範則主張認知與現象本身的結構有關。結構主義者認為現象本身沒什麼意義，只有透過該現象所屬的體系才能顯示其意義。不同的研究典範採用不同的電腦軟體[1]，分析人們的危機感知。認知主義者的研究典範通常採用錦盒連結（Box and Links）的決策探索者軟體（Decision Explorer）分析人們的危機感知。結構主義者的研究典範通常採用語意場域（Semantic Fields）的語意製圖軟體——EVOQ分析人們的危機感知（Jacques, *et al.*, 2007）。

11-4 危機緊張心理下如何作決定

危機容易造成緊張，在此種心理下，作決定的方式有五種（Fink,

---

1 兩個電腦軟體可參閱Jacques, J-M. *et al.*(2007). A cognitive approach to crisis management in organizations. In: Pearson, C.M. *et al.*, ed. *International handbook of organizational crisis management*. Pp.161-192.

1986）：第一種就是將緊張轉化為保持適當警覺下，作決定。這種情況下做的決定是最好的，因決定不會太偏執，不會一意孤行，這種決定會比較重執行解決問題，決策人員會較有信心，比較可避免後悔與自責；第二種是以不變應萬變的決定。這種決定會不顧一切的風險，喪失警覺我行我素，是一種不好的決定；第三種是蕭規曹隨的決定。這也是不好的決定，今日的危機永遠不會跟過去相同，過去怎麼決定現在就怎麼決定，雖然不花腦筋但很危險；第四種是不負責任的決定，當然也是不好的決定。這種決定通常為了自保，敷衍塞責；最後一種緊張過度的決定。緊張過度胡亂找方法情況下，最容易犯大錯，這也是不好的決定。

突破盲點大聲公

老掉牙的說詞「危機就是轉機」，重點是如何才能辦到，那麼事前須有完善的危機處理計畫，面臨危機時冷靜並保持適當的警覺，化為轉機的機會就大。

關鍵重點搜查中

1. 危機可分為四個不同的階段：第一個階段稱為潛伏期亦即警告期；第二個階段稱為爆發期； 第三個階段為後遺症期；最後階段稱為解決期。
2. 七種危機的心理防衛心態：(1)抗拒否認的心態；(2)不面對或不承認的心態；(3)自我理想化的心態；(4)自我狀大的心態；(5)臆測的心態；(6)自認夠專業的心態；(7)分工萬能的心態。
3. 心理創傷與防衛心理不同，心理創傷是遭受重大創傷後，心理自閉引發的精神異常現象。
4. 發生重大危機時，另一特殊心理，就是受到影響的人會認為被出賣了，持受害者心態，而引發危機的個人或團體，也就是出賣者，會認爲被別人背叛了，但被出賣的人則會將其視爲惡棍。

5. 危機既令人緊張，也能令人精神一振。緊張過度影響健康，適度緊張則能表現奇佳。

6. 危機的八大心理準備：(1)必須排除面對危機的迴避心理；(2)危機可能來臨前，必須花時間精力武裝好自己；(3)成功永遠給有準備的人；(4)做好心理創傷後，如何復原的心理準備；(5)要有危機已成常態的心理準備；(6)危機發生後的對外溝通要透明化；(7)如你引發危機，你將被別人視爲惡棍；(8)可能萬劫不復的危機，被背叛與被出賣的感受愈高 。

7. 危機管理就是組織團體或個人如何利用有限資源，透過危機的辨認分析及評估而使危機轉化爲轉機的一種管理過程。

8. 危機管理過程可分五個步驟：第一、是危機的辨認；第二、是成立危機管理小組；第三、是資源的調查；第四、是危機處理計畫的制訂；第五、是危機處理的演練與執行。

9. 一般危機管理計畫要點包括：(1)指揮系統和權責的釐清；(2)對外發言人的設置；(3)危機處理中心的所在地；(4)救災計畫；(5)送醫計畫；(6)受害人家屬之通知程序；(7)災後重建要點。

10. 信任四要素：透明度、專業、承諾與同理心。

11. 危機管理有其成本與效益，其中成本又可分爲易確認的成本與不易確認的成本。

12. 兩種不同的研究典範分析危機認知：一個是認知主義者的研究典範；另一個是結構主義者的研究典範。

13. 緊張心理下，作決定的方式有五種：第一種保持適當警覺下，作決定；第二種是以不變應萬變的決定；第三種是蕭規曹隨的決定；第四種是不負責任的決定；最後一種緊張過度的決定。

腦力激盪大考驗

1. 面對個人本身的危機與子女的危機，處理危機時的心境會有何不同？

2. 個性與危機處理有何關聯？試申己見。

3. 有云「居安思危」，從這句話中，試申風險管理與危機管理的關係。

參考文獻

1. 張加恩（1989）。*風險管理簡論*。台北：財團法人保險事業發展中心。

2. 梁曉鶯譯（2001）。*莎翁商學院*。台北：經典傳訊文化。

3. Diermeier, D.(2011). *Reputation rules: strategies for building your company's most valuable asset.* Singapore: McGraw-Hill.

4. Fink, S.(1986). *Crisis management-planning for the inevitable*. Commonwealth Publishing Co., Ltd.

5. Jacques, J-M.*et al.*(2007). A cognitive approach to crisis management in organizations. In: Pearson, C.M. *et al.*, ed. *International handbook of organizational crisis management*. Pp.161-192.

6. Mitroff, I.I.(2007). The psychological effects of crises. In: Pearson, C.M. *et al.*, ed. *International handbook of organizational crisis management.* Pp.195-219.

第十二章

改變應對風險的方式

學習目標

1.認識面對風險時該有的風險心理素質。

2.了解改變風險應對的方式。

/ 江山易改，本性難移 /

知難行易，還是知易行難，姑且不論，可確定的是「知」與「行」間，是有關連的。前述各章，提供了人們面對風險情境時，是怎麼想的？受到什麼變項影響？又如何作決定的？實際的風險應對也不是完全理性，合理的。爲了完成人本風險管理的目標，有效的風險溝通策略與方法，是有助於人們改變應對風險的方式，但還是面臨諸多困難與挑戰。本章以前述各章爲基礎，結合政府與媒體的功能角色，提出或許可改變人們應對風險方式的各種建議。

12-1 人本與風險心理

除上帝創造萬物[1]外，地球上很多事物是人造的。亦有人云「上帝創造0與1」，其他也都是人造的。除了上帝可玩骰子，精準預測風險外，人頂多預測六、七成，科技再厲害，人類永無可能完全預測精準，主因就是地球上會出現很多黑天鵝事件。承認現實之餘，人們管理風險時，改變自己應對風險的方式，適應風險隨時的改變就成爲重要課題。

以「人」爲本觀察與管理風險，最基礎的學科就是心理學。前面數章也就圍繞人的心理面探討心理與風險間的關聯。就第一章提及的十一項問題，已於前述各章中有所說明，此處節略其要點如後：

第一、人們對風險源或稱危險因素（Hazard）與風險的信念，主要受兩個因素影響，一個就是對風險源與風險了不了解、熟不熟悉，另一個是風險事件發生後造成的人員財物損失多大（參閱第三章）。這是影響人們對一般風險感知最重要的兩個要素。針對特定的風險，信任也能影響人們

1 引用基督教聖經創世記的主張，這當然與其他學說不同，這裡姑且不論眞理的問題。

的風險感知與信念，例如，與生物科技有關的基因食品。

第二、人們的風險感知與信念的差異主要與個人性格、自我效能、制控信念、風險經驗、個人信念與所屬團體別（例如，國家）及社會的人口統計變項有關（參閱第三章）。

第三、影響個人風險行爲的決策因子，可歸類爲個人內在因子與外在環境因子，但內外在因子可能是互爲影響的。各種內在因子包括：(1)風險行爲的動機；(2)決策者的性格；(3)決策者的風險態度；(4)決策者所承受的壓力與情感。外在因子包括文化環境、人口統計環境、社經狀況、社會影響與參考團體。其次，影響團體決策行爲的因子與影響個人決策行爲的因子雷同。所不同者，是在團體最後的決策者是團體而非個人。其決策效應可大到影響跨代群體的福祉。團體決策中的集一思考與選擇偏移値得留意。另外，社會影響因子影響的不只是個人決策，也影響團體決策（參閱第四章）。

第四、情緒與情感捷思在判斷與決策上有其重要性。情感捷思是造成感知風險與感知效益間呈反向關係的重要因素。一般來說，人們在評價風險時，是情緒先導引感知（參閱第六章）。

第五、前景理論是人本風險管理決策行爲的理論基礎，其價值函數反應人們財富變動的敏感性（參閱第四章）。

第六、文化可透過可得性捷思引導人們的記憶與注意力，進而影響人們的風險感知，而機率忽略與訊息串聯則是風險建構過程的重要因子。風險文化類型可透過群格分析的衡量，確認團體的文化類型（參閱第七章）。

第七、影響風險溝通成效的因子包括：(1)法律；(2)傳播媒體；(3)緊急警告與風險教育；(4)固有的知識與信念；(5)信任程度（參閱第八章）。

第八、人爲疏失是產生風險的來源，人們面對風險情境時，也容易導致人爲疏失。人爲疏失最爲典型的原因分別是：A.屬於個人因子部分，包括：(1)個人技術與才能低落；(2)過於勞累；(3)過於煩悶沮喪；(4)個人健康問題；B.屬於工作因子部分，包括：(1)工具設備設計不當；(2)工作常受干擾中斷；(3)工作指引不明確或有遺漏；(4)設備維護不力；(5)工作負擔過重；(6)工作條件太差；C.屬於組織環境因子部分，包括：(1)工作流程設計不當，增加不必要的工作壓力；(2)缺乏安全體系；(3)對所發生的異常事件反應不當；(4)管理階層對基層員工採單向溝通；(5)缺乏協調與責任歸屬；(6)健康與安全管理不當；(7)安全文化缺乏或不良（參閱第五章）。

第九、組織團體管理人員決策時，心中有兩個參考點影響管理人員的冒險傾向：一爲成就熱望水準；另一爲保住職務水準（參閱第九章）。

第十、不論已發生的風險事件或存在生活周邊的風險，不僅會透過個人經驗與大眾媒體傳播產生衝擊，也會透過人與人間的耳語相傳互動產生衝擊。這些風險可能會轉化爲某種意義、符號或圖騰或訊號，經由個人腦海或公共論壇平台或各類不同層次的社會組織團體傳播，進而擴散（記憶或認知深化）或稀釋（記憶或認知模糊）（參閱第十章）。

第十一、危機情境下，人們會出現防衛心理、心理創傷、被出賣心理與緊張心理（參閱第十一章）。

吃一次虧，學一次乖

人們常在吃虧後，才會改變想法改變行為。話說台灣某科技公司併購德國某著名電器製造公司某部門，由於對德國員工退休金債務風險，並沒有請保險精算師事前評估，結果併購後發現像個無底洞，資金不足支付此退休金債務，導致公司面臨可能破產的風險。經此教訓後，公司立即重視風險管理，並聘請風險管理專業人員擔任部門主管主其事。現該公司風險管理聲譽遠播。（此為真實案例）

12-2 風險應對方式的改變

截至目前爲止，人本與風險心理領域仍有眾多進一步研究的議題。例如：

第一、面對風險時人們的脆弱特質[2]（Vulnerability）與心智模式的關聯性如何？

第二，風險感知會因人們屬於的團體有所差別，但團體間的互動交流關係如何影響風險感知未有深入探討。

第三、情緒與認知均影響風險決策，但兩者交互融合時，如何影響風險決策？

第四、少數壓力團體在風險溝通過程的角色雖然是重要的，但尚未有清楚的了解。

總之，人們的風險心理是複雜的，很多問題均須進一步探討，而第一章的社會心理研究架構，是進一步研究時值得採用的研究架構。

話雖如此，目前心理學領域對風險議題的研究成果，已足以對改變人們應對風險的方式，提供很好的建議與提示。首先，針對個人本身在應對風險上最好具備下列心理素質與應對風險的想法（Adams, 1995）：

第一、風險是屬於未來的事物，不發生風險事件，很多人會不在意，認爲風險管理是虛的，但人們要認識清楚當風險事件發生時，再來討論與實施風險管理，損傷已造成，所以事前的規劃是極度必要的，風險永遠隱藏在人們生活的死角。

第二、凡是人均有冒險的傾向，人與人間只是冒險傾向強度的不同，冒險是文明的發動機也是求生的本能。

---

2 脆弱有心理的與非心理的，其中心理脆弱特質指的是憂慮特質、認知錯覺與尋求新事物的癖好。

第三、別人的風險行為與自然界的變化，就是你我面對的風險環境，別人風險不均衡的行為會牽動你，你的風險不均衡行為也會牽動別人，**蝴蝶效應**[3]（Butterfly Effect）就產生，永不停歇。

第四、科技與科學永遠會創造新的風險，政府的安全法規與措施也永遠無法降低人們冒險的傾向。

第五，風險預測都是種猜測，不管是定量還是定性。強大電腦數據對風險的定量也只是想引導它想要的行為反應。

基於以上的認識，從人本風險管理的觀點，針對個人應對風險方式的改變，作如下幾點建議：

第一、未雨綢繆永不過時，面對風險別情緒化，只要對風險特性深入了解，就能適當的應對風險。過當與不足的應對方式都是不合理的。

第二、學習不相信印象與表面所看到的。眼見為眞，別完全當眞，冷靜思考、迴避偏見與錯覺是上策。

第三、設法轉變個人的世界觀，進而改變應對風險的方式。

其次，對組織團體的風險應對方式，首要是建立優質的風險文化，組織團體永遠記得風險文化是否優質是預測意外事件與人為疏失最有效的指標，電腦軟體的預測不如它有效。另外，人力資源部須密切結合風險管理，招募新人時利用風險心理測驗問卷，了解新人的風險性格（參閱第九章），再安排合適的工作，同時，對新進人員工作前必須作風險管理的短期培訓，對已在職員工定期培訓風險管理知識與學習風險事件發生後的案例教訓。

最後，人們風險應對方式的改變也須藉助外部力量，其中政府力量

---

3 蝴蝶翅膀的運動，導致其身邊的空氣系統發生變化，並引起微弱氣流的產生，而微弱氣流的產生又會引起它四周空氣或其他系統產生相應的變化，由此引起連鎖反應，最終導致其他系統的極大變化。此效應說明，事物發展的結果，對初始條件具有極為敏感的依賴性，初始條件的極小偏差，將會引起結果的極大差異。

最爲重要，因政府有義務營造安全的生活環境，政府制定風險政策時，最好扮演**選擇建築師**[4]（Choice Architect）的角色，幫助人們改變風險應對方式。民眾有安於現狀的偏見，想做又懶得做，這就最需政府的推力，幫助人們應對風險。諾貝爾獎得主賽勒（Thaler, R.H.）所著《推力》（*Nudge*）一書第十四章所列舉的十二項[5]推力措施就值得各國政府借鏡，幫助人們應對風險。例如，針對人們長壽風險的退休計畫所提的「明天存更多」的推力措施等。政府在風險溝通上也應選擇好的框架（例如，用GPM替代MPG），引導民眾，進而依民意制定良好的風險政策，同時，擴大強化風險教育訓練與宣導，改變人們應對風險的方式。

活在當代的風險社會無需恐懼，人們只要懂得如何與風險共舞共存，永遠就有美好的未來與明天。

---

[4] 選擇建築師是負責設計情境，幫助人們做選擇的人。參閱Thaler, R.H. (2009). *Nudge-improving decisions about health,wealth and happiness*. Pp.227-234. London: Penguin Books.

[5] 這十二項推力載於Thaler,R.H..(2009).*Nudge-improving decisions about health,wealth and happiness*. Pp.227-234. London: Penguin Books. 分別是：(1)Give more tomorrow; (2)The charity debit card and tax deductions; (3)The automatic tax return; (4)Stickk.com.; (5)Quit smoking without a patch; (6)Motorcycle helmer; (7)Gambling self-bans; (8)Destiny health plan; (9)Dollar a day; (10)Filters for air conditioners; (11)No-bite nail polish and Disulfiram; (12)The civility check.

關鍵重點搜查中

1. 事前規劃風險管理，因風險永遠隱藏在人們生活的死角。
2. 冒險是文明的發動機也是求生的本能。
3. 別人風險不均衡的行爲會牽動你，你的風險不均衡行爲也會牽動別人，蝴蝶效應就產生，永不停歇。
4. 科技與科學永遠會創造新的風險，政府的安全法規與措施也永遠無法降低人們冒險的傾向。
5. 風險預測都是種猜測，不管是定量還是定性。
6. 個人風險應對的改變：
   (1)面對風險別情緒化，只要對風險特性深入了解，就能適當的應對風險。
   (2)學習不相信印象與表面所看到的。
   (3)設法轉變個人的世界觀，進而改變應對風險的方式。
7. 組織團體永遠記得風險文化是否優質，是預測意外事件與人爲疏失最有效的指標。
8. 政府最好扮演選擇建築師的角色，擴大強化風險教育訓練與宣導，幫助人們改變風險應對方式。

腦力激盪大考驗

1. 正直、倫理與世界觀對改變人們應對風險的方式重要嗎？
2. 面對未來人類社會快速的變化，應該有何風險的心理準備？
3. 人本風險管理與傳統風險管理何者重要？試申己見。
4. 人們常有安於現狀的習性，舉個例如何使用「推力」幫助人們改變風險行爲？

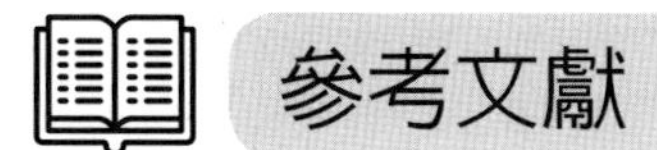

參考文獻

1. Adams, J.(1995). *Risk.* London:UCL Press.
2. Thaler, R.H.(2009). *Nudge-improving decisions about health,wealth and happiness.* Pp.227-234. London: Penguin Books.

名詞索引

國家圖書館出版品預行編目資料

風險心理學：人本風險管理／宋明哲作．——初版．——臺北市：五南，2018．10
面；　公分
ISBN 978-957-11-9940-5（平裝）

1.風險管理

494.6　　107015486

1FAB

風險心理學：人本風險管理

作　　者— 宋明哲
發 行 人— 楊榮川
總 經 理— 楊士清
副總編輯— 張毓芬
責任編輯— 紀易慧
文字校對— 許宸瑞
封面設計— 雷子萱
出 版 者— 五南圖書出版股份有限公司
地　　址：106台北市大安區和平東路二段339號4樓
電　　話：(02)2705-5066　　傳　　真：(02)2706-6100
網　　址：http://www.wunan.com.tw
電子郵件：wunan@wunan.com.tw
劃撥帳號：01068953
戶　　名：五南圖書出版股份有限公司
法律顧問　林勝安律師事務所　林勝安律師
出版日期　2018年10月初版一刷
定　　價　新臺幣600元

凝煉知識品味閱讀